森林可持续经营
毕节实践

高守荣　阮友剑／主　编
雷　江　敖光鑫　王厚祥／副主编

中国林業出版社
CFPH China Forestry Publishing House

图书在版编目(CIP)数据

森林可持续经营毕节实践 / 高守荣，阮友剑主编.
—北京：中国林业出版社，2019.12
ISBN 978-7-5219-0461-1

Ⅰ. ①森… Ⅱ. ①高… ②阮… Ⅲ. ①森林经营—研究—毕节 Ⅳ. ①S75

中国版本图书馆CIP数据核字（2020）第021147号

中国林业出版社·自然保护分社（国家公园分社）

策划编辑： 刘家玲

责任编辑： 刘家玲 宋博洋

出版 中国林业出版社（100009 北京市西城区德内大街刘海胡同 7 号）
http://www.forestry.gov.cn/lycb.html 电话：（010）83143519 83143625

发行 中国林业出版社

印刷 固安县京平诚乾印刷有限公司

版次 2020 年 5 月第 1 版

印次 2020 年 5 月第 1 次印刷

开本 787mm × 1092mm 1/16

印张 17

字数 320 千字

定价 200.00 元

《森林可持续经营毕节实践》
编委会

前　言

PREFACE

森林可持续经营是指在森林经营过程中，在森林生态系统生产能力和再生产能力得以维持的前提下，以人类利益的可持续性为基础，持续、稳定地产出适应人类社会进步所需求的产品，使得生态、经济、社会效益协调发展的森林经营体系。森林可持续经营强调的是在森林生态系统自我维持的持续性和人类长期利益的可持续性一致的前提下合理经营，持续产出产品。总体目标是大力培育和保护森林资源，森林生态功能明显增强，森林资源面积相对稳定，森林资源蓄积量有所增加，森林资源质量显著提高，可持续和最优化地为社会提供林业生态产品，实现生态得保护、产业得发展、林农得实惠，是建设生态文明、增强森林生态系统稳定性的基础，是建设美丽中国的重要举措。

毕节市实施的中德财政合作贵州省森林可持续经营项目，是在国家财政部、国家林业和草原局、德国政府、德国复兴银行的大力支持下，中德财政合作最后一个林业赠款项目。该项目于2009—2018年在毕节市大方县、黔西县、金沙县、百里杜鹃管理区等4个县区实施，项目通过引进德国近自然林业和参与式林业等先进理念和技术，并与毕节市林情相结合，探索总结符合毕节实际的森林经营模式，为毕节、贵州和中国南方森林经营提供有益的借鉴。

10年来，项目共编制森林经营方案87个，规划森林经营面积32163公顷，实施森林经营17045公顷，涉及40个乡镇、70个村、1457个小班，建立示范基地12个，制作宣传碑牌28块，修建林区道路226.9公里。根据项目建设需要，组建市、县级管理机构5个，配备管理人员455人，为近自然森林可持续性经营提供了人员保障。在毕节市林业局设立了“中德财政合作贵州省森林可持续经营毕节市项目办”和“中德财政合作贵州省森林可持续经营毕节市项目监测中心”，并抽调专人办公。大方县、金沙县、黔西县、百里杜鹃管理区分别成立了“中德财政合作贵州省森林可持续经营项目办公室”，设置专职副主任各1名，配备工作人员5～7人。村级建立森林经营委员会，设主任1名、副主任1名、委员3名。根据《贵州省可持续森林经营项目分立协议》，毕节市、县两级财政均将配套资金纳入同级财政预算并落实到位。同时设专户，实行专款专用。通过召开村、组群众会议，从信息传播、森林经营单位建立、编制经营方案、采伐培训、检查验收等一系列技术和措施着手，多渠道、全方位加强森林可持续经营项目的宣传发动，让群众知道要做什么，为什么要这样做，怎样做？让项目区干部群众充分理解近自然森林可持续经营理念，让参与项目实施的各级技术人员和林农熟练掌握近自然森林可持续经营技术，促使现有森林资源逐步向混交林和复层林演变，不断提高林分质量。通过大量的实践活动，初步探索出一套较为符合毕节市实际的森林经营模式，使项目区初步实现了森林可持续发展，得到了中德专家的高度认可。

《森林可持续经营毕节实践》一书是森林可持续经营项目实施10年来的主要成果，是对毕节市实施中德财政合作贵州省森林可持续经营项目的总结和提炼，是中德双方多位专家和项目人员智慧和心血的结晶，书中部分内容采用了项目首席技术顾问胡伯特·福斯特所撰写的中德财政合作贵州省森林可持续经营项目（项目编号：2005 65 424）期终报告第一部分《项目结果、成绩与成本》和项目期终报告第二部分《项目规划与实施方法上取得的经验以及建议》，以及国内咨询专家梁伟忠所撰写的《参与式林业工作方法》和《社会经济影响监测》等方面的成果资料，在此一并致谢。全书以通俗的语言、简明的文字，对森林可持续经营理论进行了详细介绍，系统地阐述了项目实施中所取得的成效、经验、做法以及典型案例、国外考察心得和建设成果，以供广大林业工作者和林农开展森林可持续经营实践时参考。

由于时间仓促，加之编者水平有限，书中错误在所难免，恳请广大读者和专家批评指正。

编者

2019年12月

目 录

CONTENTS

第一章　资源概况

第一节　基本概况

毕节市地处四川、云南、贵州三省结合部，位于贵州省西北部，东靠贵阳市、遵义市，南连安顺市、六盘水市，西邻云南省昭通市、曲靖市，北接四川省泸州市，国土面积26853平方公里。

一、地形地貌

毕节市地处滇东高原向黔中山地过渡的斜坡地带，海拔从西向东北逐渐降低，地势西高东低，平均海拔1400多米，最高点为赫章韭菜坪，海拔2900.6米，为全省最高峰，最低点为金沙县清池镇渔河村，海拔为457米。境内岩性复杂，山峦重叠，河谷深切，地势陡峭，喀斯特地貌较为发育，形成集山地、丘陵、谷地、洼地为一体的典型高原山区地貌。

1. 土壤。毕节市土壤类型多样，有黄棕壤、黄壤、石灰土、紫色土、水稻土、沼泽土、潮土7个土类22个亚类50个土属144个土种。岩石组成有碳酸盐类岩、碎屑岩、紫色岩和火层岩，其中以碳酸盐类岩石为主，面积177.86万公顷，占全市总面积的66.2%，主要形成石灰土类和黄壤类土壤；其次是砂页岩类，面积41.89万公顷，占全市总面积的15.6%，主要形成黄壤土类；第三是紫色岩，面积34.64万公顷，占全市总面积的12.9%，主要形成

大方县小屯乡天然林资源保护

紫色土类；第四是基性岩类，面积19.25万公顷，占全市总面积的7.17%，主要形成石灰土等。

2. 气候。毕节市属北亚热带季风湿润气候，夏无酷暑，冬无严寒，季风气候比较明显，降雨量较为充沛，立体气候突出。全市各县区多年平均温度在10℃～15℃；年日照时数在1096～1769小时；无霜期245～290天；年均降水量849～1399毫米。地处高海拔、低纬度，相对高差大，垂直气候变化尤为明显。

3. 水文。毕节市是乌江、赤水河和北盘江的重要发源地之一，境内河流长度大于10公里的有193条，分别汇入乌江、赤水河、北盘江、金沙江。属长江流域乌江水系的主要干流有偏岩河、野济河、六冲河、三岔河；属赤水河水系的有赤水河；属金沙江水系的有牛栏江、白水河；属珠江流域北盘江水系的有可渡河。属长江流域的流域面积2.56万平方公里，属珠江流域的流域面积1239平方公里，分别占全市总面积的95.39%、4.61%。境内建成的大型水库洪家渡，水域面积达80平方公里，库容44.97亿立方米。在建的夹岩水利枢纽工程，集雨面积为4306平方公里，总库容13.25亿立方米；黔中水利枢纽工程，覆盖面积为4711平方公里，总库容10.8亿立方米。

4. 植物资源。毕节市属常绿阔叶针叶混交林，植被类型众多，但原始植被已遭破坏，大多数为次生植被，地域差异不明显。从分布趋势看，从东到西，从河谷至高山，植被类型由季雨型的常绿阔叶林向湿性常绿阔叶针叶混交林转变。市内生物资源十分丰富，林木树种、农作物品种繁多。全市有苔类植物近100种，蕨类植物34科130种，裸子植物9科22种，被子植物155科1809种。油料作物7种64个品种；药用植物1000多种，主产半夏、天麻、茯苓、党参、杜仲。国家重点保护野生植物及珍稀植物有金毛狗、扇蕨、银杏、红豆杉、黄杉、福建柏、珙桐、光叶珙桐、水青树、香果树、香樟、榉木、红椿、金荞麦等。其他珍稀濒危野生植物有铁杉、高山柏、粗榧、领春木、清香木、黑节草（铁皮石斛）、天麻、海菜花等。

5. 野生动物资源。动物资源较为丰富齐全，既有常规畜禽、水产品种，又有国家一、二级珍贵野生动物和具重要经济、科学研究价值的野生动物。野生动物1000多种，珍稀动物在10种以上，鱼类74种，脊椎动物387种，黑颈鹤、白鹤属国家珍稀保护鸟类，受到很好的保护。国家重点保护野生动物主要有：胭脂鱼、贵州疣螈、细痣疣螈、大鲵、穿山甲、水獭、豹猫等。

大方县羊场镇退耕还林

二、林业生产建设

2006—2017年，毕节市累计实施各类林业工程项目583524公顷，其中人工造林338049公顷，封山育林245475公顷。

1. 森林资源保护情况。毕节市大力推进森林资源保护，严格执行森林采伐限额管理制度，强化森林资源保护管理措施，加强对森林火灾的预防扑救体系和林业有害生物的测报防治网络建设，严厉打击各类破坏林木、林地及野生动植物的违法犯罪活动，保障森林资源安全，严格审核和规范管理林地征收占用行为。一是通过开展“六个严禁”专项执法行动，严厉打击破坏森林资源行为。2018年林业执法未出现因违法行政、执法不力、执法缺位等行为引发的群体性事件，未发生一起行政复议案件，有力地打击了破坏森林资源的违法犯罪活动，确保了森林资源安全。二是加强森林防火工作，通过执行《毕节市森林防火

百里杜鹃天然林资源保护

层级管理责任追究办法》，采取专人巡查、强化防火宣传等措施，预防森林火灾发生，提高全民森林防火意识，2018年全市森林火灾受害率控制在1‰以内。三是严格执行森林采伐限额制度。切实加强森林采伐管理，确保全市每年的林木实际采伐量均控制在采伐限额以内，实现了林木生长量大于消耗量。

2. 林业产业发展情况

（1）第一产业资源总量逐年增加。毕节市为国家林业和草原局首批“国家林下经济示范基地”，金沙、织金、纳雍三县列入“全国木材战略储备生产基地”，纳雍县获“中国珙桐之乡”，赫章县获“中国野生韭菜之乡”“中国核桃之乡”“中国樱桃之乡”等称号。一是森林培育不断增强。“十二五”以来，全市营造林连续7年突破百万亩[①]。森林覆盖率从1988年试验区建立之初的14.94%增长到2018年的54.19%，增加了39.25个百分点，年均增长1个以上百分点。二是经果林种植不断增加。到2018年底，全市经果林种植面积达34.49万公顷。在全市经果林种植中，毕节核桃种植面积占全省核桃种植面积一半以上，核桃面积达16.274万公顷，进入盛果期的核桃有3.73万公顷，年核桃总产量达到5.6万吨，按每吨市场价格3万元计算，年产值达16.8亿元以上，全市139万农业人口受益，农民人均纯收入1200元以上。三是林木种苗生产不断壮大。全市种苗生产经营单位已达345家，近 5年累计生产各类合格苗木10亿株，产值50亿元以上，每年提供就业岗位5000余个，群众就业总收入达1.5亿元以上。四是花卉产业发展逐渐兴起。从事花卉生产的企业、合作社、大户等有103家，从业人员9940人，生产经营面积0.84万公顷，生产各类花卉苗木等1.2亿株，年

黔西县森林资源保护

① 1 亩＝1/15 公顷，下同。

产值1.28亿元。五是林下经济发展逐渐扩大。积极引导农民发展林药、林菌、林菜、林茶等林下种植业，林禽、林畜、林蜂等林下养殖业。全市发展林下经济面积10万公顷，其中林下种植5万公顷、林下养殖利用林地面积1.67万公顷、森林景观利用林地面积3万公顷、林产品采集加工利用林地面积0.33万公顷，实现产值33亿元，带动近30万农户就业创业。

（2）第二产业发展规模不断壮大。一是木材加工情况。全市共有木材加工经营企业1196个（户），其中新办124个。二是林副产品加工企业情况。鼓励发展新型林业经营主体637个，其中专业合作社506个，家庭林场10个，林业企业108个，专业大户13个，带动脱贫3567人。三是龙头企业和品牌情况。全市省级林业龙头企业7家，Q板上市企业1家。到目前已申请注册特色林产品品牌有大方县“奢香庄园”核桃乳、大方漆器、“九龙腾”天麻系列产品，黔西县金刺维系列产品，纳雍县玛瑙红樱桃，威宁县糖心苹果、黄梨、“鹤乡果”核桃乳，赫章县“赫章核桃”、“赫之林”核桃乳饮料、“金果缘”核桃工艺品、核桃糖等系列产品，“古彝贡”高原野生红花山茶油等品牌。

（3）第三产业发展方兴未艾。依托丰富的森林景观资源，建森林公园13个，经营面积4.23万公顷；建湿地公园8个，经营面积0.97万公顷；建自然保护区10个，经营面积7.5万公顷。目前，已有大方油杉河森林康养基地、赫章县夜郎国家森林公园康养基地、七星关区柏山森林康养基地获国家级森林康养试点基地，百里杜鹃国家森林公园康养基地、七星关拱拢坪森林康养基地、赫章水塘林场森林康养基地获省级森林康养试点基地。2017年累计接待游客944.2万人次，实现森林旅游综合收入65.9亿元。如百里杜鹃国家级森林公园，成功建成“5A”景区，2017年实现旅游收入39.85亿元，各类乡村旅馆、农家乐应运而生，贫困农户纷纷参与到景区建设和保护中，景区70%的农户享受到旅游开发带来的红利，2万余贫困户因此脱贫。毕节国家森林公园拱拢坪景区成功建成“4A”级景区，采用PPP模式改善旅游基础设施条件，充分挖掘森林旅游潜力。

第二节　资源现状

一、总体概况

根据《毕节市第四次森林资源规划设计调查成果报告（2006—2016年）》，毕节市国土

大方县赤水河流域生态建设现状

总面积2685300公顷，其中：林地面积1264931公顷，占国土总面积的47.11%；非林地面积1420369公顷，占52.89%。全市森林面积1294743公顷（含非林地森林112179公顷），其中：乔木林地764158公顷（含非林地乔木林地81930公顷）、竹林地908公顷（含非林地竹林地399公顷）、特殊灌木林地529677公顷（含非林地特殊灌木林地29850公顷），四旁树占地面积21832公顷。全市活立木总蓄积49550615立方米，其中：森林蓄积49363329立方米（含非林地森林蓄积），占全市活立木总蓄积的99.62%；疏林地蓄积5553立方米，占0.01%；散生木蓄积153024立方米（含乔木林散生木蓄积），占0.31%；四旁树蓄积28709立方米，占0.06%。

二、林地资源

全市林地面积1264931公顷。一是按林地地类构成：乔木林地682228公顷；竹林地509公顷；疏林地432公顷；灌木林地537263公顷；未成林造林地33373公顷；苗圃地90公顷；迹地828公顷；宜林地10208公顷（详见图1-1）。二是按林地林木权属构成：林地权属

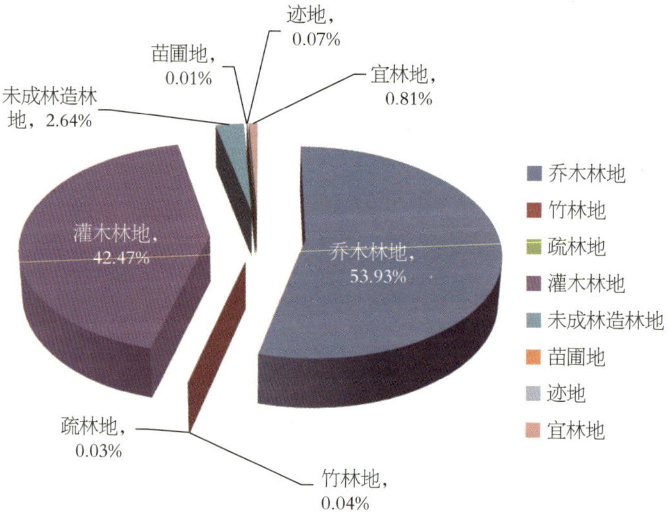

图1-1　林地地类构成比例图

国家所有49506公顷；集体所有1215425公顷。三是按林地质量等级：Ⅱ级6609公顷；Ⅲ级409283公顷；Ⅳ级771872公顷；Ⅴ级77167公顷。四是按林地保护等级：Ⅰ级58915公顷；Ⅱ级514691公顷；Ⅲ级436494公顷；Ⅳ级254831公顷。

三、森林分类

全市划定生态公益林1010099公顷；商品林254832公顷。一是按森林类别：国家级公益林439876公顷；地方公益林570223公顷。国家级公益林保护等级，一级保护等级22653公顷；二级保护等级375281公顷；三级保护等级41942公顷。地方公益林保护等级，重点公益林2454公顷；一般公益林567769公顷。商品林254832公顷，其中：重点商品林0.45公顷，所占比例甚微；一般商品林254831公顷。二是按林种划分：防护林967882公顷；特种用途林36609公顷；用材林231652公顷；薪炭林2668公顷；经济林14994公顷；不划分林种11126公顷（详见图1-2）。

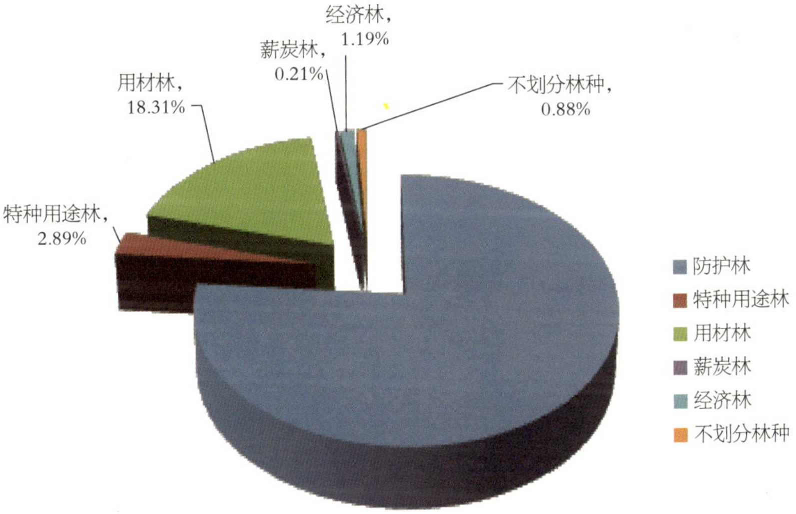

图1-2　林种构成比例图

四、乔木林地资源

全市乔木林地682228公顷，蓄积45180642立方米。一是按起源，天然林面积321706公顷，蓄积17672243立方米；人工林面积360522公顷，蓄积27508399立方米。二是按龄组，幼龄林287417公顷，蓄积11529268立方米；中龄林237651公顷，蓄积17783267立方米；近熟林111019公顷，蓄积10520165立方米；成熟林42725顷，蓄积4920832立方米；过熟林

大方县油杉河生态建设

3416公顷，蓄积427110立方米。三是按优势树种（组），柏木（组）30151公顷，蓄积1624315立方米；马尾松（组）44637公顷，蓄积4070515立方米；华山松（组）106206公顷，蓄积8076443立方米；云南松（组）127441公顷，蓄积10311801立方米；杉木（组）113247公顷，蓄积10245585立方米；软阔类160971公顷，蓄积6424484立方米；硬阔类81004公顷，蓄积3624937立方米；阔叶混交树种（组）11340公顷，蓄积561530立方米；果树（组）737公顷，蓄积27293立方米；食用原料树种2444公顷，蓄积65208立方米；药用树（组）713公顷，蓄积43189立方米；工业原料树种（组）3337公顷，蓄积105343立方米。

五、竹林地资源

竹林地面积509公顷。其中毛竹67公顷，杂竹442公顷。天然林135公顷，人工林374公顷。

六、特殊灌木林地资源

特殊灌木林地面积499827公顷。按树种组成，软阔类面积17公顷；果树面积4107公顷，占0.82%；食用原料树种面积3929公顷，占0.79%；药用树种面积2133公顷，占0.43%；工业原料树种面积172公顷，占0.03%；其他经济树种面积56公顷，占0.01%；其他灌木树种面积489413公顷，占97.92%。按起源，天然林面积490394公顷，占98.11%；人工林面积9433公顷，占1.89%。

七、经济林资源

经济林面积14994公顷。按地类分，乔木林地2038公顷，占13.59%；特殊灌木林地6547公顷，占43.66%；未成林造林地6409公顷，占42.75%。按起源分，人工林14994公顷，占100.0%。

八、用材林资源

用材林面积231652公顷，蓄积16268065立方米。按起源分，天然林87909公顷，蓄积5141805立方米；人工林143743公顷，蓄积11126260立方米。按龄组分，幼龄林89572公顷，蓄积3652040立方米；中龄林80529公顷，蓄积6118647立方米；近熟林42745公顷，蓄积4204959立方米；成熟林17977公顷，蓄积2194275立方米；过熟林829公顷，蓄积98144立方米。按优势树种分：杉木组42299公顷，蓄积4001383立方米；马尾松组28912公顷，

金沙县冷水河自然保护区生态建设

蓄积2903747立方米；华山松组31730公顷，蓄积2520893立方米；云南松组34864公顷，蓄积2595491立方米；柏木组10456公顷，蓄积545713立方米；软阔类26632公顷，蓄积1353542立方米；硬阔类43263公顷，蓄积2056794立方米；阔叶混交树种组4149公顷，蓄积261452立方米；果树组388公顷，蓄积13590立方米；工业原料树种组8853公顷，蓄积8319立方米；药用树组106公顷，蓄积7142立方米。

九、森林质量

一是乔木林地单位面积蓄积量。全市乔木林地单位面积蓄积量为66.35立方米/公顷。按林种分：防护林61.73立方米/公顷；特种用途林91.67立方米/公顷；用材林73.02立方米/公顷；薪炭林42.11立方米/公顷；经济林41.25立方米/公顷。按起源分：天然林54.93立方米/公顷；人工林76.57立方米/公顷。按龄组分：幼龄林40.29立方米/公顷；中龄林74.83立方米/公顷；近熟林94.76立方米/公顷；成熟林115.18立方米/公顷；过熟林125.02立方米/公顷。按优势树种（组）分：柏木（组）53.87立方米/公顷；马尾松（组）91.19立方米/公顷；华山松（组）76.04立方米/公顷；云南松（组）80.91立方米/公顷；杉木（组）90.47立方米/公顷；软阔类39.91立方米/公顷；硬阔类44.75立方米/公顷；阔叶混交树种（组）49.52立方米/公顷；果树（组）37.01立方米/公顷；食用原料树种（组）26.68立方米/公顷；药用树（组）60.56立方米/公顷；工业原料树种（组）50.44立方米/公顷。按郁闭度级分：低郁闭度（0.20～0.39）26.48立方米/公顷；中郁闭度（0.40～0.69）56.83立方米/公顷；高郁闭度

大方县雨冲乡古银杏林

纳雍县乐治镇蚕箐梁子生态防护林

（≥0.70）89.94立方米/公顷。二是树种结构。乔木林地树种结构：阔叶纯林88224公顷；阔叶混交林77987公顷；阔叶相对纯林55029公顷；针阔混交林110263公顷；针叶纯林204827公顷；针叶混交林33460公顷；针叶相对纯林112438公顷。竹林地树种结构：阔叶纯林414公顷；阔叶混交林22公顷；阔叶相对纯林67公顷；针阔混交林6公顷。特殊灌木林地树种结构：阔叶纯林87810公顷；阔叶混交林412017公顷。

十、森林生态环境

一是水土流失隐患等级：全市林地面积1264931公顷，水土流失隐患等级分为轻度、中度、重度和极重度。按地类统计：乔木林地，轻度3879公顷，占0.57%；中度87711公顷，占12.86%；重度394339公顷，占57.80%；极重度196299公顷，占28.77%。二是土壤侵蚀强度等级：全市林地土壤侵蚀强度等级分微度、轻度、中度和强度。按地类统计：乔木林地，微度673215公顷，占98.68%；轻度8961公顷，占1.31%；中度52公顷，占0.01%。三是天然更新等级，全市疏林地、一般灌木林地、迹地、造林失败地、规划造林地面积44990公顷，其中：良好13024公顷，占28.95 %；中等17610公顷，占39.14%；不良14356公顷，占31.91%。按地类统计，疏林地159公顷，其中：良好63公顷，占39.50%；中等67公顷，占42.21%；不良29公顷，占18.29%。一般灌木林地35233公顷，其中：良好12654公顷，占35.92%；中等14271公顷，占40.50%；不良8308公顷，占23.58%。采伐迹地43公顷，其中：中等36公顷，占82.08%；不良7公顷，占17.92%。火烧迹地350公顷，其中：良好3公顷，占0.84%；中等241公顷，占68.94%；不良106公顷，占30.22%。

十一、非林地林木资源

全市非林地面积1420369公顷，其中：乔木林地81930公顷，蓄积4249044立方米；竹林地399公顷，散生木蓄积2704立方米；特殊灌木林地29850公顷，散生木蓄积5620立方米；未成林造林地45395公顷，散生木蓄积7287立方米；其他非林地1262795公顷。全市推算四旁树总株数36022041株，折算占地面积21832公顷，四旁树蓄积28709立方米。

十二、石漠化土地

1. 岩溶地区土地类型。岩溶地区调查面积969967.75公顷，其中：非石漠化土地205477.1公顷，占21.18%；潜在石漠化土地627905.03公顷，占64.73%；石漠化土地136585.62公顷，占14.08%（详见表1-1）。

表1-1　石漠化土地成因按地类统计表

单位：公顷

石漠化土地成因＼地类	合计	乔木林地	竹林地	疏林地	特殊灌木林地	一般灌木林地	未成林造林地	迹地	宜林地
合计	136585.62	71898.16	46.97	16.07	55815.59	4507.46	3381.82	91.23	828.32
毁林开荒	474.10	323.76	3.72		16.95	83.04	46.63		
过度放牧	253.98	7.04			168.23	7.28	47.31		24.12
过度樵采	42814.71	15720.57			25434.82	827.49	831.39		0.44
火烧	34.85	8.52			8.50				17.83
采石	1.16				1.16				
烧石灰	7.70				7.70				
不适当耕作方式	1739.15	1255.20			380.97	6.12	96.86		
地质原因	66564.05	41731.44	20.54	15.46	19480.03	3266.59	1900.26	43.78	105.95
气候原因	17712.86	8815.57	4.59		8046.85	19.44	139.76	33.47	653.18
其他人为因素	6983.06	4036.06	18.12	0.61	2270.38	297.50	319.61	13.98	26.80

2. 石漠化土地地类及程度等级。石漠化土地136585.62公顷。按地类分：乔木林地71898.16公顷，占52.64%；竹林地46.97公顷，占0.03%；疏林地16.07公顷，占0.01%；特殊灌木林地55815.59公顷，占40.86%；一般灌木林地4507.46公顷，占3.30%；未成林造林地3381.82公顷，占2.48%；火烧迹地6.98公顷，占0.01%；其他迹地84.25公顷，占0.06%；造林失败地330.09公顷，占0.24%；规划造林地445.10公顷，占0.33%；其他宜林地53.13公顷，占0.04%。按程度等级分：轻度116934.84公顷，占85.62%；中度18246.3公顷，占13.36%；重度1193.97公顷，占0.87%；极重度210.51公顷，占0.15%。

第三节　资源评价

一、森林资源成效

1. 森林资源持续增长。通过实施天然林保护、退耕还林、石漠化综合治理、森林植被恢复费项目等一批国家和省市重点营造林工程，大力推进绿化造林，森林资源稳步增长。根据《毕节市第四次森林资源规划设计调查成果报告（2006—2016年）》，毕节市林地面积由2006年的1226962公顷提高到2016年的1264931公顷，活立木蓄积由18589689立方米提高到49550615立方米，森林覆盖率由2006年的32.06%提高到2017年的49.02%，乔木林单位面积蓄积由30.36立方米/公顷提高到66.35立方米/公顷。实现了林地面积、活立木蓄积、森林覆盖率、乔木林单位面积蓄积的同步增长。

2. 森林资源结构日趋合理。阔叶林在水土保持、涵养水源、净化空气、维护生物多样性、丰富森林景观等方面的功能远高于针叶林，针叶林（含针叶纯林、针叶相对纯林、针叶混交林）的乔木林地面积所占比例为51.35%，阔叶林（含阔叶纯林、阔叶相对纯林、阔

百里杜鹃秋景

织金县珠藏镇林业生态建设

毕节市七星关区杨家湾森林资源

叶混交林）所占比例为32.46%，针阔混交林所占比例为16.19%，阔叶林所占比例相对较高，说明树种结构比较合理。同时，本期森林健康度以“健康”面积所占比例最大，与上期森林健康度相比较，本期森林健康状况有所提升，不健康、中健康、亚健康均朝着健康方向转化，说明毕节市森林资源管护和经营措施得力，森林资源结构日趋合理。

3. 森林生态系统功能逐步增强。毕节市通过加强森林防火、森林病虫害防治，扎实开展森林保护“六个严禁”执法专项行动，加大公益林管护力度，严格执行森林采伐限额制度等，使全市森林资源得到有效保护。通过实施封山育林、低产低效林改造、中幼林抚育等森林经营措施，强化经营管理水平，使森林生态功能等级“二等”的比例由上期的79.9%提高到本期的98.02%，上期的“三等”和“四等”正在逐渐转变为“二等”，说明过去十年间毕节市在林业生态建设方面取得了较好成效，生态环境条件持续改善，森林生态系统的保护功能逐步增强，森林生态结构和功能朝着良性方向发展。

二、存在的主要问题

1. 森林资源总量不足，质量不高。全市1294743公顷森林面积中，乔木林地和竹林地面积占森林面积的52.73%，特殊灌木林地、四旁树和非林地上的森林面积占47.27%。全市人均森林面积仅为2.11亩、活立木蓄积仅2.60立方米/亩，低于全国人均2.25亩和5.9立方米/亩的水平，凸显全市森林资源总量不高。

2. 林业产业体系不完善，贡献率不高。毕节市虽然加快了林业产业发展的步伐，但是林业总产值在国民经济中相对较小。产业结构不合理，第二、三产业规模较小，初级产品多，精深加工产品少，科技含量低，产品附加值不高，缺乏龙头企业和名牌产品。林下经济规模小、集约化程度低。森林旅游、原生态保健食品、森林疗养等林业生态服务远远不能满足社会需求。转变林业经济增长方式，优化林业产业结构，发展山地林业特色经济，促进林区贫困群众增收致富等方面，还需要政府积极引导和扶持。

3. 生态环境依然脆弱，生态建设压力大。近年来，依托森林公园、湿地公园等建好生态文明教育基地，国家林业和草原局先后将毕节命名为“全国林业生态建设示范区”、“全国防治石漠化示范区”、第二批“全国生态文明示范工程试点”、“全国生态保护与建设示范区”，毕节市实施天然林保护、退耕还林、石漠化治理、森林植被恢复费项目一系列林业生态重点工程，但是调查结果显示，全市水土流失隐患等级重度和极重度所占比例较高，全市仍有136585.62公顷石漠化土地，对森林生态环境的保护和健康发展造成严重威胁，亟待治理，生态脆弱、人口资源环境压力大的状况没有根本改变，亟须生态修复。

三、发展潜力分析

1. 增加森林总量潜力分析。毕节市有疏林地、一般灌木林地、未成林造林地、采伐迹地、火烧迹地、其他迹地、造林失败地、规划造林地和其他宜林地面积共82277.59公顷，可采取人工造林、封山育林、中幼林抚育和低产低效林改造等营造林措施，成林后可在现有的基础上提高森林覆盖率3.06个百分点；全市非林地地类上还有部分弃耕地、25°以上坡耕地、采石采矿迹地、工程迹地、建设用地中的绿化用地均可用于造林，从而增加森林资源总量和提高森林覆盖率。

2. 提高森林质量潜力分析。毕节市森林整体质量虽有所提高，但与其他森林经营管理水平先进、森林整体质量高的地区相比，森林各项质量指标还存在一定差距，上升空间依然较大。全市有低郁闭度乔木林地88468公顷、疏覆盖度特殊灌木林地204882公顷，可根据条件有选择性地对这部分森林实施封山育林；全市乔木林幼龄林287418公顷、高郁闭度乔木林地中龄林114812公顷，可根据林分状况、交通条件、生产力组织等实施中幼林抚育；对低于全市平均单位面积蓄积量的乔木林地幼龄林、中龄林，通过实施封山育林、中幼林抚育、低产林改造等森林经营措施，可进一步提高林地生产力、增加全市森林蓄积、提升森林质量。

3. 强化森林效益潜力分析。毕节市森林结构渐趋合理，森林生态环境持续改善，森林生态功能等级逐年提高，森林效益日益凸显，但仍处于较低水平线上，还有广阔的提升空间，需要积极推进林业分类经营，优化森林结构和空间布局，发挥森林多种效益，满足社会多样化的需求。继续加强公益林的管护和监测工作，严格执行林地管控措施，调整树种结构比例和空间布局，增加阔叶树种比重，提高森林生态效益；加快林业产业结构调整步伐，加大商品林的科学经营力度，积极推进经济林产业发展，提高用材林林地生产力，增加森林经济效益；大力发展林区多种经营，开发森林旅游资源，建立森林康养基地等，发挥森林社会效益。

七星关区长春堡镇阳鹊沟退耕还林建设

第二章　实施背景

第一节　基本概念

一、森林经营的历史发展过程

在人类社会形成的早期，人类还处于对自然界无知的蒙昧状态，常常由于对其过度利用导致物种灭绝、食物短缺，致使人类从一地迁徙到另一地，有时甚至毁灭。人类不能离开森林而生存，作为森林的组成部分与森林的兴衰休戚与共，这就是林业发展史的森林主宰人类阶段。

随着原始农业的自发发展，人类逐渐学会了驯化野生动物和采集植物，使食物来源得到了保障，从而战胜了由于过度利用、物种溃灭所带来的灾难，使人类社会得到繁荣和发展。随着早期农业的发展，尤其是刀耕火种的农业技术，为开垦耕地而大量砍伐、焚烧森林，森林不再被视为人类的栖息地和食物来源，相反却被视为“荒地”。在漫长的农业文明时期，人口数量还相对较少，人类生产力水平也相对较低，人类干预自然、破坏森林相对来说是局部的、暂时的，还没有超过森林生态系统的负荷量，在一地毁灭的森林还可以在另外的地方重新找到。人类利用森林是无偿的、随意的，并认为森林资源是“取之不尽，用之不竭”的，砍伐森林便被认为是天经地义的事，加之历代战争、狩猎等大量破坏森林，常常导致环境恶化，生态平衡被破坏，这种破坏的结果使许多哺育人类历史文明的沃野变成荒芜不毛之地，世界许多文明古国不乏这样的先例，这些都是由于人类缺乏对森林的正确认识，过度利用森林而产生的必然结果。这时期，人类对森林资源的利用主要是为农业和畜牧业提供燃料、饲料和材料。

近代资本主义工业的发展使森林遭受到毁灭性的破坏，由于资本主义工业的发展，对木材的需求急剧增加，为了满足需要，人类大规模利用天然林资源，对森林进行掠夺式的采伐，可利用的森林资源随着时间的推移，越来越少，人类开始寻求永续经营森林。以收益为唯一目标的“法正林”思想开始形成，并在以后的时间里占领统治地位。由于法正林是建立在收益为唯一目标上的经营，由于不考虑森林的整体功能往往达不到收益的永续和均衡，在经济上也行不通。

到了20世纪，建立在皆伐及营造同龄纯林的法正林思想，通过现代集约经营方式，采用高产速生品种、单作、灌溉、化肥和农药的常规林业经营模式形成，并逐步形成森林经营的统治模式。通过多年的实践和研究表明。一是施肥和缩短轮伐期使花旗松产量增加了38%，而成本（不包括环保费用）增加了64%；二是种植短期林施行的皆伐，使土壤养分损失严重，因而需要高投入的补给；三是施用农药和化肥，减少了动植物的多样性，使清洁

大方县小屯乡森林抚育经营试点

的森林湖泊和河流受到污染。在某些地方，森林一直起着过滤空气和水的作用，实行集约经营后却成了污染源（来自施用的化肥和农药）；四是同龄的大面积人工纯林不能像以前的天然林那样保护集水区。以上结论告诉我们：当地球上人口数量还较少的时候，人类对森林的破坏是局部的，但是当今世界人口众多，没有受到人类干扰的森林生态系统在地球上几乎也找不到了，而且局部的地区性的保护扭转不了全球变化所产生的影响，因此，由于森林生态系统破坏而导致的生物多样性下降和全球变化给人类社会的持续发展所带来的威胁，越来越受到人类的关注。

二、森林可持续经营概念的提出

由于现代常规林业经营本身很难做到森林资源持续经营，而且现在人口数量急剧增加，常规林业经营受到冲击，可持续经营森林资源是人类社会发展和林业自身发展的必然要求。可持续发展概念而是随着人口的增加和工业、农业技术进步，人类正以前所未有的规模和强度影响环境、改变环境，使全球生命支持系统的持续性受严到重的威胁。正如国际生态学会《一个持续的生物圈：全球性号令》所说："当前的时代是人类历史上第一次拥有整个毁灭地球上生命的能力；它也是最后的时代，具有把环境退化的趋势扭转，并使世界改变为健康持续状态的选择。"如何发展经济，如何把经济发展和环境保护协调起来，是人类面临的重大任务。正是在这种形势下，1992年6月在巴西里约热内卢召开了有183个国家参加的"联合国环境与发展大会"。会上讨论的中心问题是"持续发展"。从此持续发展思想为世界各国所普遍接受。

1987年世界环境委员会对于可持续发展下了这样一个定义："在不损害子孙后代满足他们自己需要的能力前提下，满足当代人的需要而进行的经济发展。"这个概念在1992年6月巴西里约热内卢联合国环发大会上被一致接受。在我国将可持续发展的概念系统化指出，持续发展是把当代人类赖以生存的地球及局部区域看成是由自然-社会经济-文化等多因素组成的复合系统，它们之间既相互联系，又相

大方县森林可持续经营林下仿野生天麻种植

互制约。认为一个持续发展的社会，有赖于资源持续供给能力；有赖于其生产、生活、生态功能协调；有赖于自然资源系统的自然调节能力和社会经济组织、调节能力；有赖于社会的宏观调控能力，部门之间的协调能力以及民众的监督与参与意识。其中任何一个方面功能的削弱或增强都会影响其他方面，以及持续发展进程。森林资源作为对全球变化最有影响的陆地生态系统组成部分，对人类提供不可代替的木材及产品资源，它的可持续发展对人类社会的可持续发展有重大意义。因此，森林可持续发展的国际活动先于其他领域，自1993年起活跃起来。这个领域活动在两个方面展开，一是森林国家自身的森林可持续经营的研究与实践；二是国际间的森林可持续经营的标准与指标体系的研究和建立。森林可持续经营是指森林经营过程中，在森林生态系统生产能力和再生产能力得以维持的前提下，以人类利益的可持续性为基础，持续、稳定地产出适应人类社会进步所需求的产品，使得生态、经济、社会效益协调发展的森林经营体系。森林可持续经营强调的是森林生态系统自我维持的持续性和人类长期利益的可持续性一致的前提下合理经营，持续产出产品。而常规林业的“永续利用”强调的是森林持续生产，很少考虑森林生态系统自我维持的可持续性和人类利益可持续性。这就是可持续发展经营和永续经营区别的关键所在。在这里我们还应把森林可持续发展与森林可持续经营区别开来，森林可持续发展指的是目标和总体性而言；而森林可持续经营指的是一种经营体系或经营策略，它要求具体的经营管理科学技术。

三、森林可持续经营的内涵

1. 生态方面。森林资源供给和生态环境响应。一是森林生态系统保持良性循环；二是绝不能超过资源承载能力；三是供给人类社会发展所需求的环境资源对森林资源的要求。

2. 经济发展方面。应致力于森林资源优化配置，林业经济呈良性循环和预期效益良好。

3. 目标方面。一是森林经营能使森林资源具有持续稳定的生产能力和再生产能力；二是持续稳定供给人类社会发展所需求的环境资源、产品资源，产生最佳的生态、经济、社会效益。

4. 可持续经营必须满足3个基本条件。一是必须明确经营的长期目标是森林生态系统生产能力和再生产能力的自我维持的可持续性和人类利益的可持续性。短期目标是在长期目标得以实施的前提下，森林经营持续产出主导产品，要求经营过程应坚定不移落实这些目标，定期检查表现和调整步骤，以使结果和目标相一致；二是被经营的森林整体上处在可持续的条件下，绝对不可退化到不可逆转的地步；三是森林经营活动从生态、社会方面可接受，在经济上可行。

四、森林资源可持续经营的特征

1. 森林可持续经营的特点。一是森林资源的生产能力和再生产能力持续发展；二是经营产出的经济效益具有持续性、稳定性；三是资源产品产出的多样性和持续性；四是森林资源培育和森林资源利用有机结合；五是决策的多样性和过程导向性。

2. 可持续经营的整体性。从森林可持续经营的概念来看，可持续经营必须是把自然-社会-经济看成一个复合系统来组织经营管理、实施经营决策。这就决定了在经营决策过程中，必须根据自然-社会-经济构成的复合系统的广泛联系来做整体考虑，实施经营决策过程必须具有整体性。持续经营的整体性是由自然-社会-经济复合系统本质决定的，它要求综合性和协调性的统一，空间分布与时间过程的统一，福利增长和社会进步的统一，经济效益与生态效益的统一，当代利益和后代利益的统一，区域发展与全球未来的统一，结构合理与功能优化的统一。这“七个统一”是可持续经营整体性的原则。

七星关区阳雀沟人工造林

3. 可持续经营的差异性。由于地域本身总是存在差异，无法在地球表面上找到任何完全相同的地域，由此基础上所孕育的发展状况和发展水平，自然也不可能是均匀的。加上地域上支撑发展的动力和内涵，如资源的丰富、自然环境的适宜性、地形的差异、经营的成本、区位的优劣、初始条件及基础水平以及发展机遇把握等，都存在着不同程度的差异，这决定了发展在地域上是不均衡的，因此在经营上采取的经营方式、经营措施以及取得的经营成果都存在地域差异，这就是可持续发展经营的差异性。由于可持续发展经营存在地域上的差异性，在经营上必须保持某种合理的区域发展梯度，把区域的空间差异规范在某个临界值之内。

4. 可持续经营的层次性。森林可持续经营的内涵必须是以满足人类社会发展的需求为目标，而随着时间的推移和社会的不断发展，人类的需求内容和层次将不断增加和提高，因此可持续经营是一个由低层次向高层次升质性过程。包括：一是森林生态系统由低序—中序—高序；二是单一木材产品产出—几种主导产品产出—多种资源产品和环境服务功能多位一体产出体系；三是经济效益或生态效益为主导—生态、经济效益协调发展。

5. 可持续经营的节律性。可持续发展是一个过程。在过程的进行中，决定过程特性的两个基本要素即动力要素和趋势要素，具有同向的增幅作用和推挽效应，其结果就导致发展过程刻了相应的烙印。我们知道，提供给发展能力的物质基础和能量基础是资源和能量，由于二者具有明显的同期性和波动性，那么以它为源头的可持续发展过程，自然也会具有相同的特点。再者，人类需求的初级产品、高级产品和各种服务等在持续发展中是一种牵引要素，引导着产品的流向，决定着产品的规模，制约着产品的市场。同样十分明显，这个牵引要素具有周期性和阶段性。每一次升级换代是因为适应人类需求的新技术、新发明和新思想的启动及普及，这种支持，周而复始的上升，使得发展过程也必然具有节律性和过程特征。这两者的共同作用，使得可持续经营在空间上的表现和在时间上的表现，都具有复杂的节律性。

森林可持续经营是人类经营森林资源的必然选择。制约着森林可持续发展的有以下因素。一是人口，人口的过快增长对森林可持续性是最大的威胁，现在看来世界上的许多森林，尤其是热带雨林，不可避免地要变成为农田或退化。二是大气和气候的改变，气候决定了生物的生产潜力，决定了一个地区的森林类型和生产潜力。在过去的半个世纪里人类的活动以从未有过的速度改变着大气的化学组成，这种改变对世界气候的影响是对森林可持续性的最大威胁之一。三是土壤破坏，土壤条件是确定一个气候区可以达到生物生产潜力的主要因素，如果不能维持适宜的土壤条件，我们就无法维护森林的多种效益，这应成为可持续发展经营的基本要求和原则。四是生物多样性的丧失，气候和土壤决定的生物潜力只能当种群中具有合适的种类的多样性时才可能实现。生物多样性的丧失无疑对森林资源可持续发展经营构成很大的威胁。五是低水平的资源管理，如果林业不是在可持续经营原则和执行标准的基础上制定和实施规划，过度采伐，不合理的更新方式，缺乏对土壤、流域、野生动植物资源的考虑，不重视采伐对森林景观的影响等必定引起森林资源价值的丧失以及降低其长期的可持续性。六是自然灾害，自然灾害（包括生物性灾害和地质性灾害）的频繁发生必定影响到森林生产能力以及野生动物栖息的环境和森林自身存在、发展的生态条件，势必严重影响到森林资源可持续发展经营的实施。七是不合理的思想观念和政策导向，不合理的思想观念和政策导向也严重地影响着森林资源可持续经营的实施。

第二节　实施背景

在中国，随着南方森林覆盖率的增加，林业发展的重点正由造林转向对现有森林的经营，这种发展对于如何持续经营森林技术提出了迫切需求。德国政府通过德国复兴银行对此需求作出了响应，启动了由德国联邦政府和中国政府双方共同资助在中国南方开展森林可持续经营工程的项目前期准备工作。作为该工程框架内的第一个项目，中国在2005年上半年向德国联邦政府提交了一份初步的项目建议书，目的是共同资助贵州省森林可持续经营和社区发展项目。在2005年6月举行的政府间谈判中，德国政府同意向上述项目提供赠款450万欧元。项目进展具体进程如下。

2005年中方向德国复兴银行申报项目。2005年上半年，针对私营和集体林可持续发展而要实施的林业项目，中国政府向德国申请技术和资金支持。

2005年6月，中德政府举行双边会谈，“中德财政合作框架项目”就安排了450万欧元用于此项目。双边协商考虑了项目理念并同意扶持实施此林业项目。

2005年7—8月，德国复兴银行调查团受德国复兴银行委托，林业咨询专家克劳斯·R·柏兰德先生于2005年7月17日—8月5日来到中国，以帮助中方酝酿“中国南方森林可持续经营项目”的项目建议书。

2006年3月18日，贵州省发展和改革委员会下发了《关于“中德财政合作贵州省集体林区森林经营与社区发展项目建议书”的批复》，同意中德财政合作贵州省集体林区森林经营与社区发展项目。拟申请德国政府无偿援助450万欧元（约合4510万元人民币），国内配套

2010年4月16日，中德财政合作森林可持续经营项目参与式规划培训人员在大方县留影

3859万元人民币由项目单位自筹解决。项目建设内容为：新造林930公顷，其中新造用材林430公顷，困难地段营造防护林500公顷。现有林分经营7250公顷，其中以木材生产为主的林分经营2900公顷，以防护林为主的林分经营4150公顷。自然保护200公顷。生态型经济发展示范农户1000户。同时进行项目相关培训以及购置项目必需的设备等。项目涉及贵阳市开阳县、息烽县和毕节市金沙县、大方县、黔西县、百里杜鹃管理区（2007年分别从大方、黔西划入4个乡54个村）。贵阳市政府、毕节市政府以及项目涉及的6个县区均出具相关的国内配套资金承诺函。

2006年7—8月，由GFA咨询公司派出的国际、国内咨询专家组成的工作组审查了项目的可行性研究。根据可研的结论以及所规划的项目产出，贵州省林业厅与可研专家组签署了会谈纪要。

2006年11月2—11日，德国复兴银行代表团考察了贵州省，以商讨此林业项目的具体细节。以可研结果为基础撰写了会谈纪要，并于2006年11月11日，贵州省林业厅和德国复兴银行在会谈纪要上签了字。此会谈纪要内容是之后项目所有规划材料的基础。

2007年6月29日，国家财政部与德国复兴银行的双方代表签署了针对“中国南方贵州省社区森林可持续经营项目”的财政协议。根据此协议，德国政府将提供450万欧元的援款给贵州省林业厅，用于支持实施所规划的林业项目，同时拟定了《贵州省可持续经营项目分立协议》，明确了项目设计、项目实施、付款程

黔西县中德财政合作森林可持续经营项目宣传碑

序等重要内容。

2008年4月，贵州省林业厅、贵州省财政厅与财政部；财政部与德国复兴银行分别签署了项目的分立协议。分立协议对项目目标、预算及实施方法做了具体的规定。

2008年5月14日，德国复兴银行发布了需要给贵州林业项目提供咨询服务的公告，提交资格预审材料的截止日期设置为2008年6月16日。最终，两家咨询公司通过了资格预审，并得到项目邀请提交详细的技术建议书和价格建议书。这两家公司为“GITEC/DFS”和“GFA“咨询公司。

2008年7—8月，咨询服务招投标。根据德国复兴银行2008年7月1日的传真，通过资格预审的“GITEC/ DFS”和GFA咨询公司收到邀请，请他们提交标书。标书提交截止日期为2008年8月15日，之后延长到2008年8月25日。邀标公告是以咨询服务的“工作任务书”为依据，而“工作任务书”是以上述2006年11月会谈纪要的规定为依据。招投标程序预见了咨询公司代表将考察贵州，以了解贵州林业情况以及与贵州省林业厅项目办的一些问题。最终，GFA咨询公司竞标胜出。

2008年11月，项目启动。2008年11月1日，德国复兴银行首席技术顾问胡伯特·福斯特履行第一次咨询工作，项目自此启动。

截至2010年，项目试点阶段。由于在过去的几年里，国内林业管理政策及规定发生了相当大的变化，原定1年的项目试点阶段最终延长为2年。在此期间（2008年底—2010年底）项目所有重要的管理规定与实施指南全部制定出来，并作了试点和修订完善。

2011—2016年，项目实施期。2011—2016年可以视为项目的实施期。项目初期的实施进度十分缓慢，从2012年开始有了明显改善。

2017年，项目结束阶段。对项目实施积极的森林可持续经营措施提供的支持截至2016年8月。2017年春，对2016年的实施结果作了内部与外部监测评估，首席技术顾问胡伯特·福斯特编制了项目期终监测报告，展示了整个项目最终取得的成果。

2018年10月13—23日，由德国林业高级专家约阿西姆·弗里德里希·克希霍夫先生任评估组组长，会计核算及财务管理专家李霞女士和项目翻译及项目联络员高艳平女士组成的期终评估组实施了中国南方贵州省社区森林可持续经营项目的期终评估。评估组先后对黔西县甘棠乡大营村、雨朵镇登高村、红林乡新坪村、永燊乡莲花村，大方县羊场镇穿岩村、对江镇龙场村、大海坝林场，金沙县石仓林场、大新安林场、五龙街道五关村等10个森林经营单位进行实地评估。

2018年10月22日，中德财政合作贵州省森林可持续经营项目验收仪式在贵州省林业厅

2017年3月9日，毕节市林业局召开中德财政合作森林可持续经营项目工作座谈会

举行，项目执行机构代表就会议纪要进行了讨论。中德双方专家所组成的“期终评估组”在《中国南方贵州省社区森林可持续经营项目（项目编号2005 65 424）期终评估会议纪要》上签字，标志着项目顺利通过验收。

第三节　实施意义

中德财政合作贵州省森林可持续经营项目于2008年在毕节市大方、黔西、金沙、百里杜鹃等4个项目县区启动，于2018年进行期终评估。项目的主要目标是引入一个叫做“森林可持续经营”的新森林经营方法，此方法在德国和欧洲其他国家广为应用。在某种程度上，森林可持续经营方法有别于我国传统的森林经营体系以及某些森林经营和保护规定。由于中德财政合作贵州省森林可持续经营项目是一个试点示范项目，因此，项目得到了所有必要的特殊许可，从而可以按照项目理念开展活动。

项目最早实施的活动是编制项目管理、财务规定以及项目实施技术指南。在最初阶段，很难说服林业技术人员及林农认识和接受项目所建议的森林可持续经营方法的适宜性和优点，参与项目的许多人都认为，项目规定太过复杂，森林将会遭到破坏。但是在经过了最初的试点阶段后，绝大多数项目工作人员以及森林经营单位负责人接受了项目的技术指南，开始按照要求相应实施项目。

中德财政合作贵州省森林可持续经营项目可以说是一个十分成功的森林可持续经营项目，在某些方面，项目实施的数量与质量甚至超过了项目森林可持续经营的目标。毕节市总共为87个森林经营单位编制了森林经营方案（森林经营单位主要是林农联合起来形成的组织），规划面积32163.2公顷，是项目初期规划面积2.1万公顷的153.16%，项目工作涉及32228户林农，他们的林地纳入到森林可持续经营试点实践中。旨在改进林分质量而实施的积极经营措施面积10850公顷。通常情况下，在项目实施前，林分最初的状况不理想，因为

可持续森林经营

过去很长一段时间以来，林分都没有实施过任何经营措施。为了提高林分活力（健康）、稳定性、有价值的蓄积增长以及为未来准备更好的林分基因库，项目重点关注的是幼林抚育（林木胸径< 5厘米）以及中龄林间伐（5厘米<林木胸径<15厘米）。通过砍除树形差的林木以及病倒木，扶持有价值的目标树，调节保留林木的生长空间（林木密度调节）以及调节针阔树种混交，使混交状况达到经济效益与生态效益的平衡，从而可以实现森林可持续经营的原则和重点目标。此外，通过选择适地适树的乡土树种造林，并细心对新造林进行维护（除草），使无立木林地重新有了植被覆盖。对已经存在天然更新的林地，通过清除生长超过幼树、进而影响幼树生长的灌木、杂草，来促进天然更新的发育。对于低价值的萌生林，通过清除萌生树并在清理后的林地上重新造林，把萌生林改造为乔木林。此外，对于某些老龄林，通过促进可能存在的天然更新，使老龄林做好实施择伐的准备。

项目最大的成果是森林可持续经营活动的实施质量持续不断改进。在整个项目实施期内，项目工作人员、乡镇技术人员、森林经营单位代表以及林业工人都得到良好训练，因此，对森林可持续经营的原则理解得十分清楚，并且这些原则被参与项目的绝大多数人所

实施中德项目　促进农户增收

接受。总体来说，绝大多数林业技术人员、森林经营单位成员以及林业工人都十分谨慎小心，都在实践中成功地实施了项目所主张的森林可持续经营活动。

项目在大方、黔西、金沙、百里杜鹃等4个县区作了森林可持续经营理念推广的试点，项目区的林分情况千差万别，立地条件、林分条件各异：不同的母岩和土壤类型、不同的立地生产力（从没有生产力到生产力很高）、坡度（从平缓到极为陡峭）、坡向、森林经营类型（包括乔木林、萌生林）、林分组成（包括针叶纯林、阔叶纯林以及不同混交比例的针阔混交林）。森林可持续经营的基本原则得到大家理解和认可，并且在各种条件下得到成功应用。因此，森林可持续经营方法是适宜向毕节试验区更大范围推广的。然而，应用森林可持续经营方法和理念的一个基本条件是针对间伐，尤其是在中龄林（5厘米 < 胸径 < 15厘米）实施的间伐，有充分足够的采伐指标，这是有效并成功实施森林可持续经营必不可少的前提条件。

经过10年的实施期，森林可持续经营试点活动虽然结束了。但毕节市各级林业部门高度重视，将森林可持续经营活动与国内中央财政森林抚育有机结合起来，在全市范围内大力推广森林可持续经营理念，充分利用现有采伐限额和财政资金对林农和森林经营单位继续提供支持。以森林可持续经营理念为指导开展适宜的森林抚育活动，继续保持森林的活力和稳定性，增强抵御自然灾害和病虫害的能力。目前对采伐指标的严格限制意图在于保护森林，进而总体上取得更高的森林蓄积量。然而，国际上对森林收获的研究表明，单纯地保护森林、而不实施合理的抚育措施，并不适合实现此目标。中龄林间伐是一个极为重要的森林可持续经营活动，而没有充足的采伐指标，这个重要的森林经营措施就不可能得到实施。结果是林分太密，并且由价值低劣的树种组成。这种密林的特点是林分蓄积量低、有价值的蓄积量低、林分结构脆弱不稳定，极易遭受自然灾害破坏（如风折、雪折）、树形弯曲、林木早夭以及由质量差的母树产生的天然更新质量更差。如果全市的森林目标是建设兼具经济与生态效益、充满活力、稳定和生产力高的林分，那么，唯一途径是实施符合森林可持续经营理念和技术要求的森林经营活动。

习近平总书记在参加党的十九大贵州省代表团讨论时强调，“要守好发展和生态两条底线，创新发展思路，发挥后发优势，开创百姓富、生态美的多彩贵州新未来”。在毕节试验区推广应用森林可持续经营理念与技术，是贯彻落实党的十九大精神和习近平总书记的重要指示精神，坚守发展和生态两条底线，弘扬“坚定信念、艰苦创业、求实进取、无私奉献”的毕节试验区精神，进一步解放思想、深化改革，增加资源总量，维护资源安全，坚持节约资源和保护环境的基本路线，走生产发展、生活富裕、生态良好的文明发展道路，到2020年，全市森林覆盖率达到60%，林业产值达到400亿元，初步建成较完善的林业生态体系，较发达的林业产业体系，较繁荣的生态文化体系，打造富裕和谐美丽新毕节。2018年7月19日在毕节试验区建立30周年座谈会上，中共中央总书记、国家主席、中央军委主席习近平对毕节试验区工作作出重要指示，30年来，在党中央坚强领导下，在社会各方面大力支持下，广大干部群众艰苦奋斗、顽强拼搏，推动毕节试验区发生了巨大变化，成为贫困地区脱贫攻坚的一个生动典型。在这一过程中，统一战线广泛参与、倾力相助，作出了重要贡献。习近平强调，现在距2020年全面建成小康社会不到3年时间，要尽锐出战、务求精准，确保毕节试验区按时打赢脱贫攻坚战。同时，要着眼长远、提前谋划，做好同2020年后乡村振兴战略的衔接，着力推动绿色发展、人力资源开发、体制机制创新，努力把毕节试验区建设成为贯彻新发展理念的示范区。统一战线要在党的领导下继续支持毕节试验区改革发展，在坚持和发展中国特色社会主义实践中不断发挥好中国共产党领导的多党合作的制度优势。

作为以“生态建设”为主题的毕节试验区，着力推动绿色发展，实现与乡村振兴战略的衔接，是林业生态建设的重要任务，实施森林可持续经营发展是实现绿色发展的重要手段。森林可持续经营具有投入成本低、抗灾害能力强的特征，其目标是形成以乡土树种为主，异龄、复层、混交的近自然化多功能森林。毕节试验区实施森林可持续经营从生态系统多样性发展、森林结构进程的经营和操作技术入手，运用森林可持续经营理念建设良性循环的森林生态系统，对推进毕节生态建设具有重要意义。

一是国际合作性质赋予的必要性。中德财政合作贵州项目的立项依据是中华人民共和国政府与德国联邦政府于2005年6月2日签署的财政合作“政府协议”；并由财政部代表中华人民共和国政府与德国复兴银行签订财政协议实现对项目450万欧元的无偿援助。项目得到了贵州省人民政府的高度重视，由贵州省人民政府牵头，相关厅局联合成立了领导小组。项目历经10余年的探索和实践，积累了大量宝贵的数据和经验，有利于回答国际国内有关专家和领导所关心的问题，也将有利于履行好国际合作赋予项目承担单位的责任和义务。

二是填补国际国内空白的重要性。中德财政合作贵州项目是中德财政合作中国南方森林可持续经营整体项目的重要组成部分，是将森林可持续发展和近自然森林经营原则纳入中国林业政策与计划制定之中的探索与试验性质的项目。对于国际森林经理学术研究来讲，如何在社会主义市场经济条件下实现森林可持续经营尚属研究空白；对于国内而言，我国广大南方集体林区实现基于村级森林经营单位模式开展森林可持续经营活动尚缺乏充分深入的研究和实证案例支持。项目通过国际国内专家、各级项目办、监测中心以及广大森林经营单位和参与林农的共同努力下，成功地实施了森林可持续经营活动，项目通过先进的技术支持和管理理念回答了“如何实现在集体林区由林农自主实施森林可持续经营？”的问题。

三是项目基础条件亟待深入挖掘。贵州省森林可持续经营项目在外方专家的支持下形成了一套独特的管理体系和技术体系，并得到了成功的应用。通过项目实践，逐渐形成了一个集体林区开展可持续森林经营活动的核心关键，即“森林经营单位的参与积极性是顺利开展可持续森林经营活动的关键，可持续森林经营项目管理体系和技术体系都应当围绕提高森林经营单位积极性来开展”。项目在10余年的实践过程中积累的素材、文献、数据和其他资料非常丰富，逐步扩展挖掘和解释森林可持续经营的科学问题。

贵州省林业厅副厅长向守都在大方县羊场镇穿岩村调研中德森林可持续经营项目

第三章　经营规划

第一节　框架结构

一、项目框架

中德财政合作森林可持续经营项目是针对贵州省提出来的，贵州省有林地面积880万公顷。山脚的肥沃土壤主要是用于种植农作物，土层浅薄、生产力相对较低的山腰、山顶为森林植被所覆盖。大多数森林划分为防护林（公益林），森林利用上有严格限制。主要树种是松树（马尾松和华山松）、杉木、柳杉和柏木。阔叶树种类很多，有栎属的很多种（以麻栎居多）、枫香、樟科的樟属和楠属植物、锥栗、香椿、梓木、悬铃木、杨树、桦木及其他树种。根据森林调查结果，立木蓄积量平均为55立方米/公顷，平均年蓄积生长量1～20立方米/公顷/年，具体取决于立地条件（生长条件）和树种组成。林木总蓄积量估计为4.84亿立方米。乔林（310万公顷）蓄积生长量明显，达到7立方米/公顷/年，年蓄积生长量总计超过2200万立方米。目前，集体所有（乡镇或村所有）的森林约占林地总面积的5%。国有林大约为37万公顷，占4%。约有80%的林地分配给了千家万户，农户在一定时间范围内拥有林权（通常为50～70年）。

根据《毕节市第四次森林资源规划设计调查成果报告（2006—2016年）》显示，毕节市国土总面积26853平方公里，其中：林地面积1264931公顷，非林地面积1420369公顷。全市森林面积1294743公顷（含非林地森林112179公顷），其中：乔木林地764158公顷（含非林地乔木林地81930公顷）、竹林地908公顷（含非林地竹林地399公顷）、特殊灌木林地529677公顷（含非林地特殊灌木林地29850公顷），四旁树占地面积21832公顷。全市活立木总蓄积49550615立方米。

中德财政合作贵州省森林可持续经营项目分布在贵阳市息峰和开阳2个县和毕节市大方、黔西、金沙、百里杜鹃（百里杜鹃是新成立的一个县级管理机构）4个县。

二、自然条件

项目区的自然条件能代表贵州省绝大多数的情况。地形主要是山脉（50.7%）和丘陵（38.7%）。山坡坡度从缓和到极陡峭。海拔范围为1000～2800米。属于长江流域。境内有许多水量丰富的支流和供给饮用水、灌溉和发电用的水库。整个区域处于天然林资源保护工程项目范围，年平均气温14～17°C，无霜期240～300天。年降雨量（包括短期的降雪）为1000～1600毫米，植被生长期的雨量充沛。气候条件适宜农事生产，温和的气温和充沛的降雨量给森林的生长、恢复和发育创造了良好条件。项目区以石灰岩为主，石质、半石质山地相互交错。在这种立地条件下，乔木和灌木都可以生长发育。经观察，项目区的天然

大方县森林可持续经营项目实施成效

森林生态系统是以阔叶树种占优势，但阔叶木材产品的市场极为有限，木材加工企业和消费者明显更倾向于松、杉、柏和柳杉等针叶材。自20世纪90年代以来，绝大多数造林优先考虑的树种是针叶树，除了栽种极少数特别珍贵的阔叶树种（如樟、香樟）外，造林苗木90%以上是由针叶树种组成。造林地内如果发现有阔叶树，大部分是由天然更新发育起来的。项目主要针对的现有林分的经营，因此已成林的人工林是项目的主要对象。人工林林龄均为30年以内，项目重点针对幼龄林和中龄林，即林龄在5～20年的林分。这些林分结构和树种混交情况各异。对于树种混交，大致可分为3个类型：一是绝大多数成功的针叶人工林，特点是针叶树种所占比例超过90%，没有阔叶树或者只有极少数阔叶树；二是绝大多数失败的针叶人工林，特点是林分组成阔叶树占优势，只含极少数针叶树；三是一半失败、一半成功的人工林，林分特点是针阔混交比例平衡。然而，由于阔叶树经常是从老树桩上萌发起来的萌生树，最终针叶树生长超过阔叶树，并在林分结构中占优势。几乎所有纳入项目的森林在过去很长一段时间以来没有实施过抚育或间伐。然而，计划外采伐和技术水平很低的单株或小片林木采伐利用十分普遍。尽管计划外采伐频繁发生，采伐下来的林木数量基本上可以忽略不计，但问题是森林“利用者”主要是砍伐质量好的树，留下的是质

金沙县五龙街道五关村森林可持续经营实现林茂粮丰

量差的树。因此，项目需要经营的森林密度大，因此生长缓慢，存在很多营林上的问题，如树形差、病木等。另外还有一个问题是2008年1月的凝冻灾害影响了很多森林，导致大量林木断梢。

1. 基建部分。由于新建了许多高速公路，到项目县的行驶时间大大缩减。大多数项目县和村公路情况曾经很糟糕，因此，从县城到村或从一村到另一村的行车时间很长。这是实施项目现场和野外工作特别费时的一个主要原因。从森林到公路网的道路建设过去（现在）仍然存在明显短缺，林区内的道路极为有限，在相当程度上影响了森林可持续经营的实施。

2. 林业政策法规。林业政策法规主要是《中华人民共和国森林法》。由于项目是一个试点示范项目，主要任务是要实践并测试在德国得到广泛应用的森林经营方法，因此，项目制定了其所特有的实施方法。

三、管理机构

项目管理是在贵州省林业主管部门的管理体制之内。项目执行机构是贵州省林业厅，林业厅将相关执行权利与责任安排给贵州省中德财政合作森林可持续经营项目办公室。项目在贵阳和毕节两个市的6县区（开阳、息烽、黔西、大方、金沙和百里杜鹃）具体实施。

在毕节市级层面负责项目的林业主管部门是毕节市林业局。毕节市林业局下设中德财政合作贵州省森林可持续经营毕节市项目办公室，直接负责给项目提供支持和进行跟踪。

县级林业主管部门是各县区林业局。县区林业局均成立了中德财政合作贵州省森林可持续经营××县区项目办公室，专门负责项目实施。

最基层的林业主管单位是乡镇林业站。从行政组织层面来说，林业站隶属于乡（镇）政府。而在林业技术层面，林业站与县林业局紧密合作。

负责项目监测的单位是贵州省林业厅的直属单位贵州省林业调查规划院，在项目框架下，叫做中德财政合作贵州省森林可持续经营项目监测中心。此机构为半盈利性质，即对安排给该机构的某些工作是有偿劳动，付给监测中心的报酬是由中方配套资金承担。

省、市、县各级层面成立了项目领导小组。小组成员为与林业相关的部门或单位，如农业、水利、畜牧、财政等。项目领导小组代表政府，因此，各级项目领导小组组长基本是分管（副）省长、市长、县长。

项目管理还涉及贵州省财政厅和各县区财政局。贵州省审计厅负责对项目财务实施一年一次的内部审计。具体详见图3-1。

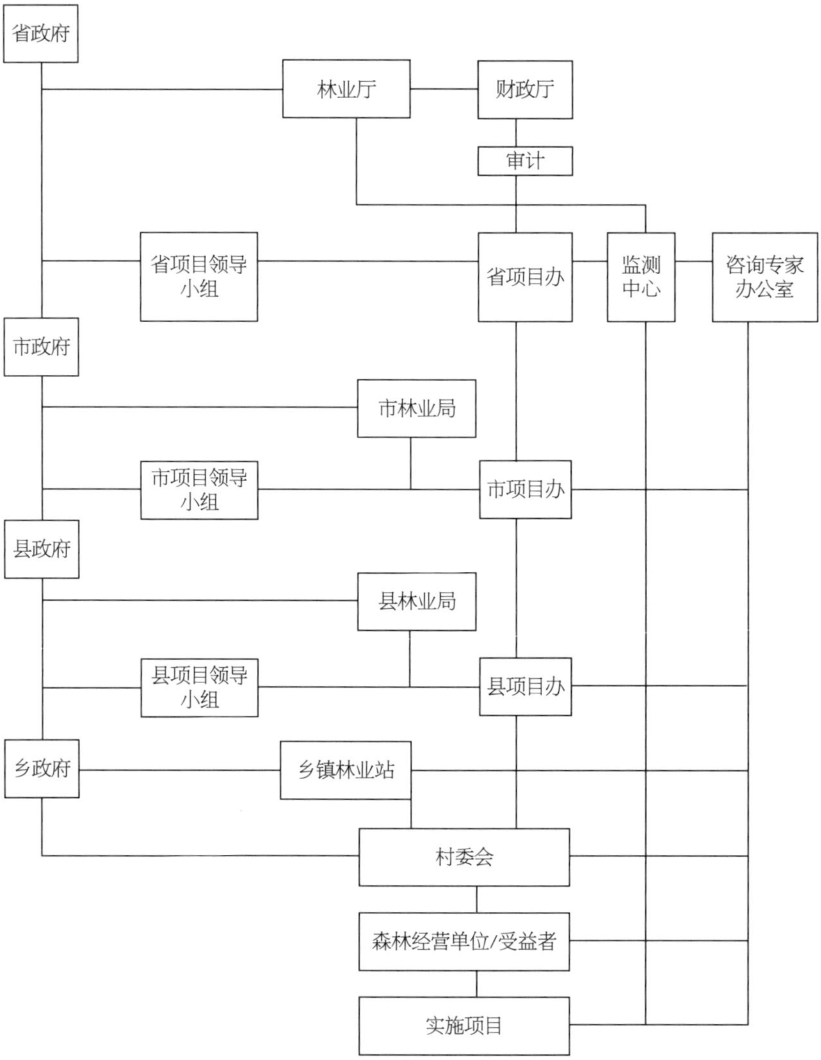

图3-1　省、市、县、乡镇和受益者项目管理组织结构示意图

五、项目人员

中德财政合作贵州省森林可持续经营毕节市项目办公室设在毕节市林业局造林经营产业科，实行两块牌子一套人马的办公模式，明确1名副科长具体抓此项工作，另外安排2～3名工作人员负责配合做好财务管理、资金报账和业务事务。项目办不参与项目在实践过程中的具体实施，而是作为项目的监督和指导。

中德财政合作贵州省森林可持续经营××县区项目办公室工作人员安排情况各异。金沙和黔西县至少有3名工作人员负责项目，而在大方只有1名工作人员，承担从参与式林业到森林可持续经营活动的所有工作，人员明显不够，百里杜鹃把早期的1名项目工作人员调配成现在的2名工作人员后，百里杜鹃项目办最终可以正常实施项目。

第二节 基础性规划

中德财政合作贵州省森林可持续经营的基础性规划主要包括：2006年8月的可行性研究报告、2006年11月的会谈纪要、财政协议（2007年6月）、分立协议（2008年4月）、实施计划（2009年12月）、费用与投资计划（2009年12月）等六部分。从重要等级来看，财政协议最重要。在实施计划和费用与投资计划得到项目执行机构（贵州省林业厅、贵州省项目办）和德国复兴银行审批后，这两个文件的内容就取代了其他文件（会谈纪要和分立协议）的相应内容。可行性研究只是起指导性作用，而非指令性。

一、可行性研究

可行性研究是筹备一个项目必不可少的基础。然而，可行性研究的具体内容很少可以不经修订、调整就直接作为项目运行的方案。原因有多方面，包括实施可行性研究与项目

毕节市和金沙县中德财政合作森林可持续经营项目办人员对金沙县五关村项目规划实施进行监测

正式开始实施有时间间隔（很多情况发生了变化）、人员变动、项目实施合作方要求对项目某些具体细节以及实施重点进行调整、某些基础条件发生变化等。因此，可行性研究只是起指导性作用。项目的总体目标保持不变，即在贵州省选定的社区森林里实施森林可持续经营。许多其他具体内容都作了调整、修订和补充。

二、会谈纪要

2006年11月的会谈纪要是对可行性研究产出与建议的浓缩，加入了对项目方的一些具体要求，把林业技术细节与德国政府的特殊政策及财政要求作了整合。最早的会谈纪要是之后项目规划与实施最重要的基础性文件，因为会谈纪要所包含的某些要求是不能更改的。在对项目背景（面积、气候、地形、社会、生态和经济情况）作了简要描述后，会谈纪要还界定了项目目标为“本项目整体目标是在社区林地的范围内开发实施森林可持续经营的方法，其重点在稳定增加农村森林使用者收入的同时，提高林分价值以达到同时维护森林重要生态功能的目的。项目将使尽可能多的人群受益，尤其是参与到集体森林管理活动中的农村居民”。然后项目概述了预计可能将实施的“项目措施”，描述了意欲实现的“项目实施方法”。而对项目实施方法的描述相当详细，内容涉及：“项目组

德国林业咨询专家约瑟夫·特纳和首席咨询专家胡伯特·福斯特对黔西县观音洞中德项目实施规划情况进行监测

织”要求贵州省林业厅把项目执行机构的责任安排给中德财政合作贵州省森林可持续经营项目办公室，市、县、乡镇林业站负责实施项目，应当在省、市、县级层面建立领导小组。项目（主要是县项目办代表）和林农（由森林经营单位代表，森林经营单位又叫“森林经营实体”）签订了《项目合同》。项目监测与评估包括社会经济影响监测和财务监测；中德财政合作贵州省森林可持续经营项目办公室须向德国复兴银行提交年度报告；咨询服务和招投标与采购等。会谈纪要详细界定了对受益者的支付问题，要求通过农村商业银行转账来完成支付。

三、财政协议

2007年6月，国家财政部与德国复兴银行签订了财政协议（德国复兴银行项目编号BMZ No. 2005 65 424），财政协议是一个标准协议，与其他中德财政合作林业援款项目的结构与条款类似。财政协议陈述了项目的正式名称为“中国南方贵州省社区森林可持续经营项目”。项目名称中提到“中国南方”是因为中国南方的所有森林可持续经营项目都须由办公室设在北京的“中国南方框架项目”（又叫做“项目协调小组”）来协调。实际上之后项目通常称为“中德财政合作贵州省森林可持续经营项目”。协议陈述，德国政府的援款金额为

德国农村发展及林业部高级专家约阿西姆·弗里德里希·克希霍夫先生和首席咨询专家胡伯特·福斯特查看金沙县项目规划实施效果图

450万欧元。除了一般性条款外，协议还指出，“项目执行机构和德国复兴银行应当在分立协议中确定项目细节以及对物资与服务的资金支持等”。

四、分立协议

分立协议遵循了德国政府财政援助的林业项目的标准结构，并且完全是基于2006年11月的会谈纪要，同时考虑了新政策、新规定、新结构与新情况。分立协议中提到，“国家林业局（现为国家林业和草原局，下同）对所有中德财政合作林业项目发挥总体协调作用”。为了国家林业局对中国南方的所有森林可持续经营项目进行协调，国家林业局在北京成立了“项目协调小组”。德国复兴银行对此项目协调小组也提供了一些资金支持。分立协议中陈述道：“本项目已纳入中德财政合作贵州省森林可持续经营整体项目框架，通过国家林业局的项目协调小组进行协调。这样，项目执行机构与国家项目协调小组之间在项目的实施技术路线、经验教训方面的信息交流就具有重要意义。”

森林可持续经营框架目标界定为：“把森林可持续经营和近自然森林经营原则纳入国家的林业政策与中国南方框架项目。”本项目的总体目标是：“根据森林可持续经营原则经营贵州省集体林区的森林，从而提高森林价值，同时维护森林的所有生态功能。”总体目标：一是增加项目区有价值林木的蓄积量；二是改善项目区的林分结构（增加混交林占比）。“通过在社区、亚社区或个人基础上建立的森林经营实体，根据森林可持续经营原则，在项目试点区实施森林经营活动。”“审批森林经营方案，方案须符合国际上森林认证的要求，75%的森林经营方案在10年后得到更新。”对项目结果要求：一是以参与式制定森林经营方案；二是森林经营措施得以实施；三是培训林业管理人员与集体林土地使用权持有者；四是项目经验的总结与推广。

五、实施计划

项目实施计划于2009年制定。并在2009年召开的研讨会上，又对实施计划作了讨论，并相应作了修订。2010年3月报给了德国复兴银行审批。德国复兴银行于2010年4月在对项目实施进展检查后，审批同意了实施计划。2010年4月16日的会谈纪要陈述了审批意见：“基于以上协议，德国复兴银行在此批准同意实施计划和费用与投资计划，用于实施到项目所剩的试点阶段中。在试点阶段结束后，在试点阶段评估报告以及对各项活动和内容进行实际的成本–效益分析的基础上，必须对这两个计划重做审查考虑。”由于项目实施方法某些方面做了重大调整（如提高补贴单价，以行政村为基础组建森林经营单位），实施计划于

2013年1月再次做了修订。

根据逻辑框架结构，对整个项目理念和所建议的实施方法做了详细阐述。因此，实施计划的主要内容包括：项目总体设计 、参与式林业方法、对森林经营单位的支持、项目办能力建设、项目监测、项目管理、财务管理等。

1. 对编制实施计划的意见。编制实施计划的一个重要难题是因为项目是一个开放式项目，目标群体（主要是林农）自己决定是否参加项目，所以很难符合现实地进行估测。林农情况未知、将要经营的林分结构未知，即哪些林分将最终纳入项目、何时纳入、由谁以何种方式经营都是未知的。在编制实施计划时需要所有这些信息，因为实施计划陈述了在整个项目期的时间轴上各种不同活动的数量。因此，实施计划必须基于很多前提假设条件，这些前提假设条件同时对费用与投资计划也有影响。由于本项目是一个森林可持续经营的示范项目，它是国内同类项目中的第一个。对项目的原始规划是基于理论思考。所以持续进行修订很有必要，并且需要在履行费用与投资计划所积累的实践经验基础上进行修订。其中一个主要变化是在2010年底，项目决定在组建森林经营单位和编制森林经营方案上，从以村民组为基础改到以行政村为基础。此决定使得项目最早计划组建的森林经营单位数量急剧下降。森林经营单位数量减少（工作压力减轻），给县项目办工作人员的现场工作提供了很大便利。

德国林业咨询专家约瑟夫・特纳对大方县对江镇项目实施规划情况进行监测

在经过项目2～3年的初期实施阶段后，县项目办和其他项目工作人员才得到了足够的实践经验，才可以预测项目在未来几年里可能如何发展。在内部持续进行讨论的基础上，尤其是根据县项目办的意见，于2013年1月对实施计划作了修订。修订涉及对定义的进一步明确、监测中心检查森林经营方案的编制质量、检查作业面积、林道类型的进一步明确及其单价问题、林产品销售、国际学习考察、研究内容推广、会计、年度工作计划以及把百里杜鹃的展厅建设内容从项目计划中剔除。整个项目的设计与实施方法保持不变。

2. 逻辑框架。项目规划过程中所编制的逻辑框架是紧密以分立协议中的逻辑框架为基础。同时对某些语句做了重新表述和修订。总体目标：森林可持续经营和近自然森林经营的原则被纳入国家的林业政策和中国南方框架项目。根据森林可持续经营的原则来经营贵州社区的森林，同时维持该森林重要的生态功能。社区从不断增加的林分价值中受益。使项目为森林经营单位制定的森林可持续经营理念和方法在项目区外的更大范围利用。项目目标：由森林经营单位按照森林可持续经营的原则来实施对项目试点区森林的经营活动。森林经营单位按村级、村民小组和个人来组织。指标：一是审批森林经营方案，该方案符合国际森林认证的要求（在2010年6月试验阶段后对其进行修订）；二是由专家撰写了具有可操作性的森林可持续经营理念与方法的书面材料；三是对森林可持续经营的近自然林业和其他森林经营方法的经验进行了文献整理，并且可以提供给所有感兴趣的人。

3. 结果与成果。一是组建了森林经营单位并与项目签署了合作合同。覆盖了毕节市4个县区35乡（镇、林场）70个村1457个小班32163.2公顷林地的森林所有者，在村或村民组一级上已经建立起了森林利用群体（森林经营单位），并签订了合作合同；二是在编制森林经营方案及其实施上，对森林经营单位给予技术和财政方面的支持。在项目工作人员和森林经营单位代表的紧密合作下，森林经营单位编制了森林经营方案，所有这些方案都在2013年之前得到相关主管部门的审批。至2016年底前，87个森林经营方案中已经开始在32163.2公顷面积上开始实施。三是主导项目实施的工作人员森林和行政管理能力得到了加强。从其他项目和森林经营实体获得的森林和行政管理知识不断地整合到项目的管理体系中。四是对项目的成绩和影响做了评估，并把经验报送了中国南方森林可持续经营框架项目协调小组。持续实施的项目监测检查的结果将作为给森林经营单位支付补贴的基础，以对农户的社会影响监测研究结果（2013和2015年）为基础，对项目理念进行修订，在2015年前，对有关森林可持续经营和近自然方法对林分发展的影响进行材料整理。五是项目技术的实施得到了项目管理系统的支持。根据及时制定和修订并审批通过的计划（主要是实施计划、成本和资金计划以及年度工作计划）来实施项目。详见表3-1至表3-4。

表3-1 大方县森林经营委员会的建立和经营规划统计表

单位（天、公顷）

县区名	编号	乡镇	森林经营委员会名称	参与式合同日期	森林经营委员会审批日期	总面积	林地面积	没有活动	经营面积	自然恢复	积极措施面积	退出
大方县	1	羊场	路边	2009/8/1	2010/8/24	88.4	88.4	4.4	84	0	84	
	2	绿塘	龙昌坪	2009/12/1	2010/11/23	127.8	127.8	73.3	54.5	0	54.5	
	3	高店	白龙	2009/12/1	2010/11/23	80.7	80.7	0	80.7	0	80.7	
	4	凤山	凤山林场	2009/12/1	2010/11/23	97.9	97.9	16.7	81.2	0	81.2	
	5	猫场	莲河	2009/12/1	2010/11/23	59.4	59.4	23.4	36	0	36	
	6	果瓦	上寨	2010/10/1	2011/11/30	170.3	170.3	0	170.3	2	168.3	
	7	对江	银星	2010/10/1	2010/11/23	64.6	64.6	3.3	61.3	0	61.3	
	8	雨冲	油杉 #1	2011/6/24	2011/11/30	868.4	868.4	366.9	501.5	0	501.5	
	9	雨冲	油杉 #2	2011/6/24	2011/11/30	1046.6	1046.6	378.2	668.4	263.6	404.8	
	10	小屯	滑石 #2	2012/6/18	2012/11/30	566.7	566.7	0	566.7	154.8	411.9	
	11	高店	堰塘	2012/6/1	2012/7/10	197.8	197.8	5.2	192.6	0	192.6	
	12	小屯	滑石 #1	2012/6/18	2015/6/28	315.2	315.2	0	315.2	0	315.2	
	13	小屯	滑石 #3	2012/6/18	2015/6/28	428.1	428.1	0	428.1	0	428.1	
	14	高店	龙场	2012/6/1	2012/7/10	406.6	406.6	0	406.6	0	406.6	
	15	高店	安兴	2013/3/29	2013/5/27	210	210	0	210	0	210	
	16	大海坝林场	箐梁子	2013/2/28	2013/5/27	38.2	38.2	0	38.2	0.4	37.8	
	17	高店	大山 #1	2013/4/10	2013/7/26	219.9	219.9	5.8	214.1	25.4	188.7	
	18	高店	大山 #2	2013/4/10	2013/7/26	628.1	628.1	0	628.1	132.8	495.3	
	19	文阁	文戈海坝	2014/4/25	2014/12/1	1276.5	1276.5	291	985.5	596.3	389.2	
	20	竹园	海马光	2014/6/21	2014/7/28	280.4	280.4	10.8	269.6	143	126.6	
	21	高店	龙场 #2	2014/4/16	2014/7/28	263.6	263.6	0	263.6	0	263.6	
	22	小屯	小屯大田	2015/8/19	2016/8/18	646.1	646.1	13.6	632.5	429.8	202.7	
合计						8081.3	8081.3	1192.6	6888.7	1748.1	5140.6	

表3-2 黔西县森林经营委员会的建立和经营规划统计表

单位（天、公顷）

县区名	编号	乡镇	森林经营委员会名称	参与式合同日期	森林经营委员会审批日期	总面积	林地面积	没有活动	经营面积	自然恢复	积极措施面积	退出
黔西县	1	城关	五组	2009/9/1	2010/3/20	41	41	0	41	0	41	
	2	甘棠	大营	2012/3/26	2012/12/12	420.3	420.3	148.7	271.6	76.7	194.9	
	3	绿化	小海子	2010/11/26	2010/11/18	70.5	70.5	0	70.5	0	70.5	
	4	雨朵	雨朵	2010/11/19	2011/8/26	241.7	241.7	44.2	197.5	98.2	99.3	
	5	雨朵	拉土	2013/11/18	2013/12/5	332.9	332.9	88.9	244	29.1	214.9	
	6	林泉	姚坪	2010/11/29	2011/4/15	52.3	52.3	0	52.3	6.6	45.7	
	7	沙井	观音	2012/3/20	2012/5/12	374	374	116.2	257.8	57	200.8	
	8	金碧	高山	2012/5/3	2012/9/28	201.1	201.1	62.1	139	3.6	135.4	
	9	永燊	打底	2011/7/22	2011/8/26	150.3	150.3	48.7	101.6	40.4	61.2	
	10	永燊	甘沟	2011/7/22	2011/8/26	260.1	260.1	110.2	149.9	110.8	39.1	
	11	甘棠	礼贤	2012/3/26	2012/6/10	421.1	421.1	259.1	162	59	103	
	12	洪水	永富	2011/4/22	2011/8/26	160.5	160.5	37.5	123	63.7	59.3	
	13	协和	果坝	2012/3/27	2013/6/21	312.1	312.1	230.4	81.7	21	60.7	
	14	洪水	箐里	2012/12/18	2013/3/29	434	434	65.2	368.8	91.6	277.2	
	15	国有林场	大箐坡	2013/3/18	2013/5/16	18.2	18.2	0	18.2	0	18.2	
	16	素朴	大坝	2013/5/2	2013/6/3	362.8	362.8	178.7	184.1	32.7	151.4	
	17	红林	漆树	2013/5/20	2013/8/5	453.8	453.8	99.5	354.3	8.8	345.5	
	18	国有林场	顺石	2013/3/18	2013/5/16	119.4	119.4	11.8	107.6	0	107.6	
	19	沙井	黄泥	2014/6/12	2014/7/25	338.7	338.7	93.6	245.1	102.5	142.6	
	20	永燊	莲花	2014/10/14	2014/11/29	260.7	260.7	16	244.7	146.6	98.1	
	21	红林	新坪	2014/6/20	2014/10/28	487.2	487.2	200.7	286.5	50.2	236.3	
	22	雨朵	登高	2015/4/24	2015/4/8	86.3	86.3	0	86.3	13.9	72.4	
	23	红林	安庆	2014/11/8	2015/6/25	469.6	469.6	107.9	361.7	27.9	333.8	
	24	雨朵	龙场	2015/3/24	2015/3/27	73.3	73.3	0	73.3	0	73.3	
	25	红林	穿洞	2016/4/28	2016/6/20	296.7	296.7	0	296.7	0	296.7	
	26	红林	六斗	2016/6/28		221.8	221.8	0	221.8	0	221.8	
	27	金碧	金营		2010/11/23	46.6	46.6	0	46.6	0	46.6	2010/12/31
合计						6707	6707	1919	4787.6	1040	3747.3	

表3-3 金沙县森林经营委员会的建立和经营规划统计表

单位（天、公顷）

县区名	编号	乡镇	森林经营委员会名称	参与式合同日期	森林经营委员会审批日期	总面积	林地面积	没有活动	经营面积	自然恢复	积极措施面积	退出
金沙县	1	安洛	高坡	2010/7/27	2011/4/6	41.3	41.3	5.1	36.2	13.6	22.6	
	2	安洛	街头	2010/8/3	2011/4/6	84.3	84.3	0	84.3	6.1	78.2	
	3	安洛	双水井	2010/8/4	2011/4/6	39.1	39.1	0	39.1	8.5	30.6	
	4	安洛	八宝寨	2010/10/15	2011/4/6	48.6	48.6	0	48.6	28.3	20.3	
	5	安洛	箐脚	2010/10/21	2011/4/6	28.7	28.7	0	28.7	3	25.7	
	6	高坪	农民林场	2010/10/24	2010/11/23	28.9	28.9	0	28.9	0	28.9	
	7	龙坝	五关	2011/5/30	2011/11/20	491.2	491.2	17.8	473.4	67.8	405.6	
	8	茶园	新桥	2011/5/27	2011/11/20	439.8	439.8	35.4	404.4	33.8	370.6	
	9	岚头	三桥	2011/6/7	2011/12/12	854.8	854.8	52.9	801.9	164.8	637.1	
	10	桂花	柿花	2010/3/15	2012/9/7	1374	1374	286.5	1087.5	0	1087.5	
	11	清池	普安	2012/2/28	2012/9/7	1197.1	1197.1	57.9	1139.2	11.3	1127.9	
	12	岚头	东龙	2012/7/17	2013/1/9	521.8	521.8	9.9	511.9	19.7	492.2	
	13	茶园	大槭	2013/5/7	2013/7/12	477.2	477.2	0	477.2	0	477.2	
	14	桂花	回龙	2013/5/10	2013/7/12	1863.6	1863.6	259.3	1604.3	7.4	1596.9	
	15	石仓	石仓	2013/5/10	2013/7/12	34.6	34.6	0	34.6	0	34.6	
	16	岚头	高果	2014/4/1	2014/9/11	438.8	438.8	46.5	392.3	20.9	371.4	
	17	桂花	果松	2014/4/22	2014/9/11	1185	1185	434.3	750.7	0	750.7	
	18	新化	大新安	2014/5/4	2014/9/11	35.2	35.2	0	35.2	0	35.2	
	19	新化	新龙	2014/5/21	2014/9/11	168.7	168.7	0	168.7	0	168.7	
	20	岩孔	永丰#1	2009/9/2	2010/8/24	32.4	32.4	4.6	27.8	0	27.8	2011/1/1
	21	岩孔	永丰#2	2009/9/2	2010/8/24	66.8	66.8	0	66.8	0	66.8	2010/10/1
合计		10				9451.9	9451.9	1210.2	8241.7	385.2	7856.5	

表3-4　百里杜鹃森林经营委员会的建立和经营规划统计表

单位（天、公顷）

县区名	编号	乡镇	森林经营委员会名称	参与式合同日期	森林经营委员会审批日期	总面积	林地面积	没有活动	经营面积	自然恢复	积极措施面积	退出
百里杜鹃	1	金坡	附源 #1	2009/9/2	2010/8/3	38.9	38.9	0	38.9	0	38.9	
	2	金坡	花坡 #1	2011/4/18	2011/11/12	80.9	80.9	0	80.9	0	80.9	
	3	金坡	花坡 #2	2011/5/24	2011/11/12	90.5	90.5	0	90.5	0	90.5	
	4	金坡	锦星	2011/10/20	2011/10/16	729.6	729.6	0	729.6	273.4	456.2	
	5	仁和	朱营	2012/5/28	2012/8/21	201.4	201.4	0	201.4	166.6	34.8	
	6	仁和	响水	2012/8/5	2012/8/25	196.7	196.7	0	196.7	76.5	120.2	
	7	大水	高潮	2013/5/10	2013/9/1	459	459	72.4	386.6	335.3	51.3	
	8	普底	小桥	2014/6/10	2014/7/1	236	236	80.4	155.6	25.7	129.9	
	9	金坡	玉泉	2014/6/10	2014/7/1	400.4	400.4	117.5	282.9	67.9	215	
	10	金坡	花窝	2014/6/10	2014/7/1	280	280	106.7	173.3	95.7	77.6	
	11	普底	莲峰	2015/6/1	2015/7/1	1225	1225	276	949	763.1	185.9	
	12	普底	刹沟	2015/6/1	2015/7/1	509	509	4	505	415.2	89.8	
	13	金坡	煤洞场	2015/6/1	2015/7/1	524	524	80.4	443.6	304.4	139.2	
	14	金坡	大洞口	2015/6/1	2015/7/1	479	479	89	390	226.2	163.8	
	15	彭城	在拱	2016/5/1	2016/6/1	1006.3	1006.3	520.6	485.7	154.8	330.9	
	16	彭城	箐门	2016/5/1	2016/6/1	1233.3	1233.3	492	741.3	115.6	625.7	
	17	大水	大田	2013/6/3	2013/9/1	233	233	0	233	0	233	2013/12/31
合计		5				7923	7923	1839	6084	3020.4	3063.6	

4. 计划内容。实施计划遵循逻辑框架，针对每个结果都是在专门的一章和若干章节对需要实施的所有活动进行阐述。对计划要实施的活动和工作所做描述十分具体，因此能够作为实施项目的稳定基础。实施计划不仅仅包括需要编制的各方面指南（参与式林业、森林可持续经营、森林经营规划、监测等），还描述了指南需纳入的重要指标。清楚认识“森林面积”与“作业面积”的区别，就能理解具体的森林经营规划以及预测未来工作量上存在的问题。简言之：由于在同一块林地上可以——甚至是必须——实施多个不同的活动类型，作业面积通常都比森林面积大。例如同一林分分别实施了栽植，然后是除草，再然后

是抚育。另一个比较常见的情形是，在同一林地重复实施同一作业类型，如在林龄为7年、12年和18年时实施间伐。这就是说，实施了一项活动，可能意味着接下来要在几年以后实施另一项活动，因此，劳动量在增加，这些情况对投入与收益也有影响。

5. 逻辑框架和实施计划的评价。通过具体实施项目表明，实施计划对一个森林可持续经营项目框架下所需实施活动所做的描述是相当完整和具体的。工作步骤逻辑清晰，符合实际。处于项目实施第一线的县级工作人员只有在研读了实施计划后，才对项目理念有清晰的认识。因此，实施计划可以作为培训教材。县级项目工作人员使用实施计划作为工作的基础性文件，以此为依据做出了绝大多数决策。编写实施计划的一个问题是因为在项目最初，哪些森林面积将纳入项目无从得知，无法确定某个具体作业类型（栽植、抚育、间伐）的数量。首先是选择乐意参加项目的林农，然后才能确定是哪些森林。而选择林农是一个十分耗时的过程（实施初级阶段的参与式），甚至在确定了森林以后，这些林分所需的森林可持续经营活动是什么，需要经过编制森林经营方案才能确定下来，而编制森林经营方案又需要很长时间。因此，只有在森林经营方案已完全编制出来并得到审批后，未来几年的工作量才能确定下来。实施计划是以很多假设条件为基础，在项目实施期内，以实际数据取代假设条件，对实施计划做出修订。

实施计划描述了7种不同的基建类型，即主干道、补给线、集材道、运输便道（适合手推车）、永久性步道、临时性步道以及贮木场。最终实践证明只需要两种基建类型，即把森林与公路网连接起来的“补给线”和用于服务一定面积范围森林临时性经营活动的“运输便道”。所有其他基建类型要么已经有了（如步道），要么不需要专门修建（如步道、集材线）或者完全没有必要存在。实施计划包含两大板块，一块是森林经营，另一块是财务管理。两大块都同等重要，只是由不同项目工作人员使用。负责森林可持续经营的林业技术人员对森林经营板块有兴趣，而财务管理是会计和出纳的职责。然而，林业技术人员必须对费用与投资的结构以及会计核算规定有最基本的了解，才能相应组织实施森林可持续经营活动。财务管理人员也需对林业工作有最基本的认识，才能对支出以正确的方式记账。

六、费用与投资计划

在制定实施计划的同时，及时编制了费用与投资计划。两个计划相互依存，紧密联系。规划的每个活动都对财务方面有某些影响，规划的所有活动都必须对照检查他们的支出，以保证不会超出总预算。2006年制定出来的分立协议附件3是“费用与投资总表”，此表构架是明确项目各费用类别和分项支出的基础。实践证明，此费用类别结构符合实际、合理并且完整。对各个子项支出的估测是根据对整个情况的全盘考虑以及基于许多假设条件、对汇率的预测、参加项目的乡镇、行政村、村民组和森林经营单位数量、各森林可持续经营措施的实施面积、合理的目标面积，劳动力支出、基建支出、劳动定额、所需设备等。从一开始就很清楚的一点是：费用与投资计划只能作为导向，一旦积累了实践经验，就需要进行修订。费用与投资计划的部分内容经常做修订，如劳动定额的补贴。这主要是关于森林可持续经营活动，如人工促进天然更新、抚育、间伐和林分改造。参与式方法从以村民组为基础改为以行政村为基础，这对资金计划带来很大的影响，而规划的森林经营面积基本上维持不变。经过几年实施下来显示，项目最主要的森林可持续经营措施不是原先预想的间伐，而是自然恢复和抚育，因此，再次对费用与投资计划做了修订。根据新的假设条件，从而使计划尽可能接近现实。对费用与投资计划所做的其他方面修订涉及对工作人员津贴的估算、修订咨询合同、增加森林研究预算以及其他细微调整。每次调整的费用与投资计划版本都得到了德国复兴银行的审批。

1. 费用与投资计划的构架。费用与投资计划使用Excel电子表格制定。整个费用与投资计划是一个电子表格文档，文档由许多张表单组成，每张表是针对某个分项活动的支出。所有工作表彼此之间有紧密的内在联系。每张表格所陈述的分项活动支出是根据假定的数量（如，xxx公顷的抚育）与相应的单价（如，1200元/公顷）。因此，就可以很容易计算出总支出，并把所有工作表的支出汇总。采取这种结构能够给费用与投资计划的修订工作带来很大便利。

2. 对费用与投资计划的评价。县项目办认为，费用与投资计划是项目财务管理最重要的文件，此计划确保项目正确实施财务管理，并且是绝大多数财务决策的参考依据；费用与投资计划内容极为详细、信息量大。然而，某些县项目办抱怨，由于修订次数太多，有时候并不清楚哪个版本是最新的。频繁修订费用与投资计划尤其对森林经营单位和监测中心来说比较混乱。某些县项目办还提到，某些费用子类别没有必要存在，在这个类别下从没发生过支出。一个长期存在的问题及不稳定因素是，欧元与人民币的汇率长期剧烈波动，明显趋势是欧元贬值。到目前为止，汇率最高是在2009年11月（1欧元=9.8元人民币），汇率最低是在2015年6月（1欧元=6.5元人民币）。这种剧烈波动对德援资金兑换成人民币的金额造成极大影响，德援资金金额在2900万元人民币（最低）至4400万元人民币（最高）浮动。最终，平均汇率大约为1欧元=7.9元人民币，相当于德援资金大约为3555万元人民币。做费用与投资计划规划遇到的另一个困难是国家的许多经济因素，这些因素对劳动力单价持续产生影响，劳动力单价增长迅速。在2006年中德双方政府签署会谈纪要时，劳动力单价大约为25元/天。到2009年项目启动时，劳动力价格已经达到约50元/天，增长了1倍；当时基本上可以预见，劳动力价格将会继续增长。因此，项目按照平均80元/天的单价计算，这足以支持项目最初几年的活动，但是到了项目末期，资金就变得极为紧张了，因为自2015年以来，国内的平均劳动力价格已经超过120元/天。最佳解决办法是，在项目初期采用实际的劳动力单价，之后定期修订单价及费用与投资计划，为各森林可持续经营活动分别确定合理、可接受的补贴单价。

第四章　参与式活动

第一节　基本概念

参与的意思是所有相关的个人能够作为决策者完全参与到森林可持续经营活动的过程中，并承担责任。每个林农（村庄里有林权的农户）都有机会、责任和权利参与决策，他们自己可以决定是否愿意参与项目。如果参加，林农们将进一步参与到森林的经营和利用的决策中，通过讨论达成一致，然后共同做出决策。决策包含各利益相关者的意愿和观点是否符合国家及地方关于森林经营的法律、法规和条例。林农加入中德财政合作毕节市森林可持续经营项目，他们的决策必须符合本项目的规定。

一、参与式活动的重要性

参与并不意味着技术人员和领导者的职责是说服林农参与到项目中来，也并不意味着林农的所有意愿都能够并且理应得到满足。在讨论和相互理解的过程中，在对其森林的经营做出任何决定之前，林农们需要对项目的内容及其隐含的意义完全知情。因此，如果某人决定要参与项目所主张的森林可持续经营活动，他们应该能够在项目所提供的信息的基础上，与其他林农一起，决定要做什么，以哪种方法来做。

为什么项目需要采用参与式方法？近年来，国家在强调群众，特别是农村地区群众，参与到项目决策中的重要性。在各个不同规划项目中，如天然林资源保护工程、退耕还林工程以及集体林权制度改革，都对其做了着重强调。在中德财政合作毕节市森林可持续经营项目中有必要采用参与式方法。首先，当地村民委员会是在自愿的基础上参与到项目中来的，因此，林农需要对项目理念、活动和规定有清楚了解。在充分认识的基础上，他们能够决定是否与项目合作，他们希望如何经营其森林，他们是否同意建议的森林经营方案，并在营林活动的实施中负起责任。

二、参与式规划的主要作用

参与式规划有助于：一是从项目一开始就向林农通告信息，发动他们，并使其负起责任；二是为每个森林经营单位确定一个共同的、长期的森林经营目标，并选定能够为林农采纳的、合适的营林措施；三是为社区确定最适合的、符合群众意愿的森林经营组织；四是及时发现、避免和解决可能会限制或危及到项目成功实施的潜在冲突；五是避免森林的非法利用；六是保护森林。

林农与林业技术人员的文化教育背景和目标并不相同，即使在林农之间，其文化教育背景也不尽相同，同时，他们归属于不同的社会经济群体（企业老板、农民、在外面上班的人等），他们持有林权的目的也可能不同。所有这些人都可能参与到项目中来，他们之间需要通过沟通实现相互理解。

保证参与式规划成功的前提是了解所有参与人的角色以及他们在规划过程中可以做出的贡献。中德财政合作毕节市森林可持续经营项目决定参与的框架条件，只能在此框架内规划和实施项目活动，因此必须遵照项目的技术标准和资助条件。项目技术人员为林农提供协助。项目技术人员接受过参与式方法培训，负责项目的规划和实施。他们既可以是县级的，也可以是乡级的工作人员。

项目技术人员的作用：一是向村民介绍项目的技术和财政框架，让村民清楚自己的权利和义务；二是分析现状（限制因素和发展潜力）并提出解决问题的建议；三是指导林农选择他们希望实施的森林经营活动；四是引导森林经营单位的创建；五是指导林农解决矛盾和冲突；六是提供技术指导。

技术人员将从项目提供的设备和培训中直接受益，同时他们还将从成功的森林可持续经营活动中间接受益。他们拥有了业务和管理方面的知识技能，可以指导和促进项目的规划和实施过程。

林农是主要决策者。如果他们决定与项目合作，他们将从项目提供的森林经营和保护活动以及林产品方面直接获益。他们致力于成立森林经营单位并最终在项目中贡献时间和劳动力。通过森林经营单位对自己的森林进行可持续的经营，并实现项目期望的标准。林农通常对于自己的小地块上的立地条件很清楚，并且了解自身的社会经济潜力和局限。这些优势将在森林经营单位的创建以及森林经营方案的制定中发挥作用。

县、乡镇和村级领导提供后勤和行政方面的支持。县、乡和村级领导支持项目的实施非常重要。只有把项目的内容正确地告诉他们，使他们对项目有比较深刻的了解，他们才能够对项目人员给予恰当的支持，虽然有数量和速度方面的压力，但压力并不太重。他们应理解中德财政合作毕节市森林可持续经营项目在森林可持续经营方面是一个探索性的、致力于创造性方法的项目，这需要时间和灵活性，项目更注重的是质量而不是数量。他们在项目能否成功方面扮演着极其重要的角色，但是他们的角色更多是在幕后。他们原则上不参加在村里开展的工作，只是在特殊需要时才参加，因为他们的在场会让村民感到压力并妨碍参与式规划过程的进行。

参与式规划培训。参与式规划不能完全从书本上或课堂上学习到，主要来自于实践经验。因此，参与式方法培训采取的是“在岗培训”，这意味着学习并不是随着培训班的结束而结束，而是将会持续几个月。在简短的理论知识介绍和准备以后，参加培训的人员将积极地承担任务和“从实践中学习”。培训人员的主要作用是指导和帮助参加培训人员并提供反馈意见。最先接受培训的目标群体是乡镇和县里的技术人员，他们将在项目过程中负责参与式方法的实施监督工作。

参与式方法的一些要素和工具。参与式方法没有严格的一定之规，但是一组工具或手段的使用可以有效地促进目标群体的真正参与，以及决策和规划获得全体林农的支持。应当针对不同自然村的不同情况，灵活运用参与式工具，同时，要求技术人员要有高度的敏感性和创造性，这些只有通过实践才能实现。

三、参与式规划的主要内容

参与式规划的主要内容是沟通，即信息、观点、经验和方法在项目技术人员和林农之间以及自然村的所有林农之间的密切交流。因此，大多数参与式活动的目的是动员、激励、引导和记录小组讨论的结果。

村民集体讨论和村民会议。林农们和技术人员将一起进行多次讨论，但是，不要忘记林农内部的讨论更加重要，因为他们需要就森林经营单位的创建达成理解和一致的意见。他们将自己做出决策，并在项目结束后继续以这种组织形式经营自己的森林。应告知所有

2010年4月16日，贵州省林业厅副厅长甘如一（左二）在大方县开展中德财政合作森林可持续经营项目参与式规划培训

的林农（包括村庄内所有的农户以及一些外来人员）关于项目的信息。不同民族、不同的社会经济群体的男女老少，无论小户还是大户，都需要参加会议，互相聆听和沟通意见。此外，项目技术人员需要了解共有几种意见和主张，听取人们对于项目不同的理解和观点。

与关键信息人讨论。关键信息人是村里具有一定经验和知识的人，他们可能是知晓本村历史的老年人或熟悉村里大多数人家的教师，从他们那里可以获得关于本村较全面的信息。

群体访谈或小组访谈。是指对某一内容与一组经挑选的人进行访谈，例如，只对妇女进行访谈或召开妇女小组会是非常有效的，因为妇女在与男同志一起时通常不愿意表达她们的观点，但是对于村庄目前的现状，对于家庭、孩子和村庄的未来，她们都有自己的看法。

制作挂图。把需要让村民了解的项目主要信息抄写在大张纸上，开完村民会议后可以把“挂图”带走，如果保护的好，可以在不同的自然村宣传时重复使用。耐用的“挂图”复印件将留在村民组里，可以张贴在公众场合的墙上或放在重要人物（村领导、村民组领

2009年7月21日，中德财政合作森林可持续经营项目专家在黔西县指导参与式规划培训

导或其他大家信任的人家）那里。视觉化的信息吸引并聚集大家的注意力。人们更容易记住视觉化的信息。挂图可在其他所有村民组重复使用。视觉化的要点元素是防止忘记某个议题。制作挂图的过程可以帮助梳理想要告知林农的信息内容。现地观察、直接观察是一个很好的收集信息的办法。技术人员可以在经过该地块时顺便观察或专门到该地块去，以便了解第一手的情况和活动信息。直接观察的目标是对相关的外业情况或社会条件进行定性或定量的评估，并且对利用其他工具采集到的信息进行复核。直接的观察尤其重要，因为如果当地的人们提供的信息与观察到的情况不符时，可能发生误解。如果村民没有完全理解问题，他们的回答与实际观察到的结果会有差异。造成误解的原因可能是提问问题的时候用词不准确、太复杂或太笼统。将直接观察到的结果与通过其他渠道采集的信息（农户访谈、群体访谈、会议等）进行对比后，可以额外问一些问题，以便弥补其中的差距，促进对当地情况的了解。直接观察也可以减少需要向林农提出问题的数量。

第二节　评估方法

2017年8月13日至9月11日，中德财政合作贵州省森林可持续经营项目国内咨询专家梁伟忠先生（以下简称咨询专家）开展了为期30天的咨询，本次咨询的主要任务是对项目参与式林业工作方法的开展情况进行分析评估，总结相关工作成果、经验和教训，以便为今后类似项目的参与式工作方法设计和执行提供借鉴。本次咨询也包括对项目在助推脱贫攻坚工作方面提供的贡献进行调查和总结。

贵州省中德项目办主任李宏在大方县参加中德财政合作森林可持续经营参与式规划培训

一、参与式方法涵盖方面

参与式林业工作方法贯穿项目的整个执行过程，是保障项目“开放式”“参与式”管理体系的关键途径。这意味着，项目在规划和实施的过程中，广大林农散户应普遍知情、平等参与、共同决策、公平受益。鉴于森林经营的长周期特性，参与也应该有助于项目理念的推广和长效机制的建立，以便为项目的长期目标和可持续性服务，详见表4-1。

表4-1　全面、客观评价项目参与式方法应涵盖的方面

序号	评估领域	相关问题及指标	信息来源
1	项目宣传动员质量	项目信息是否在目标群体中得到了广泛宣传？	1. 森林经营单位代表访谈 2. 农户访谈 3. 参与式林业档案
2	项目规划是否全面	1. 森林经营规划编制是否以森林经营单位的权属面积为主体（而不是以项目的实施任务为主体）？ 2. 森林经营单位内适合的森林面积在多大程度上纳入了规划？与参与式工作质量是否存在联系？	1. 森林经营单位数据库 2. 森林经营单位代表访谈 3. 森林经营规划地图
3	项目实施是否顺畅	森林经营方案内规划的营林活动在多大程度上得到了实施？与参与式工作质量是否存在联系？	1. 森林经营单位数据库 2. 森林经营单位代表访谈
4	项目实施质量及原因分析	森林经营单位实施的营林活动在多大程度上得到了监测认可，与参与式工作质量是否存在联系？	
5	目标群体参与率	1. 所有森林经营单位成员的山林是否均得到了经营？ 2. 森林经营单位成员在多大程度上参加了项目的出工投劳？	森林经营单位代表访谈，并得到评估结果的逻辑佐证
6	目标群体参与质量	1. 森林经营单位成员在多大程度上理解并接受了可持续森林经营理念？ 2. 森林经营单位成员在多大程度上知晓并理解森林经营方案？ 3. 农户是否参与了实施组织形式的决策过程？ 4. 项目合作社的创建过程和运行现状	1. 森林经营单位代表访谈 2. 森林经营单位成员访谈 3. 参与式林业档案 4. 合作社档案 5.《社会经济影响监测评估报告》
7	收益分配是否公正透明	1. 木材销售的渠道和价格、分配方法是否透明？ 2. 项目劳务补贴分配和发放是否公平、合理、透明？	1. 森林经营单位代表访谈 2. 参与式林业档案 3. 财务报账资料
8	参与式方法的遵循和变通	1.《参与式工作方法指南》中的原则、方法、步骤是否合理？ 2. 如果指南在实际的工作中并未完全得到遵循，哪些变通是正确的？哪些变通是错误的？哪些变通是迫于工作条件？	1. 县项目办访谈 2. 森林经营单位代表访谈 3. 参与式林业档案
9	经验及教训	参与式工作开展过程中的经验和教训总结	1. 森林经营单位代表访谈 2. 县项目办访谈 3. 综合分析

二、抽样方法及数据量

为了能够获得客观全面的评估数据和信息，参与式工作方法评估采用了综合性的抽样方法。除百里杜鹃外（由于项目面积小，森林经营单位数量少，并且未创建合作社），每县

黔西县广大群众接受中德财政合作森林可持续经营项目培训

抽取3个森林经营单位作为评估样本。允许每个项目县自行推荐一个参与式工作开展较好的森林经营单位纳入评估样本，其余2个评估样本森林经营单位从数据库中随机抽取，但其中1个必须是创建了合作社的森林经营单位，已经纳入社会经济影响监测的样本村，由于森林经营单位创建较早且情况已经掌握，不纳入本次参与式评估抽样。

根据上述抽样方法，咨询专家在4个县区选择了11个森林经营单位进行评估，详见表4-2。

表4-2　选择的森林经营单位

县区	森林经营单位总数	其中：合作社数量	森林经营单位抽样数量	森林经营单位抽样率	其中：抽样的合作社数量	合作社抽样率
百里杜鹃	17	0	2[1]	12%	0	—
大方	22	4	3	14%	1	25%
金沙	21	7	3	16%	2	29%
黔西	27	4	3	12%	1	25%
合计	87	15	11	13%	4	27%

2009年7月21日，黔西县召开森林可持续经营项目参与式规划培训

数据库显示，项目实施期间，4个项目县共成立了87个有效的森林经营单位，本次评估森林经营单位抽样率达到13%。项目共创建合作社15个，抽样率达到27%。因此，调查结果具有较高的代表性。

第三节 质量评价

参与式工作的目标群体是森林经营单位范围内的全体有林农户。森林经营单位目标群体在多大范围内参与了项目，既关系到社区公平，也关系到项目执行的效率，因此是衡量本项目参与式工作质量的一项重要指标。目标群体的参与质量是衡量参与式工作质量的另一项重要指标。很显然，知情、同意、参与实施和参与决策代表着不同的参与层面，而对项目理念的理解程度、对森林经营单位和森林经营方案的拥有感也与项目的可持续性密切相关。鉴于本项目的定位是一个大范围内实施的大规模工程项目，在定义参与的质量时，不宜在目标群体的参与层次方面太过强求，重点是评价决策和收益分配的过程是否公开透明、公平合理。最后，档案质量是反映参与式工作质量的一个辅助指标。参与式工作的质量取决于参与的理念是否得到了贯彻，因此档案的形式并不重要，但是在一些涉及群众参与的关键环节，形成一些文字档案是开展参与式工作的客观要求。鉴于项目引入并示范的是一套依托散户森林经营单位和森林经营方案并引入全新营林技术理念的森林经营体系，参与式档案的保存也有利于项目的可持续性。

一、目标群体的参与面

通过与森林经营单位代表和农户座谈，咨询专家能够了解到各个森林经营单位中目标群体（有林农户）实际参与项目的比例。考虑到“自然恢复”措施的规划和实施并不涉及群众的直接参与和受益，本评估仅统计农户在积极营林措施（抚育、中幼林间伐、近熟林间伐、林分改造、栽植、除草）中的参与情况。林道建设虽然为周边群众提供了生产、生活方便，但几乎全部的林道建设施工都通过挖掘机完成，因此也未纳入参与率考虑。

到访的11个森林经营单位共包括6664个有林农户，其中参加了项目积极措施的户数为4673，占70%，这些农户要么是自家的山林实施了营林措施，要么是参加了营林施工队。实施了积极营林措施的山林中，中龄林间伐（一部分）和近熟林间伐（全部）能够给林农带来木材销售收入，农户参加营林施工队可以得到劳务收入。各森林经营单位目标群体的参与率差异较大，在8%～100%。但是，不能简单地将参与率数据等同于森林经营单位的参与式工作质量。目标群体的参与率低，可能是由于参与式工作质量差，也可能是因为客观的和非人为的因素，如森林经营单位大部分山林面积适合“没有活动”或“自然恢复”，不宜纳入积极营林措施规划；森林经营方案的实施受到与参与式工作质量无关的、或者森林经营单位无力扭转的因素影响而停滞或中止。

将项目数据库中的规划–实施–监测数据与森林经营单位代表访谈得到的信息进行印证和确认，可以对各个森林经营单位的目标群体参与率进行解读分析，排除上述与参与式工作质量无关的因素，可以判断各森林经营单位在实现较高参与率方面的努力程度。详见表4–3。

表4-3　目标群体的参与率

县区	森林经营单位	森林经营单位范围内林农户数	山林得到经营的户数	出工投劳户数	参与项目户数（去除重叠）	积极措施规划率	其中:实施率	目标群体参与率	参与面努力程度	规划 / 实施 / 参与率的原因分析
黔西	观音	704	450	150	500	43%	71%	71%	中	石头山较多，不适合积极措施，因此未纳入规划；部分承包林场有利益纠纷未能实施；部分小班由于林农意见不统一未能实施
黔西	礼贤	716	460	50	460	48%	62%	64%	中	森林经营方案基于全村，但该村不适合积极措施的石山较多。纳入积极措施规划的山林中，有一部分由于林下刺灌较多、施工难度大未实施
黔西	登高	310	167	7	167	76%	96%	54%	中	森林经营单位规划和实施围绕退耕还林地块为主，老山林未纳入森林经营方案。由于村民组规划会议开得好，工程队大幅让利给群众，老山林地纳入森林经营规划，全部都实施了
百里杜鹃	锦星	326	240	190	253	69%	89%	78%	中	老山林以阔叶树为主，未纳入森林经营方案。退耕还林权属和资源情况均匀简单，规划易纳入，实施有效益，群众普遍有积极性
百里杜鹃	雨灌	305	220	16	220	53%	114%（？）	72%	中	老山林以阔叶树为主，未纳入森林经营方案。退耕还林易规划和实施。实施面积大于规划面积，原因是隔壁村有一部分实施面积纳入了本村数据库，同时本村也有一部分小班实施越了边界
金沙	普安	812	690	300	705	62%	94%	87%	高	未纳入积极措施的是疏林地和灌木林。实施过程群众普遍支持，不在家的农户森林经营单位也打电话做了工作
金沙	柿花	1091	709	120	714	44%	87%	65%	高	森林经营方案基于全村，但本村石头山灌木林较多，不适合积极措施。另外有一个大组因为林权纠纷未纳入规划
金沙	高果	1120	784	90	796	85%	61%	71%	低	森林经营规划较细，各项措施均有，因地制宜。间伐1整体未能实施，原因：一是群众觉得树还小，舍不得砍；二是工程队长及部分施工人员来自外村，并且未分利给农户

（续）

县区	森林经营单位	森林经营单位范围内林农户数	山林得到经营的户数	出工投劳户数	参与项目户数（去除重叠）	积极措施规划率	其中：实施率	目标群体参与率	参与面务力程度	规划/实施/参与率的原因分析
大方	龙场2	262	262	180	262	100%	74%	100%	高	退耕还林村，资源适合，全部纳入积极措施规划。陡峭危险地段规划了但未能施工。本森林经营单位是看到本村1号森林经营单位成功之后主动申请的
大方	滑石2	570	560	70	560	78%	90%	98%	中	退耕还林村，资源适合，全村山林纳入了森林经营规划。小部分老山林抚育/人促施工难度太大未实施。退耕还林农户资源平均，群众思想容易统一
大方	上寨	448	30	6	36	99%	11%	8%	中	森林经营方案涵盖全村山林，因地制宜；栽植实施完毕后，间伐2在采伐指标办理的过程中，实施了无证采伐，县项目办紧急叫停，怕其他群众效仿，本村的实施就此终止
合计	11	6664	4572	1179	4673	54%	66%	70%		

总的来看，森林经营单位的积极措施规划率达到了54%。项目区属于喀斯特地貌，石漠化现象较为严重，很多石山灌木林不具备生产潜力，不适合任何经营活动。同时2008年雪凝灾害以及长期的无序采伐造成一些林分受损，密度稀疏，仅适合自然恢复，这样的积极措施规划比例符合实际。值得赞扬的一点是：县项目办在森林经营方案编制过程中，贯彻了以林农为本的原则，即：力图为森林经营单位权属范围内的山林全面制定规划，为每个林分提供可持续森林经营的解决方案，而不是仅仅寻找适合完成项目任务的面积，这也从客观上保障了拥有山林资源的农户能够享有平等参与项目的机会。

在纳入积极措施规划的山林面积中，实施率仅达到66%，原因大致包括：一是由于地形地貌限制，部分地段施工难度过大；二是少量矛盾纠纷地块未能实施，但这些纠纷地块本来可以在规划过程中得到识别；三是部分地块的规划质量较粗，现阶段并不适合施工；四是森林经营单位未能协调好林农和施工队（买方）之间的利益关系导致施工受阻；五是项目前期宣传不足，群众动员工作存在欠缺；六是个别森林经营单位实施率过低，拉低了整体的实施率。与54%的积极措施规划率和66%的实施率相对应，森林经营单位成员在项目中的参与比例达到70%。很显然，在项目实施的过程中，一部分项目中提到的困难可以通过提升参与式工作的质量得到避免或克服。但无论如何，考虑到本项目属于涉及千家万户的大型林业工程项目，这样的实施率和参与面是相当可观的。

二、目标群体的参与情况

评估过程中，通过与森林经营单位代表们座谈，咨询专家能够了解各个森林经营单位在机构创建、森林经营规划、营林实施、收益分配等各个环节中的实际工作过程，以及目标群体在各个环节中的参与情况及参与质量。

1. 森林经营单位创建阶段

森林经营单位的创建工作通常在县项目办第一次下村宣传（村组代表会）的同时完成。通常，由县项目办选择适合的项目村，与村内约定时间召开村组代表会。会上，首先由县项目办介绍项目，然后与会代表讨论是否参加项目，如果意愿明确，立即成立森林经营单位，选举森林经营单位管理人员，并填写项目申请表。村组代表会人数通常15～30人，参

金沙县中德财政合作森林可持续经营建设示范基地

会人员包括村委和支委成员，各村民小组组长，有时也包括村内的党员。少数森林经营单位召开的是村民代表会议，出席人员可达40～60人。

考虑到村支两委在村内的号召力和行政影响力，森林经营单位代表们大多直接从村支两委成员内直接产生，有时也包括一部分村民组长。森林经营单位代表通常包括5人，森林经营单位主任通常由村主要领导兼任。森林经营单位代表选举通常是等额选举，人选由村支两委内部讨论产生，以投票或举手表决形式确定。

森林经营单位成立之后，森林经营单位代表们在村支两委会的协助下召开村民大会，向群众宣传项目，发放宣传材料，并征询大家的参见，是否愿意参加项目。村民大会召开的形式多样，有的森林经营单位集中在村委会召开一次性的全村大会，这种情况下出席率通常较低；有的以自然村寨为单位召开若干村民组大会，出席率通常较高，能够达到预期的2/3以上。少数森林经营单位并未召开普通村民层面的会议，仅要求各村民组长回各组自行宣传，这种情况下群众对项目的知晓度和理解程度并不高，也对后期的项目实施造成了影响。一部分森林经营单位在召开村民大会时得到了乡镇林业站的协助。乡镇林业站人员通常参加过项目的培训，对项目理念的理解程度比森林经营单位代表深，林业部门人员在向村民解释林业项目时也更具权威性。

2. 森林经营规划阶段

在不同的县区，森林经营外业规划工作的开展时间点不同。大多是在村民会议之后开展森林经营规划，少数县区是在森林经营单位代表人选产生之后，立即开展外业规划。

森林经营规划由县项目办技术人员开展。外业规划过程中，邀请森林经营单位代表和相关的村民组组长参加，以便能为规划人员指示森林经营单位与其他村组之间的边界、提供林分的历史及现状信息，协助分析适合的穿越路线等。但森林经营方案小班主要是从技术和地形地物层面考虑，村民组之间、个户之间的权属边界并未纳入小班边界区划考虑。

森林经营外业规划完成后，县项目办编制森林经营方案文本。文本完成后，下村征求森林经营单位代表意见。县项目办向森林经营单位代表和乡镇林业站人员讲解森林经营方案时，通常是在各个小班进行实地讲解，指明边界和营林措施方法。由于项目引进的是全新的森林经营理念，并且森林经营方案的专业性较强，森林经营单位代表们通常不会提出任何修订意见。

根据项目的要求，森林经营单位应该在熟悉森林经营方案之后，召集群众对森林经营方案的理念和内容进行讲解，实际工作过程中由于工作量过大，以及森林经营单位人员的理解程度和专业水平有限，大多情况下这项工作并未全面开展。

3. 营林施工的组织管理及利益安排

由于森林经营单位代表由村支两委人员构成，而村内事务千头万绪，村领导工作繁忙，森林经营单位通常会指定1～2名代表专门负责项目日常的实施管理工作。

森林经营单位在了解熟悉小班的营林规划情况后，将会在林业站的指导下，开展林木标记。标树通常由森林经营单位代表们亲自完成，项目提供相关费用及劳务补贴。林木标记工作完成后，森林经营单位召集各村民小组群众开会，告知本组各小班即将实施的营林措施，讲解项目补助政策以及施工的组织管理办法。通常情况下，从实施质量和工期考虑，县项目办给森林经营单位的建议是所有营林措施由专业队统一实施。在专业队的具体组织安排方面，有的森林经营单位会征询群众意见，有的只是简单告知，也有少数森林经营单位让林农自行选择是由各户自行实施，还是交给专业队实施。

根据访谈调查，各受访森林经营单位的施工以专业队形式为主，但专业队的实际组织形式各异，详见表4-4。

表4-4　专业队类型一览表

专业队模式	组织管理及利益分配方法
森林经营单位公益型专业队	管理人员仅出工投劳，不保留利润。村民出工投劳先记工，待监测验收报账之后，核算工价，再支付给村民
村民组自行组织的专业队	组长按比例提取工程补助作为激励，由各组村民自行出工投劳实施。核算办法与森林经营单位公益型工程队相同
小班层面的专业队	每小班推选一个班长，组织农户出工投劳，先记工，待监测验收报账之后，核算工价，再由班长分配给农户
林农自行实施	农户负责自家山林地块的实施，并按项目的劳务补贴标准获得劳务报酬
承包给本村专业队	森林经营单位与工程队签订实施承包合同，将实施责任和项目劳务补贴移交给工程队。工人由承包方自行招募，固定工价，工资现付，承包方负责资金垫支，承担施工安全风险、验收不合格风险，并获得实施利润
森林经营单位代表自行承包的专业队	森林经营单位代表共同组织专业队，固定工价，工资现付，森林经营单位代表共同垫支，共同承担风险，共同分享利润
承包给外村专业队	森林经营单位将工程直接发包给有营林实施经验的外村承包方。承包方通常自带一部分工人，尤其是油锯手，同时也会从本村聘请一部分村民
承包给木材购买商	该模式仅适用于间伐2，即采伐、集材由买方自带的专业队全包，林农只参加木材方量测量，并与老板现场交易。有时，买方也会从本村雇佣一部分工人。按协商结果不同，各森林经营单位间伐2小班内<15厘米的采伐木补贴去向各异，有的统一支付给木材商，有的支付给林农

在一部分调查的森林经营单位，专业队与林农之间有利益分享，这种情况是基于下列前提：一是森林经营单位林分情况简单，营林施工难度较小，项目提供的劳务补贴有剩余；二是森林经营单位对项目补贴的政策宣传到位，群众对项目补贴有较高期待，森林经营单位也乐于主持专业队与林农之间的利益分配协商。

各森林经营单位实施项目的合格率各不相同，总体上承包型专业队＞森林经营单位公益型专业队＞小班层面的专业队＞林农自行实施＞木材购买商专业队，但客观上影响合格率的因素很多，不宜一概而论。事实上，合格率也与林分复杂程度、发育阶段、地形地貌、对可持续经营理念的理解，以及森林经营单位代表和乡镇林业站人员是否提供了足够的现场指导和监督密切相关。详见表4-5。

表4-5　各专业队模式下的实施验收结果

县区	森林经营单位	投劳户占总受益户	实施合格率	实施组织模式	工程队是否有分利给林农	参与质量评价
黔西	观音	30%	77%	承包给本村专业队+ 退耕还林地块林农自行实施 + 合作林场自行实施	有，抚育及间伐统一20元/亩	+
	礼贤	11%	67%	间伐2承包给木材购买商+其余承包给本村专业队	无	0
	登高	4%	94%	承包给本村专业队	有，间伐1.2元/株补贴给个户	+
百里杜鹃	锦星	75%	64%	承包给本村专业队	无	0
	雨灌	7%	63%	承包给本村专业队	有，间伐50元/亩	0
金沙	普安	43%	95%	村民组自行组织的专业队	有	+
	柿花	17%	95%	承包给本村专业队	无	0
	高果	11%	94%	承包给外村专业队	无	-
大方	龙场2	69%	93%	林农自行实施+ 森林经营单位公益型专业队兜底	有，间伐0.5元/株	+
	滑石2	13%	86%	森林经营单位代表自行承包的专业队	无	-
	上寨	17%	83%	林农自行实施+ 森林经营单位公益型专业队兜底	无	+

4. 收益分配及支付过程

收益分配方面，所到访的森林经营单位均能够按照事先与群众约定的方案和形式，主持群众的收益分配和支付。这方面的工作量不容小觑，收益分配涉及木材销售收入和劳务补贴两部分。农户各家山林中的产出，无论是木材立方量，还是涉及与工程队分利的采伐木数量或者抚育面积，均由森林经营单位代表们在村民组长的协助下，清点记录或主持各方协商。森林经营单位内部项目资金的支付和开支程序方面，起初由于项目未出台相关规范，部分森林经营单位的劳务补贴发放和管理费用开支程序欠缺透明度。自2013年开始，项目审计加强了监管力度，提出项目施工的收益分配方案必须要有记录，支付清册必须经过公示。自2014年起各森林经营单位的支付过程逐渐趋于透明、规范。

森林经营单位公共管理费用方面，涵盖四项资金来源：一是森林经营单位运行费；二是成功实施的奖励费；三是自然恢复管护费；四是森林的一般保护费。上述各项资金由森林经营单位代表内部根据实际的分工情况和开支情况讨论分配，分配方案通常有记录和支付清册。但由于这部分开支与普通农户关系不大，普遍未进行公示，但从森林经营单位可持续性的角度，上述款项的开支也应该公示，但鉴于村情民情通常复杂多样，这一点不宜强求。

第四节　合作社创建及档案管理

一、参与式经营合作社创建评估

本次评估11个森林经营单位样本中，包含4个项目资助注册的森林经营合作社。通过访谈合作社的管理人员、查阅注册资料和合作社管理档案、财务档案，咨询专家能够了解到这些合作社的运营现状，详见表4-6。

表4-6　受检合作社的运营情况

县区	森林经营单位	项目实施期间	合作社是否在运行	原因分析
黔西	观音	2012—2016	否	未认真筹备合作社注册，而是为了应付项目要求，拉几个山林承包大户，注册了一个名义上的股份制合作社。本来并没有运营的打算，实际上注册也仅限于工商注册，剩余注册程序未走完就放弃了
金沙	普安	2012—2015	合作社自己运行了一些产业投资项目，与外来的投资商建立了天麻基地	以促进全村产业发展，鼓励村民资本投资的合作社。目前虽然只是少数为合作社各项生意作出贡献（风险投资和交易量）的村民分红。但是预期最终能够带动全村的山林经营，这才是真正的“以短养长”

（续）

县区	森林经营单位	项目实施期间	合作社是否在运行	原因分析
金沙	柿花	2012—2015	国内林业项目资金纳入合作社统一收支。合作社与外来投资商和农户合作，建立了红豆杉基地	合作社与村委会的公益职能结合，属于有使命的、纯公益型的合作社。国内森林抚育项目、退耕还林栽植由合作社直接实施。合作社不分红，利润全部进入行政村的公益积累。管理人员只获得误工补贴
大方	上寨	2012—2014	否	由全村林农以参与式工作方法共同创建的联户型森林经营合作社。不幸的是，在实施间伐2的过程中，由于滥伐导致本村项目终止，因此合作社未能运行。目前合作社无法独立组织实施森林经营方案（间伐2），原因是缺乏项目规程的规范约束，也缺乏采伐指标。计划今后以合作社为依托申请政府相关采伐项目

为了示范和探索森林经营单位的可持续性，项目于2012年提出推进森林经营合作社的创建工作。为此，咨询专家组根据《中华人民共和国农民专业合作社法》，在该法所附的农民专业合作社样本章程的基础上，根据林业经营的特点和项目区的林情民情，编制了适合本项目森林经营专业合作社的样本章程。此外，专家组针对合作社的创建和注册向各县项目办提供了培训，开发了参与式合作社创建工作所需的宣传挂图和宣传手册，并针对简化合作社的管理手续方面与各县工商、国税局进行了商谈。结果是除百里杜鹃未注册任何合作社之外，其余各县均按照项目的要求，协助一些项目村在森林经营单位的基础上创建了森林经营合作社。然而，评估显示，合作社的整体运行情况并不乐观。除金沙县外，其余到访的合作社除了承担中德财政合作森林可持续经营项目资金的走账之外，实质上并没有运行，有的合作社甚至在注册程序中半途而废，原因分析如下。一是各县项目办人手短缺，事务繁忙，在参与式森林经营合作社的创建方面大多未能亲力亲为，而是按惯例将相关工作交给森林经营单位自行处理，县项目办只提供了注册程序方面的协助。然而，项目拟建的森林经营合作社是一个新生事物，与现行的私人性质的、以短平快项目为主的合作社有着本质区别。森林经营单位对森林经营合作社的示范意义认识不足，对其运营模式以及实现长效机制所必须的条件认识不深，很多森林经营单位在合作社创建的过程中并不认真，存在应付交差的情况。参与式的工作方法和原则在合作社的创建过程中并未得到普遍应用，对合作社的相关档案检查也印证了这一点。二是一部分合作社虽然创建规范，森林资源适合，但因遇到森林经营单位无力扭转的外界影响，无法发挥正常作用（如大方县上寨合作社因该村项目实施终止而荒废）。三是政府对于林业专业合作社的扶持和倡导仅限于

林副产品及涉林行业（如种苗）的重视，森林经营合作社作为一个特殊的新生事物，并且其赖以生存的采伐指标在政策上非常敏感，因此并未得到真正的扶持；四是各县税务部门大多未能兑现2012年向咨询专家组和省项目办作出的承诺，将森林经营合作社与农业合作社在报税频率方面区别对待。在黔西县，税务部门甚至坚持对项目提供的营林劳务补贴资金进行征税，这无疑严重地挫伤了合作社的积极性；五是贵州省项目办和咨询专家组提供了合作社创建培训，但在各县后续创建过程中的监督和指导不力，未能及时发现问题以便纠正方向。

当然，本次评估在金沙县发现两个成功的森林经营合作社范例。两个合作社业务范围各有侧重，管理模式各有不同，但均运行良好。两个合作社的管理主体都是村支两委，在当前推进农村脱贫攻坚、壮大村集体经济的政策背景下，也均担负了一定的公益使命，而这种公益使命也无疑能够促进未来惠及全村的森林可持续经营。合作社在理念上的与时俱进、业务范围和管理机制上的创新也给咨询专家留下了深刻印象。唯一不足的是，两个专业合作社均沿用了项目提供的联户型森林经营合作社的样本章程，如果能将其各自独创的业务模式和财务管理约定体现在章程中，无疑能够进一步提升合作社的可持续性。

金沙县中德财政合作森林可持续经营合作社营造的示范林

二、参与式工作档案评估

1. 档案评估

咨询专家对各森林经营单位的参与式工作档案进行了检查，并结合访谈情况，对档案的实用性和真实性进行了评估，详见表4-7。

表4-7　参与式工作档案评估

县区	森林经营单位	项目实施期间	档案质量	档案检查备注
黔西	观音	2012—2016	+	县项目办保存了合同和申请表、选票、公示内容复印件。村内档案记录较齐全。公示材料分利益分配公示、支付清册公示、施工前公示
	礼贤	2013—2015	0	县项目办档案无会议签到表及总结表，有合同、申请表、选票。村里有一些施工、管理、管护的会议记录。但公示少，仅限于项目补助款项的收入公示，无支出公示
	登高	2015—2016	+	县项目办除合同和申请表外未单独保存参与式档案，挂靠隔壁雨朵村带着管理的森林经营单位。但村内有参与式林业会议记录、培训会记录、签到表、公示栏照片，较为齐全
百里杜鹃	锦星	2011—2016	−	有小部分档案。合同+选票+不完善的项目民意调查表和代表会议签到单（无日期，无会议主题，人员少）。村内产生的档案仅资金发放清册，无公示，无工程队合同
	雨灌	2014	−	除项目合同外未见任何档案
金沙	普安	2012—2015	+	有代表会出席名单，有会议总结表，但仅限于形式。有选举结果及说明，有林农手册签领单，有参与意愿征询表，有森林经营方案、森林经营单位形式意愿征询表。有伐区施工前公示文档。有农户访谈记录
	柿花	2012—2015	+	有代表会出席名单，总结表是形式。有选举结果及说明，有村民代表会议程，有林农手册签领单，有参与意愿征询表，有森林经营方案、森林经营单位形式意愿征询表。有伐区施工前公示文档，有农户访谈记录
	高果	2014—2016	+	有代表会出席名单，总结表不错。村民代表会有议程，选举结果及说明，有林农手册签领单，有参与意愿征询表，有森林经营方案、森林经营单位形式意愿征询表。有农户访谈记录。未保存公示材料及公示栏照片
大方	龙场2	2014—2015	+	有合同，未见申请表。村民代表会有出席名单、选举结果及说明，有会议记录。有林农参与意愿征询表，公示有材料。公示栏照片丢失。管理费开支有会议及签领
	滑石2	2014	0	有合同，无申请表，无村民代表会有出席名单，有选举结果及说明，有森林经营单位财务管理方法会议记录。无会议签到表，无访谈记录，无林农参与意愿征询表。有支付签字清册及公示栏照片。有伐前公示材料
	上寨	2012—2014	+	有合同，有申请表。村民代表会有出席名单、选举结果及说明，有会议记录。有会议签到表，有访谈记录，有林农参与意愿征询表，有专业合作社全套注册资料。有间伐涉及农户的签字手印清单，公示材料有群众支付清册，但未保存公示栏照片。管理费开支有会议及签领

参与式工作由森林经营单位具体开展，县项目办仅提供指导，因此，各县各村的森林经营单位在开展参与式工作时，或多或少按照自己平时开展群众工作的套路，生成了一些格式内容各异的档案。从检查结果来看，金沙县显然在参与式工作的档案管理方面较为重视，森林经营单位档案标准明确，模板统一，内容翔实并且真实性较高，档案内容真实，言之有物，能够体现参与式的精神和原则。

2. 档案评价

在对各个森林经营单位的项目规划及实施过程进行全面回顾的基础上，结合档案检查情况，咨询专家对各抽样森林经营单位的参与式工作质量进行了综合评价，详见表4-8。

表 4-8 各森林经营单位参与式工作质量综合评价

县区	森林经营单位	项目实施期间	参与面努力程度	参与质量	档案质量	总体评价
黔西	观音	2012—2016	0	+	+	+
	礼贤	2013—2015	0	0	0	0
	登高	2015—2016	0	+	+	+
百里杜鹃	锦星	2011—2016	0	0	-	0
	雨灌	2014	0	0	-	0
金沙	普安	2012—2015	+	+	+	+
	柿花	2012—2015	+	0	+	+
	高果	2014—2016	-	-	+	0
大方	龙场2	2014—2015	+	+	+	+
	滑石2	2014	0	-	0	0
	上寨	2012—2014	0	+	+	+

如表4-8显示，总体上，咨询专家对项目的参与式工作是满意的。各森林经营单位的参与式工作质量评定为“中等”到“优良”等级，没有森林经营单位获得“较差”评级，这对于一个面向广大散户林农的大型林业工程项目而言，已经殊为不易。

众所周知，在中国的集体林区，由于农户林权分散，林业并不是农户家庭的主要生计来源，加之森林经营周期长，散户林农对森林经营的重视度并不高，组织群众开展科学合理的森林经营非常困难。农户的山林长期得不到合理经营，也不能为其带来营林收入。中德财政合作毕节市森林可持续经营项目能够创建基于行政村全体村民的森林经营单位，制订涵盖森林经营单位全部山林的森林经营方案，并以参与式工作方法开展森林经营方案的实施，使林农散户的山林质量得到提升，并为其带来合法的营林收入，这种开创性的工作成果无论是在毕节市、贵州省还是在全国均具备重要的示范意义，也是各级项目机构多年来在项目的规划及实施管理不懈努力的结果。

参加群众与黔西县中德财政合作森林可持续经营项目办人员签订参与项目实施协议

对森林经营单位创建、森林经营规划、营林实施、收益分配各个阶段的过程回顾显示，本项目参与式工作的特点是：县项目办直接将项目规划和实施中的群众工作移交给森林经营单位和村支两委，由后者在乡镇林业站的协助下，实施民主集中制与广泛信息传播相结合的参与式工作方法。这种方法简洁高效，符合农村工作特点。虽然在森林经营单位理念、森林经营方案理念、可持续森林经营方法的传播上高度依赖于村支两委自身的理解力和责任心，但在县项目办人手短缺的情况下只能如此。

金沙县中德财政合作森林可持续经营石仓林场示范基地

参与层次方面，需要指出的是，在以间伐2为主的森林经营单位，目标群体的参与层次并不高。与间伐1、抚育和其他经营措施相比，在森林可持续经营理念的宣传方面较为薄弱。参与式工作大多围绕着木材的采伐和销售环节中的利益分配开展。此外，间伐2的采伐和销售由于涉及森林安全、施工人身安全以及买方拖欠农户木材款的风险，政府要求必须交给有资质、有能力缴纳高额保证金的木材商实施，有时要求必须由政府招投标统一选定，森林经营单位因此未能成立自己的专业施工队。与本村的施工队相比，施工交给木材购买商的施工队存在下列弊端：一是由于经济利益的驱动，在实施间伐2时往往存在砍大留小、砍优留劣的情况，导致实施结果经常与森林可持续经营理念和方法相悖；二是木材商的施工队在实施间伐1和抚育方面缺乏动力，有时也导致一些村的间伐1未能成功实施；三是施工队成员多为老板自带，在本村雇用的人员很少，因此村民无法通过出工投劳更多受益，也无法在实践中培养自身的森林经营技术水平。

第五节　经营方法评估

一、参与式森林经营方法评价

1.《参与式林业方法指南》的编制。项目的《参与式林业方法指南》由咨询专家组于2009年制定。该指南详尽阐述了参与式林业方法的原则、沟通及交流工具，以及为了促进参与式森林经营的成功开展，项目工作人员在项目规划和实施过程中需要开展的所有工作步骤，以及每个工作步骤中的注意事项。此外，该指南还提供：项目信息传播所需的农户传单；参与式规划会议所需的项目宣传挂图；参与式农户访谈指南和一些参与式工作关键步骤所涉及的档案模板。为协助项目在更大范围内推广，专家组于2013年进一步开发编制了一份《参与式林业方法宣传手册》。

2. 参与式方法的改革与变通。最初，参与式林业方法建议以村民组为基础开展工作，出发点是同一个村民组内的林农利益和兴趣同质性较强，并且同一个村民组内的农户居住集中，能够保障参与式工作的质量。但是，以村民组为单位开展项目规划和实施，客观上要求县项目办和林业站必须具备充足的人手，这一点在项目区很难保障。并且，以村民组为单位的项目工作也不方便充分利用行政村的行政资源。2010年底，鉴于项目前期的工作进展缓慢，项目将规划单元由村民组改为行政村，依托村支两委，在乡镇政府领导和林业站人员的支持下开展参与式工作，这样项目工作人员可以将有限的人手集中在森林经营规划、参加项目各项培训并培训森林经营单位人员、从事项目综合行政管理、开展项目自查、配合项目监测验收等方面。改革后的参与式工作方法继续强调了参与式工作的精神和原则。

参与式工作改革后，项目的规划和实施进展速度明显加快，这一点印证了参与式方法改革是成功的、适合的。尽管最初的一部分森林经营单位在开展群众工作方面存在重视不足、参与式精神和原则贯彻不到位、痕迹管理薄弱的情况，但是在项目实施过程中，随着国家对审计和纪检工作的重视提高和对村支两委工作的监督加强，各县项目办也在项目审计机构的协助和指导下，对森林经营单位的档案和财务管理提出了明确的要求。这一点在客观上也促进了森林经营单位参与式工作质量的提升。

鉴于项目实施过程中村支两委的工作强度和责任较大，为了保障森林经营单位参与式工作的质量，一些项目县也在项目经费的分配上进行了调整。例如：金沙县将项目工作人员的经费，按间伐每公顷30元的标准转付给村委会或森林经营单位，用以承担森林经营单位的实施协调和采伐监督管理工作，作为项目森林经营单位运行费和实施奖励费用的补充。

中德财政合作森林可持续经营项目参与式规划培训人员在黔西留影

此外，县林业局还将森林经营单位的关键人员直接聘请为天然林资源保护工程的林管员。这一方面解决了项目管护经费不足的问题，另一方面也赋予了森林经营单位管理人员一个半正式的林业工作人员身份，能够在项目实施过程中协助林业人员的执法监督工作。

3. 总体评价。对各县项目办的访谈显示，除了以村民组为单位开展参与式工作应该改为现行的以行政村为单位之外，《参与式林业方法指南》中建议的工作原则和方法、提供的宣传材料和挂图以及为重要工作步骤提供的档案模板均被认为是适合的。

尽管在项目实施初期，项目工作人员普遍的感觉是参与式工作方法步骤复杂、过程费时，但是在项目实施过程中，随着工作人员经历的正面教材和反面教材增多，大家对参与式方法重要性的认识和体会也越来越深。各县项目办普遍表示，由于项目的规划和实施涉及农户的切身利益，如果该做细的群众工作不做细，也会导致参与式工作质量不高、实施质量不高、群众反响不好的结果。实践当中，一些森林经营单位也确实存在最初在宣传动员环节偷工减料，后期在实施过程中遭遇群众的阻拦和质疑，而不得不补足前期省略的工作步骤——在村民组层面召开大会重新宣传解释的情况。

近几年，在中德财政合作森林可持续经营项目参与式工作的示范和影响之下，大方县国内森林抚育项目也要求必须召开村民小组大会，尽管该项目基本上全是个体老板承包实施，但是由于林权涉及千家万户，村民组层面的会议也是必须要召开的。此外，指南中的农户访谈提纲也发挥了作用：一是在县项目办不直接开展参与式工作的情况下，农户访谈可以帮助其了解群众的诉求，核实森林经营单位反馈的信息的代表性和真实性；二是可以协助提供森林经营方案文本编制所需的一些重要信息。

4. 几点建议

（1）利用农户明白卡进行森林经营方案的宣传讲解。森林经营方案涉及全村几百个农户，召集群众开会宣传森林经营方案的难度和工作量太大；并且由于森林经营方案的专业性很强，森林经营单位在向群众讲解森林经营方案时也有困难。项目实施过程中，这项工作要么未开展，要么开展了但效果不好。因此有必要考虑更好的森林经营方案宣传方式。一个简单的办法是将森林经营规划图和重要的规划结果（小班号、小地名、资源描述、营林措施及年度）一起公示。公示规划结果虽然简便易操作，但公示内容很难具体到个户，并且无法确认农户是否看懂了公示内容。为此，黔西县提出了另一个更有效的办法，为每个农户制作一张明白卡，在向每个农户讲解卡片内容的同时，也可以邀请其签字认可。明白卡内容与农户密切相关，农户很容易看懂并且方便保管。这些工作虽然工作量很大，但是考虑到向群众宣传森林经营方案理念的重要性，以及项目的可持续性，花一些办公成本和人力成本是值得的。具体做法如下：通过咨询熟悉各户山头地块的村领导和村干部，将每个小班涉及的农户梳理出来。然后将这些信息分户整理，为每户制作明白卡。内容包括：该农户有几宗山林地块，每个地块的小地名、所在小班、当前资源状况、适合的措施及实施年度（10年内分几期）。县项目办可以直接根据林业局掌握的林改数据和信息，对照森林经营方案内容直接制作明白卡。

（2）开发多样化的项目宣传载体。近年来，随着国家经济的快速发展，广告营销行业的创意水平也越来越高，越来越贴近生活。受此启发，有的县项目办建议，未来项目的宣传工具和载体可以更加多样，除了项目上已有的传单和小册子之外，还可以考虑将项目宣传信息印在一次性纸杯、抽纸盒等生活用品上，提供给乡镇政府、林业站、村委办公室和村民小组办公室，以方便来访的村民看到并关注项目信息。

二、经验与教训

1. 取得的经验与教训

（1）参与式工作的质量决定项目实施的质量。项目实施的经验表明，凡是在前期参与式工作中偷工减料的森林经营单位，在实施质量、群众反响方面受到群众质疑，影响到了项目可持续性。而营林措施实施全面成功的森林经营单位，均毫无例外地伴随着较高的参与式工作质量。

（2）各级政府和林业部门对参与式工作的重视非常关键。参与式工作方法的重要性必须得到县林业局和乡镇领导的认同和支持。在一部分项目县，项目未能取得县林业局和乡镇政府的重视，项目工作人员得不到必要的参与式工作条件和待遇保障，导致县项目办人员流失，乡镇林业站不配合工作。因此，参与式工作的质量不高，项目预期的营林效果得不到实施，森林经营单位积极性因此降低，群众也容易对项目产生误解。可以说，政府领导的重视程度能够决定一个项目是否能营造一个良性循环的工作环境。

（3）经营单位是保障项目实施的有力保障。大型的行政村可考虑按片区成立2～3个森林经营单位。尽管在大多数时候，以行政村为单位创建森林经营单位是最简洁高效的管理模式，但有时候在确定森林经营单位范围时也需要考虑一些其他因素。例如，大方县项目办针对部分行政村面积过大、村民组数量过多不便于管理的情况，决定将行政村分为2～3个片区，以片区成立森林经营单位。这种安排在客观上优化了森林经营单位代表的人员结构，既有村支两委的主要领导，也有能专心干事的群众代表。自近年来村级强化了行政管理职能之后，村支两委工作太忙，以片区为主体的经营单位是保障实施的有效管理机构。

（4）政府招投标决定木材买方的做法应慎重。政府招投标选定木材购买商的初衷是选择有资质、可靠性高的经营户进行项目实施，并在选择过程中确保程序合理合规，以期预防腐败。但招投标的结果是制造了垄断经营，并使得林农的收益权受到侵害。招投标的业主是乡镇政府，这使得项目的管理主体变成了政府，使得县项目办和森林经营单位在一定程度上均被架空。木材老板在采伐过程中受商业利益驱使，可持续经营理念无法在营林现场得到体现。由于森林经营单位能够发挥作用的空间有限，森林经营单位代表的积极性受到挫伤，会导致可持续经营理念在村内得不到宣传。因此，项目实施的质量高度依赖于乡镇林业站工作人员的职业修养。素养低的对木材老板管理松懈，容易出现乱砍；素养高的为了避免出现滥伐，也会对实施的控制过于严格，从而导致采伐强度不能满足营林需求。

（5）县项目办进村宣传的会议规模应尽可能大。在以森林经营单位为主体的参与式工作体系中，县项目办进村开会的机会非常少，通常仅有一次，因此应该充分准备，争取把会议开到村民代表扩大会议的层面，而不仅仅是村组干部。这样做的好处是，经由县项目办传播的第一手项目信息受众更广，并且能够涵盖一部分普通村民，而不仅仅是文化水平较高的干部群体。同时，由于会上需要酝酿、确定提名并选举森林经营单位代表，而森林经营单位代表的人选对于项目实施成功与否至关重要，必须是有公益心、有威望、得到群众信任的人选。较大规模的会议群体也能够确保森林经营单位代表的产生过程更民主、更客观，可以避免森林经营单位代表全部由村两委主要领导构成，后期全部忙于村务，无暇顾及森林经营方案实施的情况。此外，乡镇林业站跟村里人比较熟悉，在酝酿森林经营单位代表人选时乡镇林业站的意见也非常重要。

（6）以森林经营单位为主体的参与式工作必须推行制度化管理。项目的参与式工作由森林经营单位自主执行的情况下，项目有必要对森林经营单位实施制度化管理。在这方面各县也均作出了自己的尝试。其中金沙县的做法是实行结果控制，以制度的约束确保森林经营单位必须走群众路线。县项目办针对森林经营单位出台了一系列管理制度，对管理人员的职责、参与式工作程序及档案、财务管理档案均提出了明确的要求，并通过回访群众对森林经营单位的工作进行检查。由于对森林经营单位实行了制度化管理，这些森林经营单位在创建后能够坚持项目初衷，也成功经受了村级选举的检验和群众上访的检验。尽管县项目办在专业合作社的创建和管理上投入精力不多，但受项目的参与式精神影响，这些专业合作社能够一直维持公益性质，没有走上打着多数人旗号为少数人谋利的老路。

2. 几点思考

（1）有必要在国内林业项目中全面引入参与式工作方法。中德财政合作毕节市森林可持续经营项目以森林经营单位为主体开展的参与式规划和项目实施组织管理工作，探索了林业规划和管理的新模式，并且在营林实施、能力建设、社会经济影响各方面均取得了成功。项目参与式工作方法的核心，一是充分尊重群众的意愿；二是自下而上的、开放式的项目计划管理模式。项目涉及哪些村组的哪些山头地块，涵盖哪些林农散户，都是村组层面商讨的结果，既能保证技术上因地制宜，也能取得群众的广泛拥护。与此同时，各项目县每年的年度工作计划，无论是外业施工、人员培训、还是资金调配、后勤保障，均是基于各村的森林经营规划数据，保障了项目资源的使用效率。对于上述两个核心理念的推广而言，目前都不存在体制上的障碍，已经在国内项目中取得了普遍共识。

（2）将参与式工作方法整合到现行的林业管理体系。一是由点到面，逐步推进。在认识到参与式、开放式的计划任务管理体系诸多优点的情况下，建议在辖区内能够影响到的范围内，在更多的项目中推行参与式工作方法。随着采用参与式工作方法的项目越来越多，能够逐步在林业项目的计划和投资管理方法上形成普遍共识，营造一个开放式计划管理的氛围，从而推动整个行业计划管理体制的转变。二是强化村级森林经营方案的行业地位。首先，中德财政合作贵州省森林可持续经营项目所示范的森林经营方案理念是基于森林经营单位权属范围内所有林地，能够全面准确地反映各村组的林情、村情、社情。由于森林经营方案中指示的营林需求涵盖造林、人促、抚育、间伐、择伐更新、林分改造等各个发育阶段的所有方面，实际上完全可以用作各类林业项目的计划依据。按照森林经营方案中的营林需求进行配比投资，也能够实现林业项目管理的系统性和连续性。我们所要做的是保证森林经营方案的调查和规划质量、全面性和覆盖面。其次，基于森林经营方案的林业项目管理体系也有助于实现科学合理的采伐指标管理。“十三五”之后，国家采伐指标的管理体系更加精细化，间伐、主伐、人工、天然、公益、商品等各类采伐指标界定严格，管理规范。很多县区由于上报采伐指标时缺乏系统性的考虑及数据支撑，导致指标计划与后期的采伐需求不吻合，严重影响到了森林经营项目的实施。三是强化行政村在森林经营中的主体地位。依托森林经营方案体系开展林业项目管理，客观上要求必须增强行政村（森林经营单位）在森林经营中的主体地位。也就是说，要求林业部门回归其服务职能，森林经营应依托行政村层面的村民自治体系，按照参与式的理念和原则开展具体的规划和实施工作。目前的林业项目由林业部门工作人员设计、指导监督实施并组织检查验收，并且还要承担森林资源安全相关的法律责任，村组一级在森林经营中没有自主决策权，只是被动配合工作。林业工作人员既是运动员，又是裁判员，在这种行业管理体制之下，有的业务部门畏首畏尾，推托责任。造成的后果是采伐指标得不到充分使用、资源得不到有效的经营、农户得不到应有的林业收入、村支两委不能带领村民实现将绿水青山转变为金山银山的使命目标。因此，落实行政村在森林经营中的主体地位和主体意识，在落实物权法、促进村民自治、推进农村合作组织的运行、强化村集体经济，乃至于脱贫攻坚各方面，均具有重要的助推意义。四是推动林业技术社会服务体系的建立。行政村（森林经营单位）是森林经营方案林权的持有者和森林经营方案的使用者，但村级的林业技术、林业相关软件的使用能力有限，没有能力完成森林经营方案的编制和修订。因此，有必要推进社会服务力量在森林经营方案编制乃至于其他林业项目规划和实施中的作用。具体做法是：充分发挥村级自治管理的主体地位，由行政村作为业主，林业部门为资助方，向社会购买森林经营方案编制的服务，林业部门作为村级参与式森林经营质量的把关方，而不是实施方，不再承担森林经营中的滥伐风险，只负责森林经营方案的审批、指标的管理，以及营林实施的检查、验收、考核工作。这样做的好处：一是村民在森林经营中的主体地位得到进一步强化，权利和义务得到更好的体现；二是由于规划方是第三方，而不是林业部门，林农在对森林经营规划质量及森林经营方向提出要求时顾虑更少；三是林业部门不需要负责森林经营方案的规划调查工作，工作量和人手短缺得以缓解；四是完全市场化的营林规划工作有利于建立客观的评价和审查体系。审查既包括林业部门的技术审查，也包括村支两委作为业主方的客观审查。

第五章　社会经济影响

第一节　监测方法

2017年5月10日至6月5日，中德财政合作贵州省森林可持续经营项目国内咨询专家梁伟忠先生在项目的社会经济影响监测领域开展了第五次咨询。主要任务是：采集农户访谈的第三次重复调查数据，与基线及前期数据进行对照分析，为项目森林经营单位的典型案例分析提供样板，对社会影响监测咨询工作的方法、发现和过程进行陈述，对项目的社会经济及行业影响进行分析评价，对项目在森林经营单位层面的经验和教训进行总结，以供未来其他项目借鉴。

一、概述

“影响”的定义是指通过实施项目活动，在生态、经济、社会文化、性别人群、技术、组织机构以及政策层面上发生的变化。“影响监测”的目的是对这些变化进行测量、记录和评估。项目的影响监测评估将集中在生态、经济、组织机构以及包括性别问题在内的社会方面。中德财政合作毕节市森林可持续经营项目依托参与式林业工作方法，在行政村和村民组层面组建基于散户林农的森林经营单位、协助森林经营单位制定10年期的森林经营方案并开展森林经营活动。项目咨询专家组于2010年1月制定出台了《影响监测指南》，涵盖生态影响及社会经济影响两个方面。其中，社会经济影响监测体系以森林经营单位为监测平台，每两年为一个监测周期，通过开展农户访谈调查，对项目在农户经济收入、林产品的可获得性、生活水平变化、生产方式变化、可持续经营意识、环境保护意识、林地权属、技术能力及队伍建议、参与能力、妇女地位、项目工作量、培训、参与式林业工作方法的实施及结果、森林经营单位、森林经营单位组织机构运行情况及可持续性以及森林经营方案的接受度及可持续性等领域产生的影响进行评估。

农户访谈的具体方法是：在项目区设定样点森林经营单位，并在样点森林经营单位中选择特定的农户作为访谈对象，在开展基线调查后，每两年对这些农户进行一次定点回访。每次访谈结束后，通过对项目各个实施阶段的访谈数据和信息进行比较，可以就项目在村组和农户层面上产生的社会经济影响进行客观分析。与此同时，社会经济影响监测也能够协助对前一阶段的项目实施工作甚至是项目设计、项目政策进行总结回顾，发现问题并及时调整，以保障项目目的及目标的实现。项目于2010年选定了样点森林经营单位并开展了基线调查，分别于2012年、2014年开展了两次重复调查。2017年的社会经济影响监测属于

项目国内咨询专家梁伟忠(右二)和贵州大学林学院教授在大方县对江镇与农户进行社会经济影响调查

第三次重复调查，由于项目执行期将结束，本次监测的侧重点为社会经济影响的总结评估、项目实施中的经验教训总结、森林经营单位及森林经营方案层面的可持续性分析。此外，为了直观展现项目在森林经营单位层面的工作方法、活动、成果和影响，咨询专家专门拟定了一份案例分析提纲下发各县，并在2017年社会经济影响监测总结报告中提供了一份样板案例分析作为补充。各县项目办根据咨询专家在提纲中给出的调研思路及分析方法，参考样板案例，选择有代表性和典型性的森林经营单位撰写更多案例分析材料，以便为更大范围内的项目推广和复制提供借鉴。

二、调查数据范围

社会经济影响监测涵盖毕节市8个（贵州省13个）样点森林经营单位，涉及毕节市4个（贵州省6个）县区、8个（贵州省13个）村、33个（贵州省53个）村民组，详见表5-1。

表5-1 毕节市样点森林经营单位情况一览表

县	森林经营单位名称	村民组数	主要民族	特点
大方	龙场村第一森林经营单位	8	汉	针叶树中幼林为主，经济贫困，交通不便
	白龙村	4	汉	交通不便，有大户承包，人工促进封山育林面积较大
	凤山林场	1	彝	原乡办林场，现乡村合作林场，已注册成立股份制森林经营合作社
金沙	五关村	4	汉	营林措施全面，交通方便，离城关近，村民富裕，当地木材市场活跃
	街头组	1	苗	阔叶树中幼林为主，交通不便，经济贫困，村民淳朴
	三桥村	7	汉+苗	营林措施全面，村组交通方便，地势较平，村支两委能力强
黔西	小海子村	7	白	权属类型不一，个户、组、集体均有
百里杜鹃	附源一组	1	满	交通方便，具有旅游区和水源地，村民富裕
总计	8	33		

上表显示，样点森林经营单位的规模、组织形式、民族构成、森林资源、社会经济特点均有所不同，体现了较高的代表性。

三、数据结构

2017年的访谈共调查了161个农户，与2010年基线调查样本数量基本持平。其中，女性受访者43名，比例为27%。考虑到农户访谈需要尊重农户家庭的文化和分工，在女性受访者的比例方面不宜强求。2010年基线调查时，各森林经营单位的农户访谈均在项目实施之前开展，当时农户的参与级别并不明确。2012年调查时，新增了一部分森林经营单位，这些森林经营单位大多尚未开展实施项目，因此仍有少量农户的参与级别不明确（13%）。2014年调查时，所有森林经营单位均已开展了实施活动，因此能够初步确认农户的参与级别。2017年调查时，由于项目实施活动在各村组内铺开完毕，未参与户的比例进一步减少。雇工方面，由于绝大多数农户均有山林，自家山林未纳入项目但本人以纯雇工身份参与项目的农户极少。考虑未参与户和雇工样本数量过小，相关问卷结果的分析价值并不大。综上所述，在参与级别方面，主要的对照群体为：一是投劳林农和未投劳林农之间；二是林农总体与森林经营单位代表之间。详见表5-2。

表5-2　农户访谈数据一览表

调查序次	2010年		2012年		2014年		2017年	
	数量	%	数量	%	数量	%	数量	%
访谈户数	167		193		166		161	
男性受访者	109	65	145	75	118	71	118	73
女性受访者	58	35	48	25	48	29	43	36
其中								
投劳林农	0	0	90	47	81	49	98	61
未投劳林农	0	0	52	27	47	28	38	24
纯雇工	0	0	5	3	6	4	3	2
项目区未参加者	0	0	14	7	32	19	22	14
未知	167	100	25	13	0	0	0	0
合计	167	100	193	100	166	100	161	100
其中，森林经营单位代表	20	12	36	19	28	17	28	17

四、访谈问卷

农户访谈问卷于2010年制定，2012年虽有小范围修订，但对数据的完整性和连续性未产生影响。2017年最后一次影响监测开展之前，为了对访谈家庭的收入情况、森林经营单位的可持续性进行评定，咨询专家在问卷中增加了4个问题，相关数据采用Excel表格单独保存，相关调查结果已纳入本报告分析陈述。

五、数据的采集、录入、处理

确保访谈质量是农户访谈工作最基本的努力方向，也是最困难的。首先是保证在不同访谈者之间就开场白、问题提问、提示、判断方面达成一致的访谈口径。农户访谈的技巧很微妙并且是本项目一项专门的监测任务，因此，访谈工作完全由监测中心人员与咨询专家一起完成，而县项目办人员只是在与村干部和森林经营单位进行协调找人方面提供协助。与往年相同，咨询专家在农户访谈开始前向贵州省项目监测中心两位成员提供了温习性培训和示范，目的是尽量使所有的访谈者在相同的访谈氛围中

梁伟忠在百里杜鹃与项目办人员就森林可持续经营社会经济影响进行调查

采用相同的问卷口径。第二是及时录入访谈数据。与往年相同，数据录入由贵州省中德财政合作森林可持续经营项目监测中心的夏婧女士负责，由咨询专家进行审查核对。在核对过程中，如果发现数据异常，咨询专家会召集访谈组成员们查阅相关问卷，一起回忆提问口径及访谈情景，澄清并核实数据或信息的逻辑连贯性、可靠性、相关性和完整性。

第二节　数据分析

对农户访谈问卷答案的分析和解读，是产生项目社会经济影响监测结论的基础。2017年的农户访谈是自2010年基线调查之后的第三次重复访谈。从本项目最后一次社会经济监测评估的角度以及数据的简洁性和直观性考虑，对照2010年的基线调查和2017年访谈数据为主进行分析阐述，2012年和2014年的过程数据仅用作辅助分析。

问题1：你家的森林是以哪种类型为主？

受访农户2017年访谈的结果与前几次相比并无变化。绝大多数的农户并不知晓，也并不关心商品林或公益林的分类。事实上，从农户的角度，他们并不认为划入公益林会影响其对林地林木的使用权，或者说，划为商品林就意味着容易获得采伐指标，多年来的天保禁伐以及采伐限额管理使得公益林和商品林对于农户而言并无区别。而这也从一个侧面反映，项目的设计原理是正确的，在农户对自家山林缺乏自主经营权限及能力的情况下，本项目的实施具有重要的探索和示范意义。详见表5-3。

表5-3　2010—2017年森林类型群众知晓率分析表

年度	A	B	C	D
	商品林	国家公益林	地方公益林	我不知道
2010	5%	2%	4%	89%
2012	6%	0%	3%	91%
2014	11%	1%	4%	84%
2017	13%	1%	1%	85%

问题2：你家的森林实施了哪些经营活动？

2010年基线调查阶段，所有营林活动全部未实施，截止到2012年8月访谈时，33%的农户尚未实施任何营林活动，2017年在样本村这一比例下降到了13%，这也与问卷的数据结构相吻合（161户受访农户中，有22个未参与户）。上述数据也能大致体现出项目村农户非常高的参与度，项目的实施结果总体上符合森林经营单位及森林经营方案的整村经营理念（由于样点村组设置较早，有可能存在代表性的问题，13%的未参与户比例放在全部项目村或许存在低估，但可用作参考）。2012年实施的活动主要集中在间伐2，而2014年各项活动已均衡开展。需要指出的是，上述答案很多并非来自访谈者本人，而是森林经营单位代表。但无论是本人还是森林经营单位代表均很难意识到将自然恢复作为一个有效的模型上报。事实上，在农户的眼中，自然恢复就是“没有活动”。与2012年相比，2017年更多的林农选择了抚育和间伐1。项目前期，抚育的实施较难，随着补助标准的提高、抚育技术路线的明确以及森林经营单位成立抚育和间伐1的专业施工队伍，这一措施类型的实施取得了较大进展。而对比2017年投劳林农（林农a）和未投劳林农（林农b）在造林、间伐1、间伐2和抚育方面的数据可以看出，间伐2（近熟林间伐）主要是以木材买方集中采伐为主，而其他措施类型则要么是林农自己实施，要么是林农参加本村的施工队，在森林经营单位组织下统一实施。基础设施方面，投劳林农和未投劳林农参与比例相同，原因是项目提供的林道为土路，由森林经营单位统一雇请挖掘机施工，农户大多并未参加出工投劳。详见表5-4。

表5-4 2010—2017年森林经营活动分析表

	A	B	C	D	E	F	G	H	I	J
年度	造林	人促	自然恢复	间伐1	间伐2	抚育	矮林改造	基建	我不知道	尚未
2010										100%
2012	2%	6%		11%	42%	4%	2%	7%	9%	33%
2014	8%	8%	5%	33%	36%	16%		14%	2%	23%
2017	10%	4%	8%	38%	40%	20%	1%	25%		13%
2017林农a	15%	5%	7%	46%	36%	30%	1%	29%		1%
2017林农b		3%	3%	42%	74%	8%		29%		3%

问题3：你是怎样参与项目的？

将自家山林参与项目实施的农户简称为“林农”。极少有林农选择C“别人让我参与项目”。与此同时，即便在2010年基线调查时，所有营林施工尚未开展，选择D“我不知道”

的林农也并不多。这揭示了两点：一是项目设计符合社区群众的普遍需求；二是参与式工作方法在项目中得到了贯彻执行，群众的宣传动员工作开展较好。2017年选择A的比例比2014年有所下降，这与本次访谈距项目实施和受益时间已久，农户的思想也经历了过滤和沉淀有关。详见表5-5。

表5-5　2010—2017年森林经营参与度分析表

年度	A	B	C	D
	我是积极主动要求参加的	我是随大流，我不知道具体有什么利益，但是也不想错过机会	我本来没兴趣，但别人让我参加项目	我不知道
2010林农	51%	27%	1%	21%
2012林农	58%	22%	1%	20%
2014林农	62%	23%	4%	11%
2017林农	49%	36%	4%	10%

问题4：当时你最看重项目宣传的哪些好处？（可多选）

各年度访谈中，受访者选择最多的是C、D、F、G。这与项目的设计假设相符合，也反映在规划和实施过程中，项目的主要政策被透明公开地传达到了农户一方。很少有农户选择A、B和E，农户最关心的是现实的收益，不确定能带来收入增加方面通常不在他们考虑之列。2012年选择F的农户比2010年少，其主要原因是，项目早期实施的主要活动为间伐2，与农户的预期相比，该措施对于林分发育的促进作用并不明显；后期选择F的农户与2012年比连续增加，至2017年达到42%，主要是由于中幼林抚育、间伐1逐渐展开，农户看到这些措施实施后，林分质量有了明显的提高，他们对自家山林未来的期望也不断提高，甚至超过项目早期宣传时的水平。2012年与其他年份相比，选择C和D的农户更多，当时项目实施正在样点村陆续展开，群众看到了项目的实际行动，对于项目能够带来的木材收益和投工机会期望较高。后期由于项目的实施形式主要是森林经营单位组织的专业施工队和木材老板自带的工程队为主，农户对于C和D的感知回落到了实际水平。2014和2017年选择G的农户比往年减少，其原因为：农户意识到项目的造林份额、采伐工具、基础设施预算有限，与他们此前的期望水平存在差距。但总体上，他们对项目以示范可持续森林经营为主、以提供物质材料为辅的设计理念是接受的。详见表5-6。

表5-6　2010—2017年森林经营意识形态分析表

年度	A	B	C	D	E	F	G	H	I
	能学到知识和技术	能改善村庄的生态环境	有采伐指标，采伐的林木可卖钱	有劳务补贴，出工投劳能挣工钱	将来林子里可能有蘑菇、野菜、药材	林子越经营越好，可以留给子孙	项目提供免费的种苗、采伐工具和林区道路	其他方面，详细说明：	我不知道
2010	13%	12%	52%	37%	6%	25%	39%	2%	21%
2012	4%	6%	71%	65%	4%	10%	23%	2%	18%
2014	4%	5%	52%	19%	2%	31%	8%	1%	21%
2017	6%	5%	48%	30%	2%	42%	14%	1%	16%

问题5：截至现在你从项目中获得了多少劳务补贴和工钱？

项目在实施组织形式方面，各个森林经营单位有所不同。间伐2方面，大部分森林经营单位实行买方全包价购买活立木（按出材方数计算）的形式，少数森林经营单位自行组织采伐、集材和销售；间伐1、抚育、人促、栽植方面，主要由森林经营单位内部组织施工队统一实施（有劳力的林农可以参加施工队），但也存在各户自行实施的情况。影响监测按是否出工投劳将参与项目的林农分为a、b两类。投劳林农（林农a）更多选择了B、C、D，而未投劳林农（林农b）无人选择D，表明前者获得了额外的劳务收入。买方全包或森林经营单位内部成立工程队的施工组织形式解决了当前农村外出打工普遍、劳动力缺乏的问题，保障了营林活动的顺利实施。未投劳林农也有机会获得小于15厘米林木采伐的一部分补助（如大方县的龙场村第一森林经营单位），因此有一部分未投劳林农也选择了B、C。一部分实施间伐2的受访者反映小于15厘米林木的采伐补助未领到，他们对这部分补贴款的去向安排抱有疑问。调查显示，间伐2林分内小于15厘米的采伐木并不多，森林经营单位通常将其补贴给了买方自带的施工队。森林经营单位代表方面很少选择A，较多选择了C，森林经营单位代表们作为散户林农的带头人，他们前期协助县项目办制定森林经营方案，并承担了林木选择和标记工作，施工过程中的组织、协调，以及森林经营单位的日常管理和护林工作，项目也为其提供了误工补偿。2017年访谈显示，161户受访者中，98户投劳林农和3户雇工通过参加项目活动出工投劳或者参加木材买方的采伐队，共获得劳务补助/工钱598180元，户均5398元。其中森林经营单位代表28户，共获得456600元，户均16307元。普通投劳林农及雇工73户，共获得141580元，户均1705元。考虑到森林经营单位代表的受益以项目直接提供的误工补偿和管理费用为主，普通林农户均1705元的增收数据更具有广泛代表性。详见表5-7。

表5-7　2010年—2017年森林经营劳务补贴分析表

年度	A	B	C	D	E
	没有	有一点	比较多	非常多	我不知道
2010林农	100%				
2017林农	34%	35%	24%	4%	3%
2017林农a	10%	48%	32%	6%	4%
2017林农b	95%	3%	2%		
2017森林经营单位	3%	34%	53%	10%	

问题6：截至现在你从项目中获得了多少免费的材料/工具/基建？

总体上，大多数林农选择了A，原因为：一是项目采伐工具预算有限，主要提供给森林经营单位集体用于工人培训，并不针对个户；二是间伐2主要由买方集中进行木材的采运。约一半群众选择了B、C、D，这种情况下，要么是项目为他们修建了林区道路或者实施了新造林，尤其是修路方面被认为是项目最大的好处。但是只有10%的人选择了D，原因是林道只修通了一小部分山头地块，与群众的期望仍有很大差距（受访者对问题B的回答也从侧面验证了这一点）。详见表5-8。

表5-8　2010—2017年森林经营材料工具分析表

年度	A	B	C	D	E
	没有	有一点	比较多	非常多	我不知道
2010林农	100%				
2012林农	75%	14%	3%	5%	3%
2014林农	59%	18%	11%	7%	5%
2017林农	53%	28%	8%	10%	1%

问题7：截至现在你从森林的经营利用方面获得了多少利益（木材和林副产品）?

本问题只考虑村民经营森林的获益情况。因此，2010年基线调查的答案被设定为100%，选择A。至2017年这一比例已经下降到了22%。这显示大部分群众的山林已经实施过间伐，他们从中得到了木材收益。间伐和抚育的实施也能提供一定的烧柴，但目前项目区采集烧柴的情况已经很少，大多数农户家庭的能源以电和煤为主。2017年仍然很少农户选择D，因为项目区并非传统林区，群众户均山林面积小，森林质量一般，林业在农户家庭经济中的重要性不强；另一方面，各县区在选择项目村时，对于山林大户的纳入比较谨慎，很好地贯彻了“以散户林农为主体进行森林合作经营”的项目宗旨。未投劳林农更多选择C和D，他们比投劳林农获得了更多的木材销售收益。这主要是由于未投劳林农参加的主要是间伐2（由买方施工队实施），间伐材径级较大，能带来较高的木材销售收入；而投劳林农参加的主要是间伐1和抚育等其他措施。2017年访谈结果显示，161户受访者中，有136户参与项目，89户产生了木材销售收入，占总参与户数的65%；其中扣除山林面积较大而不具代表性的4个农户，其余85户共获得木材销售收入245885元，个户受益金额视其林地资源、面积、道路情况不等，介于50～20000元不等，户均受益2892元。详见表5-9。

表5-9 2010—2017年森林经营木材和林副产品等获益情况分析表

年度	A	B	C	D	E
	没有	有一点	比较多	非常多	我不知道
2010林农	100%				
2012林农	42%	27%	26%	1%	4%
2014林农	29%	45%	19%	5%	2%
2017林农	22%	44%	27%	4%	2%
2017林农a	25%	44%	25%	3%	3%
2017林农b	16%	45%	34%	5%	

问题8：你认为将来能从森林中获得多少木材和林副产品?

总体上，各年度访谈的数据相比，选择C和D的林农越来越多，选择A和B的林农越来越少。随着项目实施与深入开展，林农们对这些营林措施的认同度不断提高，权属感以及对山林未来的收益信心均得到增强。选择E的林农对未来能否得到采伐指标以及木材的市场价值缺乏信心。他们选择E的数量经历了下降—回升的过程，这也与项目的实施期相吻合，即2010年观望—2012年受益—2014至2017年忧虑的阶段。由于农户的山林经营活动必须纳入国家的采伐限额管理和林业行政管理体系，这样的忧虑是正常的。选择A和B的农户主要是基于下面的考虑：①部分农户林地面积较小；②部分农户地块中以阔叶树为主，目前基本无市场价值；③部分农户地块以石山为主，没有生产力；④部分农户山林偏远路不通，认为将来即使采伐了也很难运出去，运出去了也划不来。详见表5-10。

表5-10　2010—2017年森林经营将来木材和林副产品等获益情况分析表

年度	A	B	C	D	E
	没有	有一点	比较多	非常多	我不知道
2010林农	1%	30%	29%	18%	22%
2012林农	6%	17%	41%	23%	13%
2014林农	2%	9%	43%	29%	17%
2017林农	5%	0%	45%	26%	24%

问题9：你最喜欢哪类森林产品？

各年度的访谈结果均显示，绝大多数农户选择A，农户对于不同规格木材的市场价值很熟悉。在权属稳定、生计无忧的情况下，农户的经营目标与项目倡导的理念并无不同。此外，部分群众表示，高大粗壮的林木抗风雪、凝冻灾害的能力强。选择E的农户表示，理论上大径材固然好，但他们对未来能否方便地获得采伐指标并无信心，并且由于林区道路不畅，树太大了可能也运不出去，更为实际的想法是“啥时有机会砍并且有市场价值，就啥时砍”。小径材方面，过去几年间，大方、黔西和百里杜鹃的生态家园建设催生了小径材市场，杉木和柳杉的小径材可以卖到平均10元/根，给林农们带来了非常可观的收入。这也是2014年一些农户选择了B的原因。此外，上述三县柳杉较多，柳杉大径材的价值较杉木存在相当大的悬殊，似乎更适合培育中小径材，部分选择B和E的农户也是基于这一考虑。详见表5-11。

表5-11　2010—2017年森林经营喜欢产品情况分析表

年度	A	B	C	D	E
	大径材	小径材	薪柴及林副产品	生态休闲服务	我不知道
2010	84%	3%	1%	5%	7%
2012	80%	5%	6%	2%	7%
2014	73%	10%	2%	2%	13%
2017	71%	5%	6%	8%	10%

问题10：你在森林经营活动中花费了多少时间？

2010年项目尚未实施，但村民平时仍在山林中花费了一些时间，原因为：一是经常去林地查看，防火防盗；二是对幼树进行修枝（传统模式）；三是采集薪柴。项目实施之后，群众花费的时间虽然增多，但是增量并不突出，原因是营林活动大多由施工队承担，部分林农并未亲自投工。一部分未投劳林农也选择了C，他们在采伐期间需要上山监督采伐、集材、检尺等，而投劳林农除上述活动外，还参与实施了一些间伐1、抚育、栽植、除草等工作。对比普通林农，森林经营单位代表们付出的规划、施工组织、协调、监督以及日常管理的劳动更多。因此，项目设计中为其提供额外的补助是必要和正确的。详见表5-12。

表5-12　2010—2017年森林经营花费时间分析表

年度	A	B	C	D
	不多	比较多	非常多	记不得了
2010	68%	27%	4%	1%
2017	57%	27%	14%	1%
2017林农a	41%	36%	22%	1%
2017林农b	79%	16%	3%	3%
2017森林经营单位	7%	50%	43%	

问题11：在参与森林经营时，你学到了多少知识和技能？

项目实施之后，选择A的林农减少，选择C、D的增加，这表明，林农们学到的知识比2010年项目宣传阶段明显增多。更多的投劳林农选择了B、C、D，他们通过参加营林实践，比未投劳林农学到了更多的知识和技能。森林经营单位代表们学到的知识比林农的平均水平高出很多。大部分森林经营单位代表已掌握可持续经营的理念和原则，以及选树、标树、采伐、栽植、抚育、除草等相关技能。在项目实施过程中，有的森林经营单位代表学会了熟练使用地形图，甚至能够勾图。有时，隔壁村的森林经营单位也会邀请他们去为新成立的施工队进行培训。详见表5-13。

表5-13　2010—2017年森林经营学习技能知识分析表

年度	A	B	C	D	E
	没有	有一点	比较多	非常多	我不知道
2010林农	54%	35%	5%	1%	5%
2017林农	47%	27%	13%	7%	7%
2017林农a	39%	30%	16%	8%	7%
2017林农b	68%	21%	3%	3%	5%
2010森林经营单位	11%	78%	11%		
2017森林经营单位	7%	25%	39%	25%	4%

问题12：孩子们对林业和森林可持续经营方法感兴趣吗？

本问题针对村庄中10～15岁的孩子。2010年项目尚未实施，只是进行了一些会议宣传，很多孩子对项目并不知情，因此受访者大多明确选择了A。2017年选择A的减少，选择C、D的均有增加，这显示，通过项目的深入实施，受访者认为孩子们受到了一定的项目影响。但是总体上，孩子们由于大多在外读书，受项目影响较为有限，或者受访者对他们受影响的程度并不确定。大部分受访者表示，关于项目和营林活动，孩子们虽然也时常向大人们问起，但他们的兴趣只停留在“森林经营可以带来家庭收入”“注意森林防火防盗”这一点，他们对森林经营的理念和方法总体上并不感兴趣。然而在一些以间伐1和抚育为主的村（如金沙、大方），孩子们在周末或假期时也参加了劳动，他们对森林经营理念有了一定的了解，因此一部分受访者选择了C。详见表5-14。

表5-14 2010—2017年森林经营对孩子影响分析表

年度	A	B	C	D
	没兴趣	一般	很感兴趣	我不知道
2010	62%	22%	4%	12%
2017	37%	22%	17%	23%

问题13：为搞好森林经营，你目前最大的一项困难是什么？

项目实施前后，选择B、F的受访农户总数变化不大。B采伐指标一直是此前农户进行森林经营最大的政策障碍，虽然项目为本次森林经营统一办理了采伐指标，但他们对于项目结束后是否有采伐指标仍然信心不足。而最大的制约是F林区道路，无论是项目实施前，还是实施过程中，通路和不通路带给群众截然不同的木材收入，山林是否通路一直是农户的主要忧虑。如果自家山林已经由项目协助修通了林道，受访者选B采伐指标的情况更多。选择A的农户比2010年减少，项目示范了较完备的营林技术体系，而在森林经营单位的组织模式下，林农们可以联合经营、分户受益，他们已不需要在营林技术方面担心。选择H的农户并未减少，虽然项目引入的专业队施工模式较好地解决了劳动力问题，但由于项目实施过程中投劳林农比未投劳林农获得的收益高出很多，加之村内年轻人普遍外出，年纪大的林农为自家山林未来的管理、决策和受益而担心。选择I的农户增多，这部分农户的山林面积太小，或者山林以灌木和阔叶树为主。看到其他农户的山林通过项目实施，已经发挥了较大的经济效益，他们越发为自家缺乏森林资源感到遗憾。详见表5-15。

表5-15 2010—2017年森林经营困难情况分析表

年度	A	B	C	D	E	F	G	H	I
	技术	采伐指标及办证	市场信息	林业税费	运输车辆	林区道路	带头人	劳力	我不知道
2010林农	18%	16%	3%		1%	33%	5%	18%	5%
2017林农	6%	21%	3%	1%	1%	28%	9%	18%	14%

问题14：总体上看，成立森林经营单位对于搞好森林经营有必要吗？

大多数林农选择A，没有林农选择D。农户对于森林经营单位“带头人”的角色认识较充分，“可使林子慢慢进入规范化管理”。在目前的林业政策以及农户忙于打工和生计的背景，森林经营单位的角色是不可替代的。选择B、C、E的农户对于森林经营单位是否全心全意为群众秉公办事，是否截留项目资金仍有一定怀疑。2010～2014年正值项目实施期间，一些受访者处于观察体会阶段，对各个选项尚不确定，2017年营林活动实施完毕，受访者心中有了明确答案，选择E的农户显著减少。与投劳林农相比，未投劳林农选择了更多的B和C。他们在实施间伐2的过程中，有时对森林经营单位与买方谈定的木材销售价格并不满意，或者对一些森林经营单位提取的管理费并不满意。一部分森林经营单位的木材买方由政府招投标程序直接确定，这种情况下森林经营单位未能协助农户获得更高的木材销售价格，农户因此对森林经营单位有些失望。详见表5-16。

表5-16　2010—2017年森林经营成立经营单位必要性情况分析表

年度	A	B	C	D	E
	很有必要	或许有吧	没必要	制造麻烦	我不知道
2010林农	71%	16%	2%		10%
2012林农	65%	13%	7%	1%	14%
2014林农	63%	13%	2%		21%
2017林农	76%	8%	10%		6%
2017林农a	80%	7%	7%		6%
2017林农b	68%	11%	16%		5%

问题15：目前你们自己的森林经营单位运行得如何？

总体上，选择A和B的受访者连年增加，2017年两者相加占79%，同时选择C的明显减少，这表明，随着项目实施工作的逐渐展开，越来越多的森林经营单位发挥了应有的职能，得到了群众的肯定。选项E方面，除了第14题分析趋势和原因外，未投劳林农比投劳林农选择更多E的另一个因素是他们参加森林经营活动的程度不高，因此对森林经营单位的运行情况不是特别了解。森林经营单位代表选择了较多的A，但他们对自身的评价也并非完全满意，有50%的森林经营单位代表选择了B和E。原因包括：一是小部分营林活动的实施未能通过项目的验收（主要以间伐2和栽植为主）；二是村内一部分群众的山林未能纳入实施，或者本来就未纳入森林经营方案，群众对森林经营单位有意见，代表们因此感觉负有责任；三是相比实施的组织管理，森林经营单位在木材销售方面为群众贡献较少；四是少数森林经营单位内部管理并不完全民主和透明，普通代表对村领导有些许不满。详见表5-17。

表5-17　2010—2017年森林经营单位运行情况分析表

年度	A	B	C	D	E	F
	很成功	还可以	没什么作用	制造麻烦	我不知道	我不想评价
2010林农	9%	39%	24%		28%	1%
2012林农	18%	52%	5%	1%	19%	4%
2014林农	27%	41%	3%		24%	4%
2017林农	32%	47%	4%		13%	4%
2017林农a	34%	49%	3%		11%	3%
2017林农b	26%	42%	8%		18%	5%
2017森林经营单位	50%	46%			4%	

问题16：你对你们的森林经营方案满意吗?

森林经营单位代表们选择A比林农总体高出很多，显示他们对森林经营方案的了解程度较高。但总体上，林农对森林经营方案知之甚少，而未出工的林农对森林经营方案的了解更少。访谈中发现，一些群众并不确定森林经营方案和森林经营单位的长期角色，他们把项目理解成为村里组织大家采伐销售林木的一个短期行为。森林经营单位代表们比林农总体选择了更多的A。经过前期的项目实施，森林经营单位代表们学到了很多项目的理念和技术，他们对经营森林方案也有了自己的判断，认为有的森林经营方案和小班的区划和模型的适用方面仍可改善。一部分森林经营单位代表由于中途外出打工，参加项目的实施管理工作有中断，对森林经营方案内容的记忆并不清晰。详见表5-18。

表5-18　2010—2017年森林经营方案满意度分析表

年度	A	B	C	D	E
	很满意	还可以	不太满意	强烈反对	我不知道
2010林农	21%	11%			68%
2012林农	28%	19%	2%		51%
2014林农	14%	16%	1%		70%
2017林农	14%	7%			79%
2017森林经营单位	43%	14%			43%

问题17：总体上看，搞好森林经营有好处吗？

a）在收入和生活水平方面？

虽然问题17是衡量农户对于森林经营的总体认识，但农户更愿意结合项目，结合自身的实际回答这三个问题。对于问题a），各年度访谈结果与2010年基线调查时总体趋势相同，并且各个受访群体之间差别不大。多数农户选择了C而不是D，并且一部分农户选择了B，原因如下：一是农户认为森林经营对于收入方面的帮助长远看是大，从项目期看是一般，因为大的不能砍很多，并且林业的周期较慢；二是有些农户山林面积不大，认为经济上的帮助有限；三是有些农户山林以石山灌木林地为主，没有生产力；四是有些村民组由集体经营，采伐获得的木材收益一般用于集体公益，未分配到户；五是有些农户山林过于偏远，木材运不出去，或者能够运出去但集材成本较高，收入有限。选择B的受访者数量在项目实施期间较少，但2017年有较大增加。原因是：此前的访谈中，受益较少的农户因为确实有收益而选择了C，随着物价连年上涨，此前获得的少量收入按目前的物价看来越发微不足道，并且他们对未来能否再有采伐机会并不乐观。详见表5-19。

表5-19　2010—2017年森林经营在收入和生活水平方面是否有益情况分析表

年度	A	B	C	D	E
	没好处	没影响	有益	非常有益	我不知道
2010	1%	4%	54%	29%	12%
2012	1%	3%	66%	25%	5%
2014	2%	5%	68%	20%	4%
2017	1%	19%	53%	20%	7%

b）在生态环境方面？

此问题的重点是邀请受访者评价森林经营对空气、土壤、水源三个方面的影响。各年度数据综合来看，多数农户选择了C和D，这些答案更多来自于以栽植、抚育、间伐1、自然恢复为主的森林经营单位。有的受访者认为将来的林子是大径材为主，水源涵养功能更强；有的则坚持把自己的判断基于个人心情，“砍过的林子里面空气流通了，看着也感觉舒服多了”。与此同时，受访者一致认为森林经营会对林子的管护（防火防盗）有很大帮助，因而必然有利于生态环境。2017年访谈问卷中增加了一个问题："近年来森林管护情况是否变好了？"161户受访农户中，共92户选择A"变好了"，占57%；67户（42%）选择B"没变化"；2户选择D"不知道"；但没有农户选择C"变差了"。选择A的农户表示近年来火灾和盗伐均有减少，虽然林业部门总体上加强了森林保护工作也是一个重要因素，但大部分受访者认为与项目的实施直接相关。有农户甚至表示，"早实施项目的话，村里会少很多光头山"。但是，与基线调查时的期望相比，后续调查选择D的比例下降较多。在以间伐2为主的森林经营单位，一些受访者看到个别林分存在过采的情况，个别林分在间伐后遭遇了风雪灾害，林木出现倒伏，认为有可能会破坏林内已有的水源，或者造成水土流失。但是他们作为采伐的经济利益相关者，更愿意将选择转移到B，认为这些负面影响随着林分的恢复会慢慢消失，或者采伐的破坏和建设作用是能够相抵的。详见表5-20。

表5-20　2010—2017年森林经营在生态环境影响方面情况分析表

年度	A	B	C	D	E
	没好处	没影响	有益	非常有益	我不知道
2010	2%	5%	47%	34%	13%
2012	3%	12%	49%	17%	20%
2014	2%	37%	31%	17%	13%
2017		29%	42%	13%	16%

c）在森林质量方面？

绝大多数农户选择C和D，认为经营活动对森林质量的提高有帮助。他们表示"能够去掉病虫害木""把小的密的修掉一部分，树才长得大"。但是选D的受访者比例未占半数，因为大多数农户不喜欢阔叶树，他们希望"修掉更多的桦木、青杠、枫香、白杨等杂木，留下松和杉"。森林经营单位代表比普通农户选择了更多的D，并且这一比例连年增加，主要原因：一是他们对针阔混交林的认识与普通农户有一定区别，对阔叶树有欣赏的一面；二是随着抚育和间伐1活动的更多开展，林分结构提升明显，森林经营单位代表们对未来的林分质量越来越有信心。详见表5-21。

表5-21 2010—2017年森林经营在森林质量影响方面分析表

年度	A	B	C	D	E
	没好处	没影响	有益	非常有益	我不知道
2010		1%	51%	38%	10%
2012	2%	4%	53%	32%	9%
2014	2%	10%	50%	31%	6%
2017	1%	3%	44%	44%	8%
2012森林经营单位		6%	34%	57%	3%
2014森林经营单位		4%	29%	67%	
2017森林经营单位			25%	75%	
2017森林经营单位			25%	75%	

问题18：妇女的工作量由于森林经营活动发生变化了吗？

绝大多数的农户选择A和B，总体上项目的实施对妇女造成的负担并不重，采伐和集材等重体力劳动要么由男人出工，要么由买方自带的施工队承担；抚育、栽植、除草方面，有劳力的农户（包括妇女）自愿参加森林经营单位组织的施工队，没劳动力、生计忙的农户可以选择不参加。抚育和间伐1的补助标准在2012年得到了提升，使得森林经营单位能够以市场价格雇佣施工队员，这也是项目能够避免加重农户家庭劳动负担（包括妇女）的关键因素。详见表5-22。

表5-22 2010—2017年森林经营中妇女工作量变化分析表

年度	A	B	C	D
	没变化	增加一点	增加较多	我不知道
2010	55%	38%	3%	5%
2012	44%	38%	6%	12%
2014	54%	27%	7%	13%
2017	36%	44%	11%	9%

问题19：妇女个人从森林经营活动中得到好处了吗？

总体上，与2010年基线调查时相比，后续调查中较多受访者选择了C和D，项目的实施给妇女带来了好处。总体上，虽然男女社会分工不同，但妇女的社会地位是较高的，大多数家庭实行民主管理，妇女管钱多一些，男人决策多一些。因此，访谈者普遍表示，家庭收入的提高就是对妇女的好处。妇女可以买些油盐酱醋、家庭日常用品，操持家务更轻松，也可以给孩子买些衣服、零食等。此外，采伐产生了大量的烧柴，在目前仍有烧柴需求的村，一些受访者认为这对妇女而言是一个很大的好处。以往是妇女独自上山一边找一边砍，连砍带背；现在只是去林子里很方便地捡一些采伐剩余物背回来，采集烧柴花费的时间明显减少。有一部分家庭在采伐之后囤积了大量烧柴，几年之内已经不需要再外出采集。选择E的受访者主要来自于未参与户和部分男性受访者。详见表5-23。

表5-23　2010—2017年妇女从森林经营活动中是否得到好处分析表

年度	A	B	C	D	E	F
	完全相反	没有影响	一点好处	较多好处	我不知道	我不想评价
2010	1%	43%	30%	4%	22%	
2012	2%	6%	53%	20%	19%	1%
2014	1%	16%	52%	19%	12%	
2017		12%	60%	17%	11%	1%

问题20：你觉得参与森林经营活动在哪些方面改变了你的生活？（开放式问题）

总体上，项目的实施对群众生活的影响涵盖三个方面：一是项目实施期间，人比原来忙一些，但是忙碌是暂时的，实施过后已恢复正常；二是农户的家庭经济收入或多或少有了一些变化，生活水平有了一定提高；三是很多农户表示思想上有变化，他们进一步确信自己对山林的经营权和收益权，对今后长期的森林经营收入有了期望。森林经营单位代表普遍表示自己比以前忙很多，对森林经营的责任感和使命感也相应增强，也对未来有了更多想法和抱负。受访者对问题的回答概括如下。日常生活方面：油盐酱醋、肉类、水果可以满足，生活水平有改善，可以买煤冬季取暖用，给大人小孩买了新衣服；本村水田少，米不够吃，有钱了可以买更好吃的米；外出赶场多了，见了世面，买了家用电器（群众提到的有电冰箱、电视机、电饭煲、电磁炉），捡了一些烧柴。生产方面：项目修的路除了运输木材之外，也通到了农地，运东西进出地里现在用车，干农活方便多了，人也干净多了；买了农具（旋耕机、拌筒），农业投入时间减少；买了更多肥料，农业有增产。社区或家庭方面：人情随礼不用借钱了，档次也提高了，在人前有面子；不用出远门，在村内做工，有收入，又能照顾家人、做农活；本人在村里威望高了（森林经营单位代表）。孩子教育方面：给小孩买更好的奶粉；孩子上学的生活费标准提高了，孩子在学校吃得更好了；孩子上学可以坐车，不用走路了；给孩子买衣服、学习用品、零食；供孩子继续上学念完了高中，减少了辍学打工的现象。建设方面：补贴建房；装修了房子；修水塘等。能力方面：学到了一些知识和技术，务林致富的自信心增强；认识了更多（林业上的）人，掌握了更多信息（市场行情、政策），思路更宽了，今后可以去找他们争取项目。思想意识方面：权属感增强，有收入，对林子也就有了想法，对林子更在意了；有盼头了，以前林子不能卖，一点收入都没有，现在终于有了收入，今后肯定还会有；以山养老的思路发生了改变，不用剃光头，可以慢慢砍。启发方面：间伐看来要适度，不砍不行，砍狠了也不好，水土保持功能受影响；村里搞过经营的树木长势好多了，对未来林业发展有信心；自家山林长势不好，通过项目实施后看出来了，石头山不适合培养木材，以后打算搞林下养殖。特别的回答：中华人民共和国成立以来普通群众第一次在山林上见效益，项目提供合法的采伐指标，木材销售价比以前卖黑材时高多了；还了一些贷款；进城看病，买药；给儿子娶媳妇操办婚礼；打牌、娱乐，生活更丰富了；山林是组集体的，木材款没下发，组里统一修了一个水池，大家用水更方便了。少量负面反馈：有些木材老板砍大的，砍出了林窗，这种做法不好。

问题21：你对项目有哪些意见/建议？（开放式问题）

以下归纳了本次访谈中农户提出的意见和建议，按出现频率排序。正面评价（大多数）：一是没意见，项目很好；二是好项目，只可惜就要结束了；三是项目群众工作做得很好，村民满意；四是你们定期回访我们，做得很到位了，以后常来做客。负面评价（少数）：一是项目是个好项目，但为什么我没参加上；二是我家山林规划上了，但最终没得到实施，你们说得比唱得还好听；三是我没参加上，说啥也是白说；四是项目当初宣传的一些好处没有兑现（修路、幼树间伐补助）；五是政府招投标确定的木材老板给我们的木材收购价太低，群众吃亏了。希望和要求：一是延长项目实施期限，定期实施间伐，继续给我们采伐指标和补助；二是有一部分山林实施到一半，上面要求停工了，项

梁伟忠在黔西县与农户进行社会经济影响调查

目应该把这部分实施完再结束；三是多给我们提供类似项目，间伐这个模式很好；四是希望项目能一直持续下去，以后如果年轻人在外面不好打工了，回来还能有事做；五是把路修通，今后我们卖木材才能有收益；六是实施后有一些林窗，给我们提供一些松、杉苗补种上。

问题22：你感觉你们的森林经营单位能持续运行下去吗？为什么？（2017年新增问题）

总体上看，受访者对森林经营单位的可持续性并不乐观，选择A的农户仅占25%，并且其中一部分包含了主观上的良好愿望。他们表示："森林经营单位为群众服务工作搞得很好，不持续下去可惜了""如果森林经营单位解散，林子管理会出问题，所以必须要持续""这些带头人家里山林面积都比较大，他们为自己的利益也会继续带头搞下去""森林经营单位是村委会牵头的，村委会应该会把这个事搞下去"。23%的农户明确选择了B，他们之中，一部分人对森林经营单位代表们不满意："换代表就有可能持续，但项目都结束了，没机会换了"；一部分人认为森林经营单位代表今后不可能免费为群众操心服务，但是让群众出钱给他们误工补偿不太现实。16%的农户选择C，他们对森林经营单位代表满意，也相信他们会继续为群众操心带头，森林经营单位代表为大家服务的误工补偿他们也愿意出，但是担忧本村今后争取不到采伐指标了。他们表示，如果近几年内能有类似的国内项目下达到本村，则森林经营单位可以持续。与此同时，一部分森林经营单位代表们表示今后会向林业局争取类似项目和采伐指标。36%的农户选择D，他们表示，自己对管理层面上的事不关注或者没有能力估计，但主观上都希望山林能得到持续经营和管护，并为林农带来收益。详见表5-24。

表5-24　2017年森林经营单位运行前景分析表

年度	A	B	C	D
	能	不能	看情况	我不知道
2017	25%	23%	18%	34%

第三节　监测结论

总体上，项目影响监测的农户访谈是成功的。通过采集到的数据和信息，能够支持一些重要结论的归纳和分析，主要包括以下方面。

一、项目设计

项目的设计理念及项目政策总体上得到了村民们的普遍欢迎，极少有受访者在问卷中明确回答对项目不感兴趣。这证明项目设计是正确的、适合的。在大面积林农散户的山林亟须合理经营、但农户对自家山林缺乏自主经营权限及经营能力的情况下，本项目的实施具有重要的相关性和示范意义。由于农户通常都面临着眼前的生计困难，他们一般对远期的、不确定的收益并不看重，因此，项目设计的以劳务补助作为他们投劳的激励机制是必要的。2010年群众对劳务补助标准不满意，项目进行了政策调整，包括提高抚育补助单价、增加造林后的除草次数。从后续的访谈情况来看，农户对劳务补贴的标准是基本满意的，这也是抚育、人促、造林能够顺利实施的直接原因。项目的总体实施进度也因此取得了重大进展。

二、工作质量

总体上，参与式工作方法在项目村、组得到了贯彻执行，群众对森林经营单位的工作表示了充分肯定，这通过他们对农户访谈组的友好态度，以及对项目行将结束深表惋惜可见一斑。但是在个别村组，森林经营单位前期与群众沟通宣传不够，导致群众整体参与度不高，甚至出现群众阻挠施工现象。有的群众前期未参加项目，后期对森林经营单位存在抱怨情绪，这看似是群众自身的问题，实际上也反映我们前期的沟通宣传存在不足。在少数森林经营单位，群众在项目实施过程中对森林经营单位代表有一定意见和怀疑，他们询问（间伐2模式中的）小于15厘米林木的采伐补贴，以及自然恢复补贴的去向。大多时候，小于15厘米林木的采伐补贴已用于补贴买方的采伐成本，自然恢复补贴用于整体统筹管护，但群众对这一安排并不了解，这显示部分森林经营单位与群众的沟通仍有不尽完善之处。森林经营单位较好履行了自身职责，在协助规划、群众协调、施工组织、采伐监督、收益分配、森林管护方面发挥了重要作用，这也是项目得以成功实施的关键。不足之处为：一是少数以间伐2为主的森林经营单位在采伐监督及伐后管理方面存在缺陷，导致该模式总体上实施质量不高；二是并非所有森林经营单位在协助群众进行木材销售方面做出了积极贡献。但这方面存在下列客观原因：木材营销并未作为森林经营单位的必要履职指标得到强调；一些地区在项目实施期间木材市场较兴旺，不需要森林经营单位为农户统一联系木材销售；并非所有森林经营单位均获得了木材营销的相关权限，例如，有的森林经营单位，采伐和销售工作由政府招投标程序统一引入木材购买商开展。

贵州省中德项目监测中心工程师李小勇在金沙县五关街道五关村与农户进行
社会经济影响调查

森林经营方案未充分与群众见面。大多数农户了解第一期经营活动中不同山头地块的具体实施安排，但是对今后几年的经营活动安排并不了解，甚至从未听说。森林经营方案是项目与群众沟通的工具，它可以帮助项目取得农户的信任，促进林农们达成共识。同时，森林经营方案提供的是中长期的森林经营安排，这与传统林业项目一次性的实施方案截然不同。作为项目核心理念的载体，森林经营方案是否得到了广泛理解和支持，也是森林经营单位可持续发展的关键因素之一。在今后类似的项目工作中，仍需加大宣传沟通力度。

三、生态影响

项目的生态影响并非本社会经济影响监测的重点考察方面，但通过农户访谈中的反馈，仍然能够得到一定的侧面结论。访谈者谈到了如下方面：通过实施林分改造和栽植活动，项目区内的火烧迹地得到绿化，残次林、矮林得到改造，林地的生态及经济价值得到了提高；通过实施抚育和间伐活动，调整了林分密度、混交结构及稳定性，群众对经营后的林木长势和林分健康状况总体满意。通过实施一般性保护和自然恢复，促进了山林的管护，火灾和盗伐现象减少，受灾林分得到休养生息，林农的森林保护意识普遍增强。林区道路建设在方便木材采运的同时，也方便了森林防火及管护工作，为项目区生态保护做出了一定贡献。

四、社会经济影响

一是项目受益群体较广，林农增收显著。以2017年社会经济影响监测在13个样本村针对161个农户的访谈数据为例：项目实施期间，85%的农户的山林得到了经营，68%的农户通过出工投劳获得了劳务补贴，这方面除森林经营单位代表外，普通投劳农户户均增收1705元；52%的农户家的山林通过间伐产生了木材销售收入，户均增收2892元，促进了农户家庭生活水平的改善。由于大部分家庭受益金额有限，生活水平的提升仅限于对家庭日常生活的油盐酱醋、水果、肉类等生活必需品的综合贴补。受益较多的家庭能够购买一些家用电器，修缮或装修房屋，甚至购买交通工具。森林经营收入也使得妇女能够购买更多的衣服和化妆品，出门赶场更多，可以开阔眼界，并让孩子们得到了更多的零食、玩具和零用钱。对项目区农村贫困家庭帮助较大。项目的劳务及木材销售收入使得贫困家庭能够购买更多的肥料及农具，促进了农业的增产增收；或者支持家庭成员进城看病，健康状况有所改善。对于这些家庭，由于森林经营收入对孩子上学的伙食费、学杂费、交通费有所帮助，项目甚至在一定程度上增加了孩子接受更高层次教育的机会。二是项目促进了农村生产生活条件的改善。项目资助修建的林区便道除了方便营林施工、木材采运以及护林防火之外，也连通了一部分村庄和农地，农户的生产条件、工效甚至个人卫生条件因此得到显著改善，受益群众也对项目心怀感激。促进了农村在家劳动力、半劳动力的增收。在所有项目村，均有一部分劳动力因为需要照顾家庭，无法外出打工，其中以女性居多；还有一部分劳动力年龄较大，身体不再强壮，在外面无法获得打工机会。森林经营单位实施的森林经营活动为他们提供了在村内打工的机会，这部分家庭的收入情况因此得到了提升。三是项目促进了村庄民主治理，群众参与意识增强。项目通过执行参与式规划和实施方法，尊重农户的知情权、参与权和决策权，保障森林经营单位运行的公开透明，并全面推行了公示制度。参与式工作方法促进了村民之间的互助合作，也增强了村民的参政议政意识，村庄民主监督水平得到了提升。农户山林权属感增强，思想得到启发。过去由于得不到采伐指标，加之山林偏远或盗伐严重，部分农户长期以来得不到木材销售收入。项目实施后，群众对林业收入有了盼头，权属感增强，对山林更加关心，对未来发展林业经济有了信心和思路。四是项目促进农户对可持续森林经营理念的理解。人工更新及中幼林阶段明显，近熟林有限。项目实施的营林活动涵盖更新阶段、中幼林和近熟林阶段。其中，火烧迹地造林、退化矮林改造、新造林除草、幼林抚育、中龄林间伐1的实施效果较好，林分质量提升显著，群众对于森林经营的必要性认识深刻，对于促进优质林木、调整林分密度、稳定林分结构的方式方法掌握较好。近熟林方面，由于农户传统的营林习惯以及短期经济利益对于木材买方和农户的诱惑，总体上实施质量一般，项目提倡的目标树培育及基因选优的理念接受程度并不高。农户访谈中，农户对于近熟林间伐最常见的观点为“把大的砍掉后，小的自然能长起来”，也是上述结论的一个佐证。

五、行业影响

示范了可持续森林经营理念。中德财政合作贵州省森林可持续经营项目技术理念先进，经营模式灵活多样、因地制宜，涵盖整个轮伐期的各个林分发育阶段、各种森林类型。营林活动的实施促进了项目村集体森林资源质量的全方位提升，培训了当地的林业技术人员，也唤醒了广大林农群众的可持续经营认识。解决了小农户森林的经营管理难题。众所周知，大多数的森林资源在林农散户手中，但这部分森林却长期得不到合理有效的经营。一方面，农户的山林长期经受无序采伐或疏于管理，导致林分质量退化残次，生态功能降低，自然灾害风险加大；另一方面，地方林业部门虽然掌握大量的项目资源，但它们能够合作的对象仅限于公司、大户及合作社，原因是林业部门工作任务繁重、人手缺乏，并且由于缺乏适合并且有效的管理机制，与散农合作也存在较高的质量风险。项目在散户森林成功开展的森林经营示范，为将来的林业项目设计及实施拓宽了思路，积累了宝贵的管理经验。满足了广大林农散户对森林经营权和收益权的合理诉求。长期以来，林农散户的森林由于规模小，申请设计难、办证难、得不到商品材采伐许可，只能通过私下联系木材购买商（木材老板），以偷砍盗伐的形式进行采伐销售。双方合作过程中，农户由于缺乏合法手续，属于绝对的劣势方，销售价格往往过低；与此同时，由于缺乏技术约束，采伐以“拔大毛”为主，造成林分质量下降和基因退化。项目协助农户制定森林经营方案，提供采伐指标保障，并协助农户对木材产品进行公开议价和销售。项目使广大林农散户第一次以合法的身份得到商品材收入，这无论是从落实物权法的角度，还是从引导农户开展合理合法经营的角度，均具有重大意义。

六、可持续性分析

项目在不改变小农户森林权属的前提下，创建了森林经营单位，为真正意义上的森林经营合作社、林农协会提供了管理模式示范，积累了群众基础，也唤起了广大林农散户的合作经营意识。并且，项目在森林经营单位层面引导创建了的森林经营技术队伍，为今后的散户森林经营提供了技术力量储备及组织模式示范。为了示范和促进森林经营单位的可持续性，项目甚至在森林经营单位组织架构的基础上，支持创建了一批森林经营专业合作社。这些合作社以联户型为主，也包括个别股份制合作社。项目咨询专家组也为不同类型的合作社开发了符合小农户森林经营理念的专业合作社章程模板。上述合作社通过了工商注册、组织机构注册及税务登记，并开立了专门的机构账户。对于注册为合作社的森林经营单位，项目提供了会计记账、财务报表、税务申报方面的技术支持。项目补助资金也直接下拨到合作社的银行专户，这与普通森林经营单位下拨到村委会在乡政府中的账户或直接转账到森林经营单位代表私人账户的方式有所不同。与普通森林经营单位相比，专业合作社在可持续性方面的优势主要在于：一是明确了成员范围、组织机构属性以及管理人员的选举及罢免的长效机制；二是争取政府项目较为便利；三是能够从成员当前的营林收入中提取一部分公积金，用于维持合作社的长期运行。然而，项目森林经营单位和森林经营方案的可持续性总体上并不乐观。除一部分资源适合、管理优秀、群众基础好、领导班子能力强的森林经营单位之外，项目结束后，森林经营单位、合作社的存续高度依赖于今后政府项目的强化和投入。原因如下：采伐指标的未知性严重稀释了森林经营单位的权威性和森林经营方案的严肃性，这是影响森林经营单位、合作社可持续性的直接和关键因素，并且看来是现阶段很难解决的。一部分森林经营单位、专业合作社境内森林资源状况不佳，短期内很难产生可观的木材销售收入，因而不足以独立解决森林经营单位今后的运行经费问题。一部分专业合作社虽然创建规范、运行透明，但遗憾的是未能在引进木材购买方及销售议价方面发挥作用，也因此未能在项目实施期间获得支持合作社长期运行的经费提成。一部分森林经营单位、专业合作社带头人的公信力或能力不足，因而并未获得群众的真正认可。一部分专业合作社的创建在成员范围和业务范围上贪大求全，反而导致合作社群众基础不足，成员注册不全面，有沦为少数参与注册大户之间的私人合作社之嫌，并不能代表散户利益。未来，如果国内的森林经营项目能够向散户林区更多倾斜，并依托项目创建的森林经营单位组织实施，大多数森林经营单位仍然可以保持活力，其中一部分资源适合、群众基础好的森林经营单位甚至能够借机创建更多基于散户林农的森林经营专业合作社。

第四节　经验教训

一、参与式方法的应用是开展散户森林经营的前提

参与式工作贯穿整个散户森林经营规划及实施的整个过程，它直接决定森林经营单位和森林经营方案的群众基础，并通过散户参与度、营林质量、管护质量以及森林经营单位可持续性等方面充分显现。参与式工作开展得好的森林经营单位，群众满意度高，也拥护森林经营单位代表们未来继续带领大家搞好森林经营。即使在参与式方法执行不好的村，村支两委也从群众参与度、满意度、营林质量、管护质量之中总结了教训，认识到了参与式方法的重要性，明确了未来森林经营工作的方法和思路。

二、施工监督是实施质量和项目目标实现的关键

项目实施过程中，林业部门和森林经营单位必须对采伐过程进行充分的监督，对于委托给木材老板采伐和集材的组织形式尤其如此。幼林抚育和中龄林间伐由于成本考虑，容易出现施工不到位、林分结构得不到有效调节的情况；近熟林间伐由于老板的利益和农户

的短视考虑，容易出现砍大留小甚至滥伐现象。项目的目的是在不影响森林的生态价值的前提下，为林农带来长期的、可持续的森林经营收益，如果采取了错误的施工方式，引发的营林结果和示范效果、取得的生态影响及社会经济影响必然也会有所偏差，甚至与项目目标相反。

三、施工队伍有利于实施的质量、效率及可持续性

中德财政合作森林可持续经营项目活动的技术路线和操作方法与国内项目以及农户的传统营林习惯有很大的差异。因此，营林施工最好由森林经营单位组建专业施工队统一开展。组建专业队易于劳动力的集中培训、施工管理及监督，既解决了大部分林农缺乏劳动力的问题，也便于实施标准的规范统一，确保营林活动产生正确的结果。有劳动力的林农既可以通过参加专业队投劳挣工钱，又不需要承担项目验收失败的风险。项目在推广专业队实施的过程中，也总结了如下经验教训：一是不强迫农户必须接受专业队，但引导其最终选择专业队；二是专业队成员不宜来自于外村，容易引起村民的反感和抵触，并且，基于本村劳动力的专业队伍也有利于森林经营的可持续性。

四、通过政府招投标机制选择实施主体时，必须注意保护林农的利益

有的县区林业部门规定森林经营单位森林经营活动中的采伐、集材和销售统一通过政府招投标机制，以引进木材老板的方式进行。这种实施模式的出发点或许无可厚非，能够加强对木材购买商的控制，有利于森林安全，减少乱砍滥伐的发生。但是招投标的方式和结果不尽相同，其中一部分招投标的竞标条件中，以木材老板是否具备一定经济实力，能够缴纳足额的保证金，以便作为森林安全、工人安全的抵押，以及防止其拖欠农户木材款作为唯一的考量，忽视了对于农户收益权的保障。并且，招投标的结果是为某一森林经营单位指定了单一的木材老板，在这种情况下，木材老板拥有独家购买权和完全的定价权，农户得到的木材销售价格很低，想销售给其他购买商反而构成了对中标老板的侵权，这客观上导致了林农的收益降低。群众对此意见较大，有的群众嫌价格太低甚至拒绝实施。

五、森林经营单位带头人的选择对于项目实施的成败至关重要

森林经营单位带头人要具有公信力、责任心、技术能力、稳定性及政治影响力，上述要素几乎同等重要。群众的事无小事，并且营林施工及农户收益分配的协调和管

理过程中千头万绪，公信力和责任心是森林经营单位具备群众基础的前提。森林经营单位如果正确实施营林活动并向群众示范项目结果，带头人也必须具备理念和技术的理解和把握能力。散户林农的行动高度依赖于带头人，在森林经营合作的初期，带头人是否稳定也是维护群众信心的关键。政治影响力方面，带头人如果是村支两委的领导，其在村庄社区中的话语权以及信息渠道、对外联络等方面的优势可以促进森林经营单位的成功。项目建立的众多森林经营单位中，成功的案例居多，但不成功的也不在少数。有的因为带头人能力不足和缺乏政治影响力而失败；有的虽然由村支两委主要领导担任带头人，但他们长期事务繁忙，导致森林经营单位工作不细，群众并不满意；也有的带头人在村级换届连任失败之后心灰意冷，甚至外出打工，而新任领导不买账，导致森林经营单位名存实亡。或许，选择森林经营单位带头人最好的方式是二者相结合，即由具备公信力、责任心、技术能力、稳定性强的人员组成常务管理班子，由时任村领导自动担任森林经营单位主任，这样可以使森林经营单位保持长期稳定的结构和政治影响力。

六、森林经营单位带头人的付出和贡献必须得到充分的价值认可

森林经营单位带头人在项目实施过程中，需要投入大量的时间和精力，他们的辛勤付出必须得到项目的明确认可和补偿，这样他们才有长期的积极性，能够为项目无私工作，维护群众利益、维持森林经营单位管理的公开透明。为此，项目提供了森林经营单位日常管理费和成功实施森林经营活动的奖励，森林经营单位代表们在协助规划和实施组织过程中的误工补偿也均能得到保障。以大方县龙场村第一森林经营单位为例，项目在6年执行期间，为代表们提供了人均34002元的误工补助及奖励，看似增加了项目成本，但是在这些森林经营单位代表们的组织带领下，森林经营单位范围内95%的散户森林在权属不变的基础上互助合作，成功实践了规模化的可持续森林经营，这一点具有重大的社会效益和行业示范意义，这样的森林经营单位管理成本投入是绝对值得的。

七、只有能够为群众谋福利的森林经营单位，才具备可持续性

在有的森林经营单位，管理人员不仅在采伐队伍的组织、施工管理、农户收益的协调方面发挥了充分作用，在木材的营销方面也做出了重要贡献。这样的森林经营单位得到了群众的普遍拥护。然而如前所述，一部分森林经营单位的政府招投标结果是项目指定了唯一合法的木材老板，却忽视了对木材收购价格进行约定，以至于老板拥

有完全的定价权，群众的利益并未得到保障。在这种情况下，森林经营单位带头人能为群众做的事情有限，既未能参加招投标过程，也无权为农户联系更好的木材销路，其职责仅限于协助林业部门施工监督，以及日常的森林管护。由于未能给群众带来好处，甚至被群众误解和指责。这样的森林经营单位在项目未结束之前，似乎就已经失去了可持续性。

八、必须制定简明、准确、符合林分实际的森林经营方案

森林经营单位带头人及成员并非专业的林业人员，项目提供的森林经营方案简明准确、通俗易懂，才有实际意义。总体上，项目制定的森林经营方案简明扼要、逻辑清晰，林分调查以及关于林分现状及成因的文字描述情况真实详细，给出的营林规划措施及强度合理可行，给施工人员的特别说明言之有物，这为森林经营单位管理人员正确理解营林理念、把握实施口径提供了可能，保障了实施质量，也促进森林经营单位人员技术能力的提升，不仅掌握了营林技术，甚至具备了识图能力（如金沙县、黔西县、大方县，尤其是金沙县有一些代表识图能力非常优秀），这是项目成功的经验。但项目在森林经营方案工作方面也

贵州省中德项目监测中心负责人夏婧在金沙县岚头镇与农户进行社会经济影响调查

存在不足或教训，主要是项目未能协助森林经营单位对森林经营方案进行修编。截至2017年，大部分森林经营方案已经制定了4～5年，由于项目区大部分森林处于中幼林或营建阶段，加之天然更新旺盛，林木生长迅速，森林资源及林分结构变化较大，如果能在项目结束前，由县项目办协助森林经营单位对森林经营方案进行修编，将一个符合当前实际的森林经营方案移交给森林经营单位，将有助于项目可持续性的提升。森林经营单位的可持续性来源于林农散户的积极性，林农的积极性源于他们对林业政策有始有终的信心，遗憾的是项目未能对将来的森林经营方案实施提供采伐指标承诺，甚至由于受到“十三五”采伐限额管理趋严的影响，即使是在项目实施期内（2016年），很多森林经营方案的实施也被要求停工，这对于林农散户刚刚燃起的信心之火无疑构成了打击，也影响了森林经营单位和森林经营方案的可持续性。

第六章　探索与实践

第一节　毕节市森林可持续经营探索与实践

中德财政合作贵州省森林可持续经营项目是在国家财政部、国家林业和草原局、德国政府、德国复兴银行的大力支持下，中德财政合作的最后一个林业赠款项目。该项目于2005年中国政府与德国联邦政府签署“政府合作协议”，由德国向中国无偿提供450万欧元援助，实施森林可持续经营。2009年正式启动实施，到2018年结束。这个项目的实施有着特殊的政治意义和全局意义。一是通过引进国外先进的林业理念和技术，积极提高森林质量、推动林业又好又快发展的建设模式符合毕节试验区林业发展需要，特别是通过林农参与式森林经营方式，赋予林农决策权，增强林农主人翁意识，维护林农权益，提高林农经营森林积极性。二是通过对森林经营、林区基础设施建设和林农能力培训，为加快项目区的农村建设、林业发展和促进农民增收做出应有的贡献，为林业解放思想、探索多种建设模式带来了难得的契机。三是项目的森林经营模式与我国现行的森林经营模式有所不同，特别是在经营主体和经营模式上有明显区别。在本项目中林农是森林经营的主体，参与项目规划设计和对森林进行自主营经。在我国开展森林经营，一般是以政府或公司为主体，林农一般是以劳务人员的形式参与。在森林经营分类上，本项目不对森林进行商品林和公益林的分类，通常对所有的森林都采用近自然林的经营措施，要求所有的森林都要发挥多功能效益。这与我国实行的将森林划分为商品林、公益林进行分类经营的模式有明显的区别。以上不同必然会导致森林经营决策权和利益导向的转变，也难免会与一些传统的林业经营理念、管理制度和习惯做法产生碰撞。这种碰撞肯定会为林业解放思想带来火花，为林业改革带来机遇。通过这个项目的实施，项目县区一定能够探索出一种适合县情、区情和林情的森林经营模式。四是为集体林权制度改革后续工作提供宝贵的经验。集体林权制度改革，将集体林木产权和林地经营权分解落实到林农，由林农对森林进行自主经营。但是，林改后林农如何对森林进行科学地经营仍是一个需要研究、探索的重大课题。本项目林农参与式森林经营方式和近自然林的森林经营措施在许多方面比较符合林改后的森林经营特点和要求，通过这个项目的实施，能为林改的后续工作提供成功的经验。五是国际意义和全局意义重大。本项目是一个国际合作项目，项目实施得好与坏、成功与否，直接关系到国家的荣誉，对加强中德关系和毕节市对外开放和引资工作也会产生一定的影响。因此，实施好这个项目具有重要的国际意义。六是本项目还是中德财政合作实施的第一个近自然林森林可持续经营项目，其主要目标之一就是要为我国南方各省区森林可持续经营提供试验示范，国家林业和草原局对这个项目的实施非常重视，也给予了很高的期望。

一、建设成效

项目实施10年以来，毕节市大方、金沙、黔西、百里杜鹃4个项目县区，通过引进和实施德国近自然林业经营方法，改变了项目区林农长期以来对森林粗放式经营的状况，生态

黔西县森林可持续经营示范成效

环境得到明显改善，生态效益初显。据统计，项目区在取得生态效益的同时，林农通过合理经营森林，促进林农增收。

1. 项目实施引进了德方资金。德方资金占项目总投资的51.8%。截至2018年，毕节市和各县区应匹配资金2083.83万元，实际到位资金2083.83万元，匹配资金到位率为100%。毕节市及4个项目县区获德方赠款1564.23万元，其中德方以实物下拨物资折款138.25万元，项目实施提款报账1425.98万元。获取德方资金最多的是金沙县，获617万元；其次是大方县，获资金395.41万元。工程实施进度较好，得到德方专家充分肯定和高度认可。项目还提供了一定的交通工具、办公设备、采伐工具、培训设备，改进了项目管理人员和技术人员的工作条件。详见表6-1。

表6-1　中德财政合作贵州省森林可持续经营项目毕节市资金配套及报账情况汇总表

单位：万元

项目县区	总投资	各级财政每年应配套资金	累计配套资金	毕节市配套资金调配各县	德方援助资金	德方援助资金	
						向德方提款报账资金	实物下拨折算资金
毕节市	441.78	59.55	416.85		24.93	0.08	24.85
百里杜鹃	389.65	26.46	185.22	26.81	204.43	177.58	26.85
大方	858.46	66.15	463.05	87.80	395.41	366.56	28.85
金沙	1172.66	79.38	555.66	107.19	617.00	588.15	28.85
黔西	785.51	66.15	463.05	17.40	322.46	293.61	28.85
合计	3648.06	297.69	2083.83	239.21	1564.23	1425.98	138.25

大方羊场镇穿岩村森林可持续经营示范成效

2. 项目引进了先进的实施理念。项目采用参与式森林经营方法，引进德国近自然的森林经营理念，项目的信息传播、编制森林经营方案、采伐培育、检查验收等一系列与国内不同的技术和措施值得借鉴。项目实施理念在毕节市范围内得到全面推广。从全市调度统计数据来看，示范点推广面积1186.67公顷，利用中央财政项目实施森林抚育面上推广面积达39933.32公顷。详见表6-2。

表6-2　中德财政合作贵州省森林可持续经营项目毕节市应用推广面积汇总表（2015—2018年）

项目县	合计	项目县区示范推广面积（公顷）			全市推广面积（公顷）				
		小计	2017 年	2018 年	小计	2015 年	2016 年	2017 年	2018 年
百里杜鹃	4133.33	533.33	0.00	533.33	3600.00	333.33	666.67	600.00	2000.00
大方	7100.00	433.34	66.67	366.67	6666.66	1333.33	1333.33	1333.33	2666.67
金沙	5753.33	220.00		220.00	5533.33	2000.00	1333.33	666.67	1533.33
黔西	1833.33	500.00		500.00	1333.33	1333.33	0.00	0.00	0.00
小计	18819.99	1686.67	66.67	1620.00	17133.32	4999.99	3333.33	2600.00	6200.00
其他县区	22800.00	0.00			22800.00	9333.33	3533.33	4266.67	5666.67
合计	41619.99	1686.67	66.67	1620.00	39933.32	14333.32	6866.66	6866.67	11866.67

金沙县大田乡森林可持续经营人工除草推广示范基地

3. 项目实施引进了先进管理措施。项目资金设专用账户，实行专款专用，实行“报账制”和“审计制”，资金通过专户汇到森林经营单位的账户，森林经营单位进行内部分配并公示后发放给劳务人员，项目措施实施采用三级监测制，即项目实施的所有活动在各个层面上都进行了检查把关，首先是县项目办——森林经营单位层面的自查，然后是县项目办——监测中心层面的内部监测，最后是外部监测咨询专家实施的随机抽查。只有通过了三个层面检查的森林可持续经营活动才能得到项目支持。

4. 项目实施引进了先进经营技术。项目引进近自然的森林可持续经营技术，使近自然森林的发育朝着天然植物群落的方面发展，使其向多树种、多层次的方向演变。如在造林方面排除外来树种，鼓励促进天然更新，推行营造混交林。实行针阔混交、阔阔混交、原有更新树种和新造树种混交，形成多样性的异林混交林；又如在抚育间伐方面，项目主要是设置目标树，采伐干扰树，严禁皆伐，偏重于密度控制，促进多树种、多层次的林分结构的形成。对林分的密度进行总体控制，根据林分的平均胸径选择最优的林分密度，不受采伐蓄积量、采伐限额影响；对因受到灾害而立地条件较好的林分实行自然恢复，充分发挥林分的自然修复能力，促进天然更新。对因长期依赖烧柴而产生的萌生林进行改造，以提高林分质量。

5. 项目实施助推了群众脱贫。项目的实施不仅解决了当地群众的务工问题，同时乡村道路的修建接通了县内主要公路干线，不同程度地缓解了山区交通闭塞的状况。促进了农副产品的交流和山区经济的发展，一些原居住在穷乡僻壤的村民们正沿新修的道路两旁或建房或开店，有的购置了汽车、拖拉机搞运输，为林农增加了经济收入。据统计，4个项目县区涉及林农32228户，通过项目的实施有1238户贫困户4333人实现脱贫。详见表6-3。

表6-3　毕节市中德财政合作贵州省森林可持续经营项目助推脱贫攻坚情况汇总表

项目县	森林经营方案编制个数	规划面积（公顷）	实施面积合计（公顷）	收入情况（万元）				涉及农户数			
				合计	多种经营收入	间伐收入	其他	户数	其中贫困户数	助推脱贫人数	农户/劳动力培训人次
百里杜鹃	17	7923.0	4112.4	580	200	293	87	2642	169	592	1730
大方	22	8081.3	4669.3	3140	1950	886	304	11551	292	1022	8328
金沙	21	9451.9	5262.0	1786	150	833	803	7386	361	1264	7020
黔西	27	6707.0	3001.0	2358	611	1417	330	10649	416	1456	19107
合计	87	32163.2	17044.7	7880	2911	3429	1540	32228	1238	4333	36185

百里杜鹃森林可持续经营示范成效

二、主要做法

为了保质保量完成中德财政合作贵州省森林可持续经营项目建设任务，让项目在毕节市4个项目区得到充分发挥，保证人民群众得到真正的实惠，主要采取了以下措施。

1. 抓机构，确保有人办事。根据项目建设需要，毕节市和4个项目县组成管理机构并配备管理人员455人，为项目实施提供了人员保障。毕节市设立了“中德财政合作贵州省森林可持续经营毕节市项目办公室”和“中德财政合作贵州省森林可持续经营毕节市项目监测中心”，并抽调专人办公。涉及县区分别成立了“中德财政合作贵州省森林可持续经营项目办公室”，设置专职副主任，配备工作人员5～7人。全市成立森林经营委员会87个，每个经营委员会设主任1名、副主任1名、委员3名。

2. 抓经费，确保有钱办事。根据《贵州省可持续森林经营项目分立协议》，毕节市、县政府高度重视，财政大力支持，每年及时足额划拨项目配套经费，10年来，毕节市、县财政共划拨配套资金2083.83万元用于项目建设，为顺利完成各阶段工作提供了保证。项目资金设专用账户，实行专款专用。项目还提供了一定的交通工具、办公设备、采伐工具、培训设备，改进了项目管理人员和技术人员的工作条件。

金沙县木孔镇森林可持续经营推广示范宣传牌

3. 抓宣传，确保氛围浓郁。项目采用参与式森林经营方法，引进德国近自然的森林经营理念，信息传播、编制森林经营单位、采伐培育、检查验收等一系列与国内不同的技术和措施值得借鉴。在实施过程中，毕节市、县技术干部到村级森林经营委员会召开群众会，通过广播、宣传栏、宣传车、发放宣传资料等多形式，多渠道、全方位加强对可持续森林经营项目的宣传。配合参与式工作，10年来向林农发放《项目情况介绍》和《林农手册》49442份。如金沙县从2009年以来共组织群众参与各类会议196次，参加人次6473人，以会议形式将项目理念、拟采取技术措施、工作程序等向村支两委人员和林农进行深入细致的宣传，实现项目区群众知晓率达到96%。

4. 抓培训，确保经营质量。在工作中，把对林业技术人员和林农的培训作为首要任务，深入开展森林可持续经营技术培训，着力培育一批能推动森林可持续经营发展，带领群众实现林业可持续发展的“领头雁”，为实现森林可持续经营提供坚强的智力支撑和人才保证。在培训方式上，充分发挥各地短期实训基地的主阵地作用，通过现场观摩、现身说法等听得懂、记得住、用得上的方式开展培训。通过请进来的方式，邀请德方专家学者现场授课，提升基层林业干部带领群众实施可持续经营森林的能力。通过走出去的方式，选派三批林业技术干部到德国考察参观，学习先进经验。在培训内容上，按照缺什么、补什么的原则，紧紧围绕森林可持续经营需要，组织开展有针对性的培训。加强林业政策、现代林业、种植技术、抚育技术、间伐技术、安全知识等方面业务知识的培训，进一步提高广大林农的能力。10年来，共成立森林经营委员会87个，培训各类技术人才36185人次。

5. 抓效益，确保持续发展。通过实施各类森林经营活动，实现经济、社会、生态三大效益的良性发展。群众从项目实施中获得各类综合收入达7880余万元，其中间伐幼树241万株，务工收入723万元；造林242公顷，务工收入127.3万元；抚育5204公顷，务工收入624.46万元；人工促进自然更新706公顷，务工收入84.72万元；修建林道227公里，务工收入341万元；间伐木材54120立方米，销售收入2706万元；林分改造197.1公顷，务工收入31万元；发展林下种植天麻、冬荪等中药材240公顷，收入1150万元；林下养殖生态鸡等58100羽，收入290.5万元；发展农家乐5家，收入1470余万元；其他零星收入332.5万元。如金沙县石仓国有林场实施的519亩森林间伐，批准采伐蓄积437立方米、出材量269.5立方米。2013年底，12名工人经过28多天的施工，完成间伐任务和伐木的制材、集材、路边堆放等工序，平均每人每天可完成0.81立方米木材的采伐量（含制材、集材、堆放），采伐工人日均收入110元，示范基地在间伐后，林分密度从原来的172株/亩降到了140株/亩，林分密度趋于合理，针阔混交情况得到改善，林木长势和森林的多功能作用明显提高。

2011年11月，德国专家约瑟夫·沃尔夫（左二）赴毕节市进行林木采伐技术培训

三、取得的经验

1. 群众参与是项目实施的基础。10年来，毕节市、县项目办及项目村利用开展参与式工作的机会召开村、组会议，充分让群众参与项目的经营与管理，让群众知道要做什么、为什么要这样做、怎样做、做的目的是什么。让群众积极参与，做到项目区群众知晓率达到80%以上。如金沙县从2009年到现在共组织群众参与各类会议196次，参加6473人次，以会议的形式将项目的理念、拟采取的技术措施、项目工作程序等向项目区村支两委人员和林农进行深入细致的宣传。召开了14次项目实施专题培训会，参加人次407人，做到项目区群众知晓率达96%。

2. 项目培训是实施的前提。项目实施过程中，始终把培训作为项目实施的着眼点，每个环节都采取现场教学与实际操作的方式，对经营单位技术人员进行培训。比如林木间伐是森林经营中一个难点和关键点，技术要求高，责任重大，稍不注意就可能出现乱砍滥伐的违法行为和人身安全事故。为了建好示范基地，金沙县项目办一方面加强内部培训和管理，另一方面加强外部监督。县项目办在建设之初，就对相关技术人员进行了技术培训，

2016年1月10日国家林业和草原局对外合作项目中心许强兴（左三）副主任陪同德方专家到毕节调研

贵州省林业厅副厅长沈晓春（右三），毕节市委常委、黔西县委书记卢林（右四）在黔西县雨朵镇调研森林可持续经营实施情况

让技术员掌握相关技术要求和选树标树的技能。在施工之前，又对技术员和施工单位的负责人、带工员、油锯手等进行了理论和现场操作培训，培训内容除采伐技术、采伐工具使用、安全注意事项外，还重点对相关的法律、法规进行了培训，使受训人员在观念、技术和法律意识上得到全面提高，避免施工过程中违法违规行为的产生。与此同时，县项目办还组成专门的监督小组，对施工过程进行严格监督和检查，及时发现和解决问题，10年来无一人违纪违法。

3. 经费保障是项目成功的关键。项目实施以来，毕节市、县项目办及时落实配套工作经费，确保项目开支资金保障，在项目未经德方监测前，县项目办安排的合理费用可申请省项目办划拨配套资金进行支付，待德方提款报账后再进行处理。所有开支每年都要经过省审计厅的审计和德国复兴银行的核查，每笔开支都要有相关设计作为开支依据。没有依据的坚决不允许随意开支或使用，支出数额也要严格按照中德财政合作贵州省森林可持续经营项目的投资标准执行，没有因为是示范基地或领导安排而“开小灶”。如金沙县2015年示范基地建设总投入82842.20元，其中：设计、标树等投入9007元，伐木劳务投入39027元、管理监督等费用1044.20元，林区道路投入32000元。除去林区道路投入，示范基地平均投入为94.56元/亩，完全符合中德财政合作贵州省森林可持续经营项目的投入标准，低于国家实施的中幼林抚育项目的100～120元/亩的投资标准。

贵州省审计厅赴毕节市金沙县实地审计森林可持续经营实施成效

2016年8月24日　湖北省林业厅组团赴毕节市考察学习森林可持续经营实施情况

4. 转变观念是项目实施的最终目的。项目实施10年来，项目区群众森林经营可持续经营理念得到提高，思想观念得到较好的转变。群众参与经营理念慢慢形成。通过示范基地建设，干部职工和群众对森林经营有了信心，有了方向。在项目建设之初，有的领导、干部和群众，对中德财政合作贵州省森林可持续经营项目不了解，对项目建设没有信心，认为大面积的抚育、间伐和森林经营价值不大，有的甚至会造成森林的破坏，同时害怕承担相关责任，一直将施工现场作为禁地，不愿踏足一步。后来，通过对示范基地建设过程的观察和参观示范基地的建设成效，这些同志的观念在逐步变化，从反对到默认，再到赞同，可为森林可持续性经营提供有益的借鉴。如金沙县、大方县、百里杜鹃等由于在实施项目中思想的转变，现在还有许多林农申请实施森林可持续经营项目。

第二节　大方县森林可持续经营探索与实践

一、基本情况

1. 森林经营单位组建情况：项目从2009年启动实施以来，根据中德财政合作贵州省森林可持续经营项目参与式方法和步骤，完成县、乡（镇）、村参与式培训，培训人员共6986人次，组建22个森林经营委员会，其中林业专业合作社2个。项目完成乡（镇）村森林经营单位外业调查和设计工作，编制经营方案22个，涉及小班540个，规划面积8081.3公顷（其中森林可持续经营面积6888.7公顷，没有活动面积1192.6公顷）。

2. 资金使用情况。10年来，全县应匹配资金463.05万元，实际到位资金463.05万元，匹配资金到位率为100%。获得德方援助资金395.41万元，其中向德方提款报账366.56万元，车辆、打印设备等实物折算资金28.85万元。截止到2016年12月，项目总支出718.47万元，按工程内容分：培训和推广费7万元，中国南方可持续经营项目规划贡献奖0.46万元，管理费155万元，森林可持续经营费563万元（其中森林规划费19.6万元、劳务费513.2万元、基础设施建设费23.2万元、森林工具7万元）。

二、实施情况

10年来，共实施森林可持续经营面积4669公顷，其中采取积极措施2921公顷，一般性保护1748.1公顷。涉及12个乡镇（林场）16个村（工区）438个小班。实施类别为造林

36.1公顷，人工促进天然更新158.5公顷，抚育1156.7公顷，中龄林间伐1514.5公顷，近熟林间伐55.4公顷。修建林区便道44779米，主要分布在凤山乡羊岩村林场森林经营委员会、绿塘乡龙昌坪森林经营委员会、文阁乡海坝村森林经营委员会、对江镇堰塘村森林经营委员会、龙场村森林经营委员会、龙场村第一森林经营委员会、安兴村森林经营委员会、大山村第二森林经营委员会、大海坝林场箐梁子工区。建立示范基地3个，树立标志碑牌8块，发放宣传资料11698份。

三、实施成效

1. **森林质量大幅改善。**中德财政合作贵州省林业项目实施后，森林质量得到了显著提升。通过抚育和间伐措施，林分密度得到调节，施工前后林相变化较大。目前，林木枯死枝丫很少，呈现出青山绿水的画面。林分结构得到改善，杉木林分中的霸王类桦木被剔除，其余桦木高度与目的树种相差不大，针阔树种之间基本实现平等竞争，林分结构趋于稳定。尤其柳杉林分生长速度显著增加，目前整个柳杉林分胸径在10～25厘米，平均15厘米。林分平均立木蓄积达到180立方米/公顷左右。

2. **经营理念大幅提升。**过去几十年间，林农的生产活动以传统农业耕作为主。虽然有

大方县小屯乡自然恢复试点

大方县对江镇高店村森林可持续经营自然恢复成效

的村、组有大面积的林子，但并未真正开展过森林经营活动，有的只在前期开展过以林下割灌除草为主的活动，对该林分质量的提升极为有限，也不符合近自然可持续森林经营原则。项目实施过程中，林农普遍接受了培养目标树，去除主林层竞争木的间伐理念，森林经营意识增强，以前是栽植后放置不管，采伐时砍大留小，现在是以培养大径材为目标，主动、定期、及时地开展间伐活动。项目实施后，20%的林农学会了选择并标记目标树和竞争木。村民以前不懂采伐技术，不会使用油锯，现在有一部分村民熟练掌握了采伐工具，并能够准确控制采伐木倒向。目前森林经营委员会成员中能够熟练操作油锯的人员达到几十人，一般会操作的人员有多达上百人。

3. 林农参与意识显著增强。项目通过执行参与式规划和实施方法，尊重林农的知情权、参与权和决策权，保障森林经营委员会运行的公开透明。参与式工作方法促进了村民之间的互助合作，也增强了村民的参政议政意识，村庄民主监督水平得到了提升。

4. 林业三大效益明显得到提高。生态效益方面，通过项目的实施，使项目区森林结构得到改善，促进林木生长。促进多树种的混交，增加土壤肥力，减少森林病虫害发生，近年来项目区没有发生有害生物灾害。提高蓄水保水能力，促进森林多种效益的发挥。如对江镇农场村森林经营委员会示范基地在间伐后，林分密度从原来2500株/公顷降到了

1500株/公顷，林分密度趋于合理，针阔混交情况得到改善，林木长势和森林的多功能作用明显提高。根据固定样地监测成效初步分析，间伐后的林分平均径生长量可提高19%，平均蓄积生长量可提高20%。经济效益方面，全县通过实施各类森林经营活动，当地群众从中获取各类综合收入达3140万元，其中间伐幼树95万株，务工收入286万元；造林36公顷，务工收入18.95万元；抚育1157公顷，务工收入138.8万元；人工促进天然更新158.5公顷，务工收入19.02万元；修建林道45公里，务工收入67万元；间伐木材12000立方米，销售收入600万元；发展林下种植天麻、冬荪等中药材133公顷，收入800万元；林下养殖生态鸡等30000羽，纯收入150万元；发展农家乐3家，收入1000余万元；其他零星收入60万元。如凤山乡羊岩村林场组森林经营委员会实施的1081.5亩森林间伐，批准采伐蓄积1215立方米、出材量729立方米。2011年底，12名工人经过60多日的施工，完成间伐任务和伐木的制材、集材、路边堆放等工序，平均每人每天可完成1立方米木材的采伐量（含制材、集材、堆放），采伐工人日均收入为100元。木材销售直接收入43.56万元。社会效益方面，通过项目的实施，项目区群众对德国近自然林业理念和森林可持续经营措施逐步认可和接受，培养许多农民专业技术人才，为项目经验的推广奠定基础。全县区共培养28名农民专业技术人才，如对江镇农场村森林经营委员会张明武等。通过项目的实施，为当地农民提供就业机会

大方县森林可持续经营林下养殖

75000个工日，实现项目区剩余劳动力就地转移。与国家精准脱贫有机结合起来，助推建档立卡贫困户30户90人实现脱贫。同时通过林区道路的修改和修建，改善林区交通条件，为80户280人解决几十年交通难题。提高群众参与森林经营的积极性，提高群众对项目区可持续经营模式的认可和知晓，为森林可持续经营在大方县推广经营经验。如对江镇农场村森林经营委员会所实施的森林可持续经营项目，得到了当地所有群众的大力拥护和支持。

四、取得经验

1. 尊重群众意愿是项目成功的基础。项目通过召开村民会议以及上门宣传，保障林农对项目政策全面知情，森林经营委员会在决策时充分尊重群众意愿，在项目实施过程中保障了林农之间的利益分配合理清晰。例如：分红和劳务报酬相结合，既保护了没有劳动力林农的利益，同时也给付出劳务的林农相应的回报。项目劳务补助发放之前，森林经营委员会代表负责按林农的务工和之前商定的方案进行详细公示，确保了林农利益分配的公平公正。项目执行过程的细致透明，换来了群众的理解、支持和全面合作。

2. 建立长效机制是项目成功的条件。与以往项目只关注外业的一次性实施不同，也与少数大户创建的合作社不同，森林经营委员会是持续性的非营利机构，成员涵盖森林经营委员会范围内的全体林农。在森林经营委员会带头人的选择方面，由群众大会民主选举，甄选正直无私、有能力、有威望、年富力强、不外出打工的人作为森林经营委员会代表，这种方法确定的带头人德才兼备，既有群众基础，又有能力带领大家搞好森林经营。

3. 项目培训和监督是项目成功的重点。对县项目办和乡镇林业站的充分培训、指导和监督是项目成功的重点。10年来，县项目办到访森林经营委员会300次以上，开展项目宣传动员，主持重要的参与式会议，开展营林规划、技术培训、检查验收、森林经营委员会管理咨询，协助森林经营委员会拨款与资金兑付等；项目乡镇林业站下村30次以上，听取群众意见，提供技术指导，主持选树和标树工作，监督、指导现场施工。在县、乡林业部门长期的陪伴和指导下，森林经营委员会能够坚持正确的管理模式，实施中遇到的问题得到及时解决，可持续森林经营理念得以贯彻和实施。

4. 林农增收是项目成功的关键。自1983年林业“三定”以来，林农除了村寨附近及田边地梗少量散生木之外，第一次从山林中得到木材销售收入，项目实施期间的木材销售额高于过去30年来的林木销售收入总和。项目实施在林分质量和经济收益方面的显著效果，也激发了林农对未来林业发展的期望和热情。林农不仅可以把林子经营好，还可获得部分木材收入。

5. 加强管理是项目成功的保障。加强森林经营委员会带头人的管理和有偿服务是项目实施的保障。森林经营委员会带头人在项目实施过程中，需要投入大量的时间和精力，他们的辛勤付出必须得到项目的明确认可和补偿，这样他们才有长期的积极性，能够为项目无私工作，维护群众利益、维持管理的公开透明。为此，项目提供了森林经营委员会日常管理费、成功实施的奖励、协助规划及实施组织过程中的误工补偿也均能够得到保障。本项目10年执行期间，项目为森林经营委员会的代表们提供了一定的误工补助及奖励，看似增加了项目成本，但是在这些森林经营委员会代表们的组织带领下，森林经营委员会范围内的林农们才会协作配合，成功实践了规模化的可持续森林经营，这一点具有重大的社会效益和行业示范意义，这样的管理成本投入是绝对值得的。

大方县退耕还林地块实施森林可持续经营成效

第三节　黔西县森林可持续经营探索与实践

一、项目实施情况

1. 森林经营面积实施情况。一是森林经营单位组建情况：项目从2009年启动实施以来，根据中德财政合作贵州省森林可持续经营项目参与式的方法和步骤，在全县13乡镇24

黔西县登高森林经营委员会中德森林可持续经营示范点

个村开展了参与式培训工作，培训人员共计19107人次，组建27个森林经营委员会。二是森林经营方案编制情况：项目完成13个乡（镇）24个村的森林经营单位外业调查和设计工作，编制经营方案27个，规划面积6707公顷。三是营林措施及监测情况：10年来，共完成森林经营面积3001公顷，其中采取积极措施面积1960公顷，自然恢复1041公顷。间伐1面积849公顷，间伐2面积152公顷，抚育958公顷，自然恢复1041公顷。四是基础设施建设情况：修建林区主干道780米，补给线39223米，运输便道4632米，修建集材道4344米。主要分布在新坪、漆树、雨朵、拉土、龙场、高山森林经营委员会。

2. 资金使用情况。一是资金配套情况：10年来，全县应匹配资金463.05万元，实际到位资金463.05万元，匹配资金到位率为100%，其中2009—2015年每年匹配资金66.15万元。二是提款报账情况：第一次52163.98元，第二次176349.5元，第三次435941元，第四次924247元，第五次775362.6元，第六次572016.6元。提款报账累计3224580.68元。

二、主要做法和经验

根据中德财政合作贵州省森林可持续经营项目要求，为了保质保量完成建设任务，保证人民群众得到真正的实惠，各级各部门高度重视，扎实工作，主要做法体现在以下几方面。

1. 狠抓队伍建设。根据项目需要，从确保项目成功和培养人才的角度出发，克服困难，为项目管理配备足够的、符合项目需要的人员。设立了“中德财政合作黔西县森林可持续经营办公室”，林业局局长兼任主任，设置专职副主任，设置技术人员4人、财务人员2人。在村组建5人的森林经营委员会，明确职责，分工合作，切实做到有机构、有人员办事。

2. 狠抓经营方案编制。采用参与式林业调查方法，让林户与林业技术人员共同制定森林经营规划，编制森林经营方案，按审批的经营方案组织实施。

3. 狠抓资金保障。根据《贵州省可持续森林经营项目分立协议》，县政府重视，财政大力支持，每年及时足额划拨项目配套经费，10年来，县财政共划拨资金463.05万元用于项目建设，为顺利完成各阶段工作提供了保证。

4. 狠抓技术培训。10年来，组织技术员和县分管领导到德国参加德方组织的培训，在国内由德方专家和省级监测专家培训县级专业技术人员69人次，培训村级森林经营委员会人员50人次。

5. 狠抓项目宣传。项目采用参与式森林经营方法，引进德国近自然的森林经营理念，项目的信息传播、编制森林经营单位、采伐培育、检查验收等一系列与国内不同的技术和措施值得借鉴。在实施过程中市、县技术干部到村级森林经营委员会召开群众会，通过广播、宣传栏、宣传车、发放宣传资料等形式，多渠道、全方位加强对可持续森林经营项目的宣传。配合参与式工作，10年来向林农发放《项目情况介绍》和《林农手册》8422份，

中德财政合作贵州省黔西县森林可持续经营座谈会

登高森林经营委员会森林可持续经营修建的林区道路

邀请县电视台进行宣传报道2次，建立标志牌7块，建立示范基地5个，与四川、湖北等省外同行进行交流。

6. 狠抓项目监测。每年配合省项目办两次、德国专家一次进行项目监测，对监测实行全过程跟踪和服务，对达不到技术要求的及时进行返工。10年共参与监测15次，监测合格面积3001公顷，确保了建设质量。

7. 狠抓数据库建设。充分运用德国专家提供的Access项目数据库，把项目建设的小班、面积、经营措施等多项因子纳入数据库管理，极大提高工作效率。

8. 狠抓问题整改。对审计或项目监测发现的问题，根据提出的建议及意见进行完善和整改。确保项目实施质量和资金安全。针对经营委员会财务人员财务知识欠缺的情况，开展了财务培训工作，规范记账方法，要求经营委员会做好支付清册，确保资金支付到工人手中。针对监测发现的问题，开展室内培训与现场培训相结合的方式，使施工人员掌握自然林经营技术。

三、建设成效

1. 生态效益。通过项目的实施，使项目区林分结构得到调整，促进林木生长，尤其是乡土树种混交林的培育，增加土壤肥力，减少森林病虫害的发生，提高蓄水保水能力，促进森林多种效益的发挥。如登高森林经营委员会在示范基地间伐后，林分密度从原来的3149株/公顷降到了1745株/公顷，林分密度趋于合理，针阔混交情况得到改善，林木长势和森林的多功能作用明显提高。

2. 经济效益。通过实施森林经营活动，当地群众从中获取各类收入达2358万元，其中间伐幼树64万株，务工收入193万元；抚育958公顷，务工收入115万元；修建林道49公里，务工收入73万元；间伐木材24482立方米，销售收入1224万元；发展林下种植茯苓等中药材40公顷，收入200万元；林下养殖生态鸡等28100羽，收入140.5万元；发展农家乐1家，收入270余万元；其他零星收入141.8万元。如登高森林经营委员会实施23公顷森林间伐，采伐蓄积414立方米、出材量289.8立方米，木材销售收入17.1万元。2015年底，17名工人经过56天的施工，完成间伐任务和伐木的制材、集材、路边堆放等工序，平均每人每天可完成0.3立方米木材的采伐量（含制材、集材、堆放），采伐工人日均收入达240元。

3. 社会效益。①通过项目实施，群众对德国近自然林业理念和森林可持续经营措施逐步认可和接受，全县共培养48名农民专业技术人才，为项目经验的推广奠定基础；②通过项目的实施，为当地农民提供就业机会8.4万个，实现项目区剩余劳动力就地转移，与国家

黔西县森林可持续经营林下养蜂

精准脱贫有机结合起来，助推建档立卡贫困户456户1368人实现脱贫，通过林区道路的修建，改善了林区交通条件；③项目以参与式建立森林经营单位24个，通过召开群众会和发放资料等形式，提高群众参与森林经营的积极性，提高群众对森林可持续经营模式的认识，为森林可持续经营开展奠定良好的基础。如莲花经营委员会在实施项目过程中，得到群众的大力拥护和支持。

四、存在问题及建议

项目实施10年来，主要存在以下几方面问题：一是项目实施过程中没有与中方森林抚育、营造林等森林经营进行有效对接，存在单一实施的状况；二是项目实施过程中当地政府参与较少，没有从政府层面全部铺开；三是项目实施过程中宣传力度不够，没有在社会上形成强大共识；四是项目实施后期与国内森林采伐指标存在脱节。针对存在的问题，在今后森林可持续经营过程中建议从以下几方面抓好。

1. 提高认识、统一思想、加强领导。认真贯彻落实国家和省对森林经营工作提出的各项要求和意见，将森林经营工作纳入重要议事日程，主要领导亲自抓，分管领导具体抓，结合实际认真研究落实森林经营的各项措施。将森林经营工作开展的好坏作为重要政绩指标纳入考核范围。加快森林培育力度，调整树种组成结构，加大管理力度，着力推进森林经营工作，使森林经营工作又好又快地开展。

黔西县甘棠乡大营村自然恢复成效

2. 树立正确的森林经营理念，全面做好森林经营工作，提升森林质量。森林经营工作要以森林可持续经营理论为依据，以培育健康、稳定、高效的森林生态系统为目标。必须树立森林需要经营、森林必须培育的经营理念。采取因林制宜、综合治理、全面培育的经营措施。建立责任落实、依法管理的经营机制，建立健全各项规章制度，严格执行相关技术规程规定，严格按照森林经营方案进行操作和施工。

3. 认真做好森林经营方案编制工作，夯实基础。要高度重视森林经营方案的编制工作，认真总结过去森林经营方案的执行情况，资源的消长变化情况，资源培育经营质量成效情况等。在总结经验教训的基础上，做好今后森林经营方案编制的资源调查，经营培育规划，小班经营措施落实等各项工作。要按国家和贵州省的要求，以森林可持续经营为准则，紧密结合自身实际特点，编制具有科学性、前瞻性和实用性的森林经营方案。借鉴中

黔西县登高森林经营委员会森林可持续经营抚育实施情况

德财政合作贵州省森林可持续经营项目方案编制数据库，研发适合贵州省情县情的方案编制软件，提高森林经营方案编制质量。

4. 加强技术队伍和林业乡土人才培训，培养综合技能，提高技术本领。要挑选事业心强、业务娴熟、能吃苦耐劳的人担任工程技术人员，有计划地对工程技术人员进行培训，不断提高业务工作能力和技术水平。加强森林可持续经营队伍的建设，特别是加强林业乡土人才的技能训练，使之成为既懂得育苗、造林、抚育、采伐技术等实用技术，又掌握林业相关政策法律法规以及防火防盗等知识的多面人才。

5. 加强营林基础设施建设，保证森林经营工作顺利开展。加强县级中心苗圃建设，通过标准化苗圃建设，加强排灌设施、土壤改良等建设，提高育苗技术和苗圃管理水平。结合市场需求，育好苗、育壮苗，育珍贵、珍稀树种苗木，为全县造林、补植提供优良苗木。加强林道建设与维护。要与森林培育、采伐工作紧密结合，在逐沟逐坡的森林经营中，保障道路畅通，让森林经营以及森林管护工作顺利进行。

6. 建立激励机制和经营补助制度。对成立的森林可持续经营专业合作社和严格执行经营方案的乡村进行物质和精神鼓励；对开展森林可持续经营的林户，根据不同措施进行一定的补贴补助；对工作业绩优秀的工作人员进行奖励。

7. 加强质量监督检查工作，建立有效的监督机制。严格按照有关规程规定和森林经营方案对森林经营工作进行监督检查验收。县级进行自查，市级检查县级，省级检查市级，验收合格的发放验收单，严禁超强度、超面积、超计划、改变林地用途、乱砍滥伐、单纯取材只图眼前利益等现象发生。加大经营方案审核审批力度，审核审批中对天然林和珍贵树种林分的调查设计要严格把关，要采取积极有效的培育保护措施，严禁皆伐改造。

8. 加强财务管理，及时兑现资金。县级财务匹配资金划拨到省级项目办后再划拨到县项目办的专户上，一年监测二次，监测后兑现资金，这种资金的管理方式是中德林业项目成功实施的法宝。在今后实施项目工作中具有巨大的借鉴作用。

9. 建立健全组织机构。森林可持续经营是一项长期的工作，省、市、县、乡要建立长期的组织机构，连续不断地开展森林可持续经营工作。村要建立森林经营合作社，把村里的森林进行统一的经营管理以及涉林方面的事务都归森林经营合作社管理。

10. 加强档案管理。档案记录了经营管理的轨迹，是体现森林可持续经营的重要手段。森林经营的机构设置、管理工作、经营方案、经营技术、财务管理等资料分门别类地归类整理归档，以备今后查阅。

第四节　金沙县森林可持续经营探索与实践

10年来，金沙县大力推进中德财政合作贵州省森林可持续经营项目实施。规划面积9452公顷，实施面积5262公顷，其中有活动的实施面积4877公顷，自然恢复实施385公顷，建设运输小道（补给线）和集材道128486米。项目完成总投资1172.66万元，占项目费用与投资计划924.4万元的126.86%。

一、主要做法

1. 以规划为引领，推进项目可持续发展。10年来，金沙县始终坚持群众支持认可原则，根据《森林方案编制指南》，对森林经营进行科学、长远规划，保证项目能可持续发展。编制好长远规划，在各个森林经营委员会的积极参与和规划调查的基础上，编制了21个《森林经营方案》，规划面积9452公顷，编制质量达到了《森林方案编制指南》的要求。纳入森林经营方案编制的有安洛、清池、桂花、五龙、茶园、岚头、岩孔等10个乡镇（街

省、市、县中德项目办实地检查金沙县大新安林场森林可持续经营成效

道）的17个村（林场）。在规划编制中，专门邀请了项目首席技术顾问胡伯特·福斯特先生到县项目办开展研讨咨询，为金沙县提供了有力指导。

2. 落实好年度计划，推进项目按时完成。编好年度计划作为落实长远规划的关键步骤。从2011年开始，县项目办每年2月份编制年度工作计划，摸清项目施工情况，理清工作思路和找准工作重点。在编制工作计划的过程中，根据《费用与投资计划》和年度工作任务分项目管理和森林可持续经营两部分，分别制定出各项费用的使用范围、支出预算和要达到的工作效果。落实好群众宣传，10年来，在10个乡（镇）的17个村开展了参与式宣传工作，向林农发放《项目情况介绍》1600多份，发放《林农手册》19000多份。为落实好项目发展规划，推进项目实施打下了坚实基础。

3. 以技术为支撑，推进项目提高质量。开辟多种渠道，抓好各种机遇，高效、精准地把各种先进技术投入到项目上。一是抓好项目调研。2009年上半年，项目技术专家组相继到金沙县调研，针对金沙县树种种类丰富、林分类型多样、存在相当数量的天然次生林分的特点进行了重点研讨，为金沙县项目实施提供了有力指导。金沙县项目区中开展的林分改造、栽植、除草、抚育、间伐、自然恢复等积极的技术措施，获得德方专家团队的高度赞赏，为中德财政项目合作树立了典范。二是抓好外出培训。积极选派人员，参加贵州省

金沙县举办森林可持续经营林木采伐培训

项目办组织的各类项目技术培训和研讨。在贵州省项目办组织的18次培训和研讨活动中，金沙县林业局组织项目管理人员参加112人次，其中研讨活动72人次、培训活动40人次，大大提升了专业人员的素质。三是抓好县内培训。县项目办及项目村利用开展参与式工作的机会，召开村、组会议，以会议的形式将项目的理念、拟采取的技术措施、项目工作程序等向项目区村支两委人员和林农进行深入细致的宣传。同时，以会议结合实地操作的方式，举办专题培训会，就森林经营单位财务与档案管理、目标树及采伐木的标注、林木采伐与安全及抚育、栽植、林分改造等技术措施的施工标准进行培训。10年来，共计组织各类培训210次6880人。

4. 以机制为保障，推进项目高效运作。从管理、税费、财务、档案等方面，建立健全相应机制，推进项目能够长效运作。一是搭建好经营主体。在项目实施过程中，金沙县建立了15个森林经营委员会，并根据有关法律法规登记注册桂花兴隆林业专业合作社、岚头三欣林业专业合作社等7家林业专业合作社。在实施初期，项目还没有为一般性保护单列保护费用的情况下，金沙县林业局利用天然林资源保护工程为项目区聘请长期护林人员8名。保证了项目在有组织、有监督、有法律保障的情况下实施。二是兑现好各类费用。针对中德财政合作贵州省森林可持续经营项目间伐措施涉及千家万户、户均面积和间伐蓄积不大

金沙县举办森林可持续经营林木采伐培训

森林可持续经营林木采伐

的情况，金沙县林业局从2011年起免收了育林基金和采伐设计费。从2012年起金沙县项目区的行政管理费、森林保护费用和林道建设指标的多少和实施任务的完成率挂钩，以保证森林经营单位最大化发挥自己的主观能动性。三是建立好工作机制。建立项目简报制度，不定期将项目实施过程中发生的大事和经验编制成简报，送有关领导阅读。到2017年5月，已制作简报57期。开设项目专户，配备好财务人员。注重档案管理。对项目资料的整理建档基本做到准确无误、不漏记、不间断。特别针对森林经营单位召开了专题的财务与档案管理培训会议，促进了对森林经营单位的规范管理。

二、取得成效

通过项目的实施，实现了经济、社会、生态三大效益的良性发展。

1. 经济效益明显提升。10年来，通过项目实施，实现各类综合收入1786万元，其中间伐幼树26万株，务工收入77万元；造林206公顷，务工收入108.3万元；抚育2956公顷，务工收入354.73万元；人工促进天然更新547.5公顷，务工收入65.7万元；修建林道128公里，务工收入193万元；间伐木材15103立方米，销售收入755万元；林分改造197.1公顷，务工收入31万元；发展林下种植天麻等中药材67公顷，收入150万元；其他零星收入50.7万元。

2. 林业生态明显改善。示范基地在间伐后，林分密度从原来的172株/亩降到了140株/亩，根据固定样地监测成效初步分析，间伐后的林分平均胸径生长量可提高40%，平均蓄积生长量可提高30%。林分密度趋于合理，针阔混交情况得到改善，林木长势和森林的多功能作用明显提高。

3. 社会效益明显转变。10年来，金沙县项目区总投资1172.66万元，涉及农户7386户29544人，其中建档立卡农户361户，贫困人员1263人。为社会提供非规格材 24147吨，价值241.47万元；生产薪材 91480 吨，价值958万元。提供就业岗位40个，实现务工收入320万元，社会认可度和群众满意度得到很大提升。由于金沙县林业局在10年来中德财政合作贵州省森林可持续经营项目实施中卓有成效的工作，其项目办负责人被德国GFA咨询公司聘请为林业咨询专家，到湖北省钟祥、安陆、宜城、谷城和保康等县市开展湖北德贷三期项目技术咨询，指导其开展森林经营方案的编制、实施等工作。

三、经验及启示

1. 制定好年度工作计划是搞好项目实施的基础。制定项目年度工作计划，是项目《实施计划》对项目工作的要求。从2011年开始，县项目办利用每年2月份编制年度工作计划的

森林可持续经营林木采伐3年后成效

机会摸清项目施工情况，理清工作思路。在编制工作计划的过程中，根据《费用与投资计划》和年度工作任务分项目管理和森林可持续经营两部分，分别制定出各项费用的使用范围、支出预算和要达到的工作效果。

2. 落实参与式工作是项目实施的关键环节。实践证明，对项目的理念、工作程序、措施进行从上到下宣传，再经过从下到上进行信息反馈是参与式必需的工作环节。森林经营委员会成员的确定只需召开村支两委、村民组长、村民代表会议协商推荐，村民委员会向县项目办出具推荐函即可。

3. 选好经营主体责任人是做好项目实施的组织保证。村支两委负责人是村级各项工作的主要负责人，中德财政合作贵州省森林可持续经营项目同样不能例外。除村支两委负责人外，经营委员会其他委员是协助村支两委负责人抓好项目工作的中坚力量，是森林经营单位项目工作的操刀者。

4. 公开透明公平公正是做好项目实施的可靠方法。作为中德财政合作贵州省森林可持续经营项目，公开、公平、公正、透明是项目工作方法的精髓。森林经营单位是项目的实施单位，在项目实施过程中森林经营单位自主决策、自主管理、自主施工、自主监督是森林经营单位的职责和权益所在。作为项目管理单位的县项目办，在保障项目公开、公平、

金沙冷水河森林可持续经营示范成效

公正、透明的原则下，要做到对森林经营单位及内部成员工作任务公开、补助标准公开，公平公正地对待每一个森林经营单位，在自己力所能及的范围内针对不同的措施任务做好技术、经费支持，最大限度发挥森林经营单位的能动性。

5. 抓好项目培训是做好工作的前提条件。引进近自然理念的中德财政合作贵州省森林可持续经营项目不管从项目理念、工作程序、项目措施、项目管理上都有别于国内项目，这些都需要从理论上和实践中反复培训，它是一个培训—实践—发现问题—培训这样一个不断重复的过程，只有经过不断的培训，才能推动项目工作迈上新台阶。

6. 抓好档案管理是彰显项目成效的途径。项目工作涉及的领域广、信息量大，各个方面产生的工作痕迹是项目后期经验总结的基础资料。在项目实施过程中不断收集、整理、归档与项目有关的视听资料是项目工作重要的一环。

7. 注重项目管理是项目工作的抓手。衡量项目成功与否的指标就是从德方提款报账的多少和是否形成了一套容易推广的工作方法及措施技术体系。在项目工作中，只要符合项目《技术指南》，措施设计要以投资标准就高不就低、以施工难度就难不就易作为参考依据。以任务完成情况和行政管理费、保护费用、林道建设指标挂钩是做好项目工作的抓手。从2012年起金沙县项目区的行政管理费、森林保护费用和林道建设指标的多少和实施任务的完成率挂钩，以保证森林经营单位最大化发挥自己的主观能动性。

第五节　百里杜鹃森林可持续经营探索与实践

一、项目实施情况

1. 森林经营面积实施情况。一是森林经营单位组建情况。项目从2008年启动实施以来，根据中德财政合作贵州省森林可持续经营项目参与式的方法和步骤，完成5个乡（管理区）13个村参与式培训，培训人员共计1320人次，组建17个森林经营委员会。二是森林经营方案编制情况。完成5个乡（管理区）森林经营方案外业调查和设计工作，编制森林经营方案17个，其中涉及小班216个，规划面积7923公顷，其中验收合格面积为4112公顷。其中中龄林间伐合格882公顷，近熟林间伐合格78公顷，抚育合格133公顷，自然恢复合格3020公顷。三是基础设施建设情况。在附源村花坡一组森林经营单位修建林区便道4678米。四是建立示范基地2个，标志碑牌5块，发放宣传资料1320份。

2. 资金使用情况。一是资金配套情况。10年来百里杜鹃管委会应匹配资金185.26万元，实际到位资金185.26万元，匹配资金到位率为100%。二是提款报账情况。得到德方援助资金204.43万元，其中项目实施提款报账177.58万元，汽车、打印设备等实物折款26.85万元。

二、主要做法和经验

根据中德财政合作贵州省森林可持续经营项目要求，为了确保质量完成建设任务，让项目得到充分发挥，保证人民群众得到实惠，各级各部门高度重视，扎实工作，主要有以下做法。

1. 成立管理组织，确保有人办事。根据项目需求，从确保项目成功和培养人才的角度出发，克服困难，为项目管理配备足够的、符合项目需求的人员。设立“中德财政合作贵州省森林可持续经营百里杜鹃项目办公室”，由局长兼任主任，分管局长任副主任，技术人员设置3名，会计1人，每个森林经营委员会设主任1名、副主任2名、成员2名，明确职责，分工合作，切实做到有机构、有人员办事。

2. 认真编制森林经营方案，确保设计科学。采用参与式林业调查方法，组织村民召开群众会和板凳会，让林农与林业技术人员共同制定森林规划，编制森林经营方案，经林业局审批后，村级按审批的方案组织实施。

3. 增设资金专户，确保有钱办事。管委会高度重视，财政大力支持，在林业局增设中德财政合作贵州省森林可持续经营项目资金专户，做到专人管理，每年及时足额划拨项目配套资金，10年来财政共向省项目办划拨配套资金185.26万元，用于项目建设，为顺利完成各阶段工作提供保障。

4. 学习先进技术，促进多林种混交。项目引进近自然的森林可持续经营技术，使近自

百里杜鹃森林可持续经营成效

中外专家在百里杜鹃检查森林可持续经营

专家核实百里杜鹃森林可持续经营规划

然森林的发育朝着天然植物群落的方面发展，使其向多树种、多层次的方向演变，在造林方面鼓励促进天然更新，推进营造混交林。实行针阔混交、阔阔混交、原用更新树种和新造林树种混交，形成多样性的异林混交林，对林分的密度进行总体控制，根据林分的平均胸径选择最优的林分密度，不受采伐蓄积、采伐限额影响。

5. 强化宣传发动，建立示范样板。项目采用参与式森林经营方法，引进德国近自然的森林经营理念，项目的信息传播、编制森林经营单位、采伐培训、检查验收等一系列与国内不同的技术和措施值得借鉴。在实施过程中，市、区技术骨干到村森林经营单位召开群众会，通过广播、宣传栏、宣传车、发放宣传资料等多种形式，多渠道、全方位加强对可持续森林经营项目的宣传。配合参与式工作，10年来发放《项目情况简介》1320册，邀请百里杜鹃电视台等媒体宣传报道3次，建立示范标志牌5块，建立示范基地2个，与四川、湖北等省外同行进行交流。

6. 强化监管和整改，确保实施质量。每年配合省监测中心和德方专家进行项目监测，实行全过程跟踪和服务，对达不到技术要求的及时进行返工。10年来参与监测16次，监测合格面积4112公顷，确保建设质量。抓数据库建设，确保效益提高。充分运用德方专家提供的项目数据库，把项目建设的小班、面积、经营措施等多项因子纳入数据库管理，极大提高工作效益。对外方专家、审计或省监测中心发现的问题，及时整改，确保项目实施的质量和资金使用规范。2017年实施过程中，得到项目首席技术顾问胡伯特·福斯特的高度评价。

三、建设成效

1. 生态效益。通过项目实施，使林分结构得到改善，促进林木生长。据测算，项目区年生长量达2万立方米，尤其是多树种混交林的培育，增加土壤肥力，减少森林病虫害发生，近年来项目区没有发生有害生物灾害。提高蓄水保水能力，促进森林多种效益的发挥。如百里杜鹃煤洞场村森林经营委员会43号小班，林分密度从原来的2600株/公顷降到现在的2000株/公顷，林分密度基本趋于合理，针阔混交情况得到改善，林分长势和森林多功能作用明显提高。

2. 经济效益。通过实施各类森林经营活动，当地群众从中获得各类收入580万元，其中间伐幼树55万株，务工收入166万元；抚育133公顷，务工收入24万元；修建林道5公里，务工收入7万元；间伐木材2535.2立方米，销售收入127万元；发展农家乐1家，收入200余万元；其他零星收入56万元。

百里杜鹃普底乡联丰村森林可持续经营

3. 社会效益。一是通过项目实施，项目区群众对德国近自然林业理念和森林可持续经营措施逐步认可和接受，培养了许多农民专业技术人员，为项目经验的推广奠定基础。全区共培养34个农民专业技术人员，如百里杜鹃金坡乡化窝村森林经营委员会成员潘兴怀，是德方专家高度赞扬的技术人员之一。二通过项目实施，为当地农民提供就业机会300个，实现项目区剩余劳动力就地转移，与国家精准脱贫有机结合起来，助推建档立卡贫困户292户1022人实现脱贫。同时通过林区道路修改和修建，改善林区交通条件。三是项目以参与式建立森林经营单位17个，编制森林经营方案17个，提高群众对项目区森林可持续经营模式的认可和知晓，为森林可持续经营推广提供经验。

四、几点体会

1. 群众参与是基础。要广泛发动和组织群众参与，做到活动实施方案听取群众意见，向群众承诺；活动实施情况请群众评议，向群众通报；评先评优请群众参与推荐，向群众公示；活动成效接受群众检验，由群众评判。这是我们一切工作的出发点和落脚点。

2. 技术培训是前提。科学技术是第一生产力，项目实施成败取决于技术的培训，只有每个参与实施项目的人员熟练掌握各项技术规程后才能保证项目高效、快速实施。

3. 强化管理是保障。一方面加强对项目的技术指导和监督，另一方面加大对项目资金使用的监管力度，做到公开、公平、公正，落实财务监督和管理的责任，狠抓各项财务制度的执行，加强财务管理队伍的建设。

百里杜鹃森林可持续经营林下食用菌生产

第六节　金沙县石苍国有林场森林可持续经营探索与实践

一、基本情况

金沙县石仓国有林场位于金沙县平坝镇、岩孔街道、石场乡和桂花乡交界处的石仓山脊，海拔在1000～1460米。辖7个工区，总面积13000余亩，区内气候温和，雨量充沛。用于建设示范基地的石仓工区，土壤主要以砂页岩发育而成的黄壤土为主，境内分布着20世纪60年代和90年代营造的杉木和柳杉纯林，林内散生有桦木、檫木、山杨、漆树等阔叶树种。90年代营造的杉木和柳杉林，因为营造后未进行过抚育间伐，林分密度过大，林木生长受到严重影响，有的地方林木已开始枯死，这种林分结构在金沙县具有一定的代表性。金沙县中德财政合作贵州省森林可持续经营项目办技术人员，按照中德财政合作贵州省森林可持续经营项目的技术要求和项目费用与投资计划，将石仓国有林场作为建设示范基地进行实施，取得较好成效。

二、主要做法

1. 落实项目选址。经过金沙县中德财政合作贵州省森林可持续经营项目办公室工作人员反复对全县范围内连片、面积大、具有典型性的人工造林，且具有代表性的森林地块认真进行比较筛选，最终示范基地选择在金沙县石仓国有林场的石仓工区内。本工区森林面积3698亩，其中成熟林2753亩，较零星中幼林426亩，相对连片中幼林519亩，在相对连片范围内树种为杉木、柳杉纯林，均为1995年皆伐后造林，符合建设示范基地要求，为此纳入示范基地建设。

2. 科学编制方案。在2013年5月26日，金沙县中德财政合作森林可持续经营项目办公室工作人员组成工作组，对示范基地林进行实地穿越调查，根据不同林分结构进行小班分

利用油锯进行木材采伐

区，在各自小班内布设100平方米的1～5个样地进行林分主林层的调查，完成调查后，于2013年6月进行森林可持续经营方案10年规划。通过样方调查，平均胸径12.2厘米，其中胸径在5～15厘米株数占90%，大于15厘米的占10%，平均密度为172株/亩。林分密度过大影响林木生长，需对森林进行间伐措施，间伐平均强度为42株/亩，采伐蓄积强度不大于20%。设计中，除了通过间伐进行密度调整外，还要将胸径大于15厘米、干型好、枝叶茂盛、长势好、有培育前途的树木标注为"目标树"进行重点培育，每亩不超过10株，对影响"目标树"生长的树木即"干扰树"进行伐除（这里讲的影响一般是指树冠在同一平面有较大重叠的情况）。为了促进针阔混交，要求对针叶林中的檫木、桦木、山杨、漆树等阔叶树种进行必要的保护。为鼓励经营者对中幼林进行间伐，项目规定对胸径5～15厘米的间伐给予3元/株的补助（间伐1），对胸径大于15厘米的间伐则不给予补助（间伐2）。考虑到海拔较高（平均1450米），风雪较大，林木容易受到风、雪灾害等因子影响，一次性采伐强度要小于常规强度，并规划在2018年再进行第二次间伐，再次降低林木密度，为目标树和保留木留出更多的生长空间，保证单位面积培育出更多的优质木材。

3. 强化技术培训。县项目办组织对林场场长、林场技术人员、标树人员和承包施工方的负责人、带工员、油锯手等骨干人员在实施小班内进行采伐木选树、标注、采伐技术和

金沙县石苍国有林场实施成效

法律法规知识培训，采伐时减少对保留木、目标树及地表植被的破坏，更不能发生乱砍滥伐的情况。

4. 确定实施目标。2013年9月中旬，县林业局安排2名项目办人员和2名林场技术人员分成两个工作组进行间伐木标树工作，由于林木密度大，杂灌丛生，给标树带来了困难，用7个工作日28个工时完成标树面积519亩，标注目标树420株（重点在胸径大于15厘米的林木中选择），标注采伐木13597株（其中胸径小于15厘米的13009株、胸径大于或等于15厘米的588株），平均每人每天标树约500株。标注人员在标树的同时，对采伐木的胸径、树高进行测量和统计计算，采伐蓄积为437立方米，平均采伐强度为16.7%，符合项目要求。

5. 组织按图施工。根据编制的森林可持续经营方案，进行标树和采伐设计工作，由县林业局对采伐设计申请进行批复，批准采伐蓄积437立方米、出材量269.5立方米。批复后林场通过与施工方签订项目实施合同，明确了项目管理方和项目施工方各自的责、权、利及技术要求。县林业局组成监督小组对间伐施工全过程进行跟踪监督，为间伐工作的顺利实施打下了坚实的基础。经过12人28天的辛苦工作，施工队完成了采伐木的伐倒、制材、集材、路边堆放等工序。经测算每人每天可完成0.81立方米木材的采伐至集材堆放，采伐工人日均收入110元。

三、建设成效

1. 提高森林结构。原来以杉木和柳杉为主的针叶纯林，通过森林可持续经营，培育出针阔混交林，改变了林分结构，决定林木结构和林木养分的循环作用。而林木养分归还来源的主要途径是枯枝落叶，因此林木养分归还肥土作用的大小主要决定于林分枯枝落叶量和分解率。决定养分循环的因子是枯枝落叶腐殖质化和腐殖质的分解过程。阔叶树的落叶量大，叶子所含养分较丰富，而且分解比较容易，这是针阔混交林能够维持肥力的循环利用。针阔混交林通过种间竞争和互补，在提高林木生长量的同时也改善了林分质量，从而使森林经济效益得到提高。

2. 提高森林生物多样性。森林生物多样性提高，物种丰富，林地形成大量的枯枝落叶层，增加土壤的腐殖质，进而促进土壤微生物的活动，提高土壤肥力。微生物和土壤动物呼吸放出的CO_2还可供植物重新利用进行光合作用。丰富的生物多样性对涵养水源、保持水土、调节气候等都有重要作用。

3. 提高生态效益。实施示范基地在本次间伐后与未实施时同一地块进行对比，林分密度从原来的172株/亩降到了140株/亩，林分密度趋于合理，为保留的林木提供了更为广阔的生长空间，针阔混交情况得到改善，林木长势和森林的多功能作用明显提高。

4. 提高经济效益。为社会提供270立方米规格材、134吨非规格材，木材销售直接收入115000元。间伐过程中给农民工带来 39027元的劳务收入。间接收入体现在未来森林收入的提高。

四、取得经验

1. 强化设计是项目成功的基础。对森林进行穿越调查，对不同林分结构进行小班分区，根据小班的大小，在各自小班内布设1～5个100平方米样地进行主林层的调查，针对调查结果分析完成可持续森林经营方案编制。大多数情况下，森林情况非常复杂，如果我们在森林经营过程中，所有因子都要考虑，并力求做到尽善尽美，就务必会给森林经营的调查、设计和施工带来巨大的难度，人力、财力成本也会大大提高，就算在示范基地中可做到，但也没有示范推广价值。因此，找到影响森林生长的主要因子和确定好主要培育对象成为森林经营的关键。按照中德财政合作贵州省森林可持续经营项目的技术要求，本示范基地明确培育对象为1995年前后营造的杉木、柳杉形成的主林层（由于主林层下的杉木、柳杉、天然林和地被植物对主林层的生长影响不大，暂不作为经营对象），根据现场调查，将影响林分生长的主要因子确定为密度过大，近期经营措施确定为间伐。实践证明，这种方法易于操作，大大降低了森林经营的设计和施工难度，使有限的技术力量和资金都能用在刀刃上，建设成效显著，值得我们借鉴。

2. 强化目标树的选择是项目成功的关键。与国内抚育间伐只采伐老弱病残木（砍小留大、砍弯留直）的方法相比较，示范基地在经营主林层的基础上，引入了“目标树”的经营模式。目标树选择标准：胸径15厘米以上，树干通直无机械损伤，枝叶茂盛圆满，有生长潜力作为长远培养对象。“目标树”的森林经营模式有以下好处：一是目标树价值最高，培养潜力最大，选好、保护好目标树，森林可持续经营就得以成功；二是目标树遗传品质好，保护好目标树，可使森林在自然演替中朝好的方向发展；三是通过对干扰树（对目标树生长有影响的树木）的采伐，可获得一定的收益，提高森林经营者间伐的积极性。实践证明，通过培训，森林经营者能在短时间内掌握目标树、干扰树、一般采伐木的选树、标树技能，这种森林经营方式在技术上和经济上是可行的。

3. 强化林区道路建设是项目成功的基础。林区多在偏远地区，如果没有林业生产道路，森林经营和木材运输很难实现。林区道路的作用是多方面的和明显的，他不仅可解决森林经营中采伐木的运输利用困难，降低森林经营成本，增加森林经营收入，还可为群众的生产生活提供便利，更重要的是可在短期内提高林地和森林林木的价值。

4. 强化培训和监督是项目成功的有力措施。林木间伐是森林经营中一个难点和关键点，技术要求高，责任重大，稍不注意就可能出现乱砍滥伐的违法行为和人身安全事故。为了建好示范基地，县林业局根据中德财政合作贵州省森林可持续经营项目的成功经验，一方面加强内部培训和管理，另一方面加强外部监督。县林业局在示范林建设之初，就对相关采伐技术人员进行了技术培训，让技术员掌握示范基地相关技术要求，选树、标树、伐树的技能。在施工之前，县林业局对技术员和施工单位的负责人、带工员、油锯手等进行了理论和现场操作培训，培训内容除采伐技术、采伐工具使用和安全注意事项外，还重点对相关的法律、法规进行了培训，使受训人员在观念、技术和法律意识上得到全面提高，避免施工过程中违法违规行为的产生。与此同时，县林业局委托项目办、林场等组成专门的监督小组，对施工过程进行严格监督和检查，及时发现和解决问题，确保施工按设计和标树的要求进行。2014年初，经省级验收和外方专家监测验收，示范基地共完成间伐面积

金沙县石苍国有林场林区便道

519亩，采伐林木13597株，修建林区运输道2000米，施工质量完全符合项目设计要求，没有因为是示范基地而“开小灶”额外增加资金投入的情况。

5. 强化资金管理是项目成功的保障。根据省林业厅要求，为了确保示范基地的可推广性，其建设严格按照中德财政合作贵州省森林可持续经营项目的投资标准执行。根据我们统计，示范基地总投入 82842.20元（森林经营投入50842.20元、林道投入32000.00元），在森林经营投入中，设计、标树等投入9007.00元、伐木劳务投入39027.00元、管理监督等费用 1044.20元。平均每亩在森林经营上投入 94.56元，没有超过中德财政合作贵州省森林可持续经营项目的投入标准，与国家实施的中幼林抚育项目100～120元/亩的投资标准相比较，项目具有可推广性，而林道投入作为森林经营的辅助和奖励措施，可根据林分及地理位置情况酌情决定。实践证明，示范基地采用的技术标准、投资标准和建设模式具有较强的操作性和实用性，示范效益明显。

6. 强化观念改变是项目推广的目标。特别值得我们欣慰的是，通过示范基地建设，干部职工观念得到了改变，对森林经营有了信心，有了方向。在示范基地建设之初，石仓林场有的领导及部分职工，对中德财政合作贵州省森林可持续经营项目不了解，对示范基地建设没有信心，认为大面积的间伐肯定会造成森林的破坏，担心乱砍滥伐的情况发生，害怕承担相关责任，一直将施工现场作为禁地，不愿踏足一步。后来，通过对示范基地建设过程的观察和参观示范基地的建设成效，这些同志的观念在逐步变化，从反对到默认，再到赞同。示范基地在改变大家观念的同时，必然也给石仓林场及未来金沙县森林可持续经营林业生产带来新活力、新面貌、新的推广理念。

第七节　金沙县清池镇普安村森林可持续经营探索与实践

森林经营方案是森林经理工作的重要成果，是森林经营主体执行森林经营活动的重要依据。长期以来，集体林经营方案是比照国有林经营方案编制的，以县为单位编制，公众参与不够，缺乏对指标的充分论证和落实，实施起来困难重重。近年来，森林经营方案的编制与执行、方案简洁化、可操作性等方面受到越来越多的关注。本文以实施中德财政合作贵州省森林可持续经营项目的金沙县清池镇普安村森林经营单位2012—2014年森林经营方案及实施情况为依据开展分析，以期探讨村级水平森林可持续经营实践。

一、概况

1. 自然地理概况

金沙县普安村地处东经105°57′5″～106°0′21″、北纬27°38′12″～27°40′51″。地貌以中、低山为主，地形复杂，境内山高坡陡，地形深切，海拔范围650～1300米。土壤多为砂页岩发育的紫色土，土层厚度40～70厘米，少量为石灰岩发育的石灰土，厚度一般在20～40厘米，生产潜力差。境内属亚热带季风气候，温和湿润，年均气温16.5摄氏度左右，年平均降水量约为905毫米。

2. 普安村森林经营历史及现状

1981年分山到户，自2000年以来，该村实施了天然林保护工程和退耕还林工程。2008年年底全面完成集体林权制度改革，林权证已发放到户。分山到户后，林农对其森林不时进行无序采伐，之前以生产坑木为主，大部分木材销售到当地乡、镇及附近煤矿，一少部分用于房屋、牲畜圈舍修建及家具加工。2008年冰雪凝冻灾害过程中，普安村境内林木总体为中度受灾，个别地块重度受灾。该村境内道路网络欠发达，多数小班没有适合运输原

金沙县清池镇普安村森林可持续经营实施成效

森林可持续经营目标树

木的道路，用于巡护的基础设施较少。在中德财政合作贵州省森林可持续经营项目支持下，2012年2月由金沙县林业局（金沙县中德财政合作贵州省森林可持续经营项目办）经与普安村村支两委协商并达成初步意向，再由村支两委组织召开村民大会宣传森林经营理念、召开村民代表会议选举成立森林经营委员会，参与户数为845户；森林经营委员会与金沙县项目办签订相关协议后确立其作为普安村森林经营方案实施主体，并以普安村所辖林地为森林经营方案编制范围。技术人员在森林经营委员会代表参与下完成了森林经营方案编制，于2012年9月获金沙县林业局批复，陆续开展可持续森林经营活动。

二、采用方法

1. 技术路线：主要目标是在近自然森林经营技术体系下探索村级森林经营方案编制及实施过程的关键因子，选在金沙县清池镇普安村为研究对象，跟踪和收集自森林经营单位成立到营林活动全面展开这一阶段村级森林经营方案编制与执行相关数据资料，对比研究森林经营方案相关数据指标与实施数据指标之间的关系。

2. 数据来源：（1）金沙县项目办与普安村森林经营委员会代表共同编制完成的《金沙县清池镇普安村森林经营方案》；（2）金沙县项目办、贵州省中德财政合作森林可持续经营项目监测中心（贵州省林业调查规划院）、国际咨询专家（德国GFA咨询公司）逐级监测验收形成的普安村森林经营单位实施数据；（3）普安村森林经营委员会提供的森林经营档案资料。

三、相关数量指标

1. 森林经营方案规划指标

（1）经营活动规划：金沙县清池镇普安村森林经营方案编制面积1197.1公顷，区划小班72个，规划措施面积1434.8公顷（部分小班在一个经营期内可重复实施），各年度规划实施情况详见表6-4，分年度采伐林木蓄积详见表6-5。

表6-4 年度及措施类型作业面积表

单位：公顷

营林措施	实施面积	2012年	2013年	2014年	2015年	2016年	2017年	2018年	2019年	2020年	2021年
自然恢复	10.6	10.6									
近熟林择伐	151.2		1					14.8	28.7	31.5	75.2
抚育	544	138.1	223.7	175.4			6.8				
中龄林间伐	729	35.7	35	71.4	33.4	23	9.9	118.1	209.6	120.5	72.4
合计	1434.8	184.4	259.7	246.8	33.4	23	16.7	132.9	238.3	152	147.6

表6-5 年度采伐蓄积量表

单位：立方米

营林措施	采伐总蓄积	2012年	2013年	2014年	2015年	2016年	2017年	2018年	2019年	2020年	2021年
近成熟林择伐	4356		51					693	1407	792	1413
中幼林间伐	9915	528	538	954	437	201	99	1146	2650	1244	2117
合计	14271	528	589	954	437	201	99	1839	4057	2036	3530

森林可持续经营采伐木

（2）基础设施建设规划。根据普安村部分小班可及度差的问题，经金沙县项目办技术人员和森林经营单位代表共同商议初步确定基建类型和位置（线路），共规划补给线9000米、贮木场1个（面积200平方米）、集材道14200米。

（3）预期收益测算。规划期前5年各项补助费用测算：森林经营补助费739809元，林木标注补助费（劳务、材料）27920.4元，基础设施建设费156650元，森林保护费用18780元，采伐工具费18000元，森林经营单位管理费用（含行政费、补助费）151901元，标牌费用1000元，共计1114060元。木材销售收益：木材销售收益=采伐林木蓄积×平均出材量×平均木材销售价格-采伐运输成本。根据当地调查情况确定：平均出材量为60%，平均木材销售价格为650元/立方米，采伐运输成本为150元/立方米。据此测算金沙县清池镇普安村森林经营单位木材销售收益为3425040元。

2. 经营方案的执行结果

（1）上报及监测合格结果。普安村森林经营单位截至2014年底共上报实施完成667.5公顷，采伐蓄积1865.0立方米，经监测验收合格面积为651.2公顷，采伐蓄积合格1801.7立方米，各年度上报实施及监测合格情况详见表6-6和表6-7。

表6-6 年度上报实施及监测合格面积表

单位：公顷

营林措施	上报实施				监测合格			
	2012年	2013年	2014年	合计	2012年	2013年	2014年	合计
自然恢复	11.3			11.3	11.3			11.3
抚育	136.7	222.7	156.6	516	136.7	222.7	156.6	516
中龄林间伐	35.7	35	53.2	123.9	35.7	35	53.2	123.9
近熟林择伐		1		1		1		1
总计	183.7	258.7	209.8	651.2	183.7	258.7	209.8	651.2

表6-7 年度上报采伐及监测合格蓄积表

单位：立方米

营林措施 株数		2012年		2013年		2014年		合计	
		蓄积	株数	蓄积	株数	蓄积	株数	蓄积	株数
上报实施	近熟林择伐			693	27			693	27
	中龄林间伐	6901	376	10707	406	13549	1056	31157	1838
	总计	6901	376	11400	433	13549	1056	31850	1865
监测合格	近熟林择伐			436	17			436	17
	中龄林间伐	6901	376	10059	388	13159	1020.7	30119	1784.7
	总计	6901	376	10495	405	13159	1020.7	30555	1801.7

基建规划执行与合格情况：普安村在2012—2014年期间修建补给线（路宽2.5～3米，路面压实整平）16018米，为规划基建规模的177.98%；经监测验收修建合格补给线15029米，合格率为93.82%，其中：2012年12月修建8509米（合格8509米），2014年12月修建2条，分别为蒿芝至桩房2150米（合格1600米）和黄家坡至付家箐5350米（合格4920米）。尚未修建贮木场和集采道。

（2）经营单位收益。一是项目补贴：森林经营补助费695547元，林木标注补助费（劳力、材料）20596元，基础设施建设费240464元，森林保护费用52859元，森林经营单位管理费用52192元，共计1061658元。未发生采伐工具费和标牌建设费用。详见表6-8。

表6-8　年度补贴支付情况表

单位：元

补贴类别	补贴项目	2012年	2013年	2014年	总计
森林经营补贴	自然恢复	285	339	339	963
	近熟林择伐		1128		1128
	抚育	164040	267240	187920	619200
	中龄林间伐	17322	26847	30087	74256
	小计	181647	295554	218346	695547
林木标注补贴	标注劳务	4295	6497	8144	18936
	标注材料	400	600	660	1660
	小计	4695	7097	8804	20596
基础建设补贴		136144		104320	240464
森林保护补贴		7291	22784	22784	52859
管理费用	行政管理费	14078	16759	9628	40465
	实施奖励费	3103	4848	3776	11727
	小计	17181	21607	13404	52192
合计		346958	347042	367658	1061658

二是木材销售：普安村近3年来的平均木材销售价格为550元/立方米（税后），开展124.9公顷间伐共采伐蓄积1081.7立方米，平均出材率约60%，实现销售收入35.87万元（采伐投入成本9.6万元）；生产非规格材500吨（含抚育活动生产的非规格材），估算价值15.0万元（非销售收入）。

四、经营结果分析

1. 方案执行率

（1）规划小班面积执行情况：2012—2014年规划实施总面积690.9公顷，截至2014年12月，森林经营单位上报完成实施面积677.5公顷，方案总体执行率达到98.06%，小班面积执行情况很好。按年度执行率分别为：2012年99.62%、2013年100.65%、2014年94.17%。按森林经营措施执行率分别为：自然恢复106.60%、抚育100.37%、中龄林间伐88.67%、近熟林择伐100.00%。

（2）规划采伐蓄积执行情况：2012—2014年规划采伐蓄积2071立方米，上报完成采伐蓄积（仅包括中龄林间伐和近熟林择伐）1865.0立方米，其采伐执行率为90.05%，按年度执行率分别为：2012年71.21%、2013年73.51%、2014年110.69%。按经营措施执行率分别为：中龄林间伐88.75%、近熟林择伐52.94%。

（3）基建规划执行情况：2012—2014年期间修建补给线16018米，为规划基建规模的177.98%，说明可持续森林经营活动对林道建设需求很大；同时项目按照森林经营实际需求及时调整方案，以达到顺利开展森林经营活动的目的。

2. 经营合格率

普安村各项森林经营活动上报实施数据在经金沙县项目办（抽查）、省监测中心（全覆盖）及项目外部监测专家（抽查）监测验收后形成的最终合格数据，各项经营措施合格情况如下。

（1）实施面积合格情况：普安村森林经营单位2012—2014年各项营林措施综合合格率达到96.27%，按年度合格率分别为：2012年100.00%、2013年98.97%、2014年90.28%。按营林措施分别为：自然恢复100.00%、抚育95.70%、中龄林间伐98.33%、近熟林择伐100.00%。即普安村在2012—2014年期间有效地在652.2公顷的林地面积上开展了可持续森林经营。

（2）采伐蓄积合格情况：普安村森林经营单位2012—2014年中龄林间伐和近熟林择伐株数和蓄积综合合格率分别达到：95.93%和96.61%。按年度合格率分别为：2012年100%和100%、2013年92.06%和93.53%、2014年97.12%和96.66%。按营林措施分别为：中龄林间伐96.67%和97.10%、近熟林择伐62.91%和62.91%。说明普安村在近自然间伐经营技术方面总体合格达到满意的效果。但是在近熟林择伐方面采伐强度趋于保守，或者实施数据存在统计错误的情况，但因近熟林择伐实施面积很少，因此对总体综合合格率影响不大。

（3）基建合格情况：基建总体合格率较好，合格率达到93.82%，不合格原因主要来自于不同测量方式导致长度测量数据不吻合。

3. 经营效益

（1）项目补贴：按照普安村森林经营方案，预期经营期前5年项目需支付普安村1114060元，2012—2014年金沙县项目办实际支付为1061658元，已达预期的95.30%。因2015年和2016年度规划实施面积仅为56.4公顷，加上基建规模有一定扩大（规划9000米补给线，实际修建15029米）增加了支付额度，因此项目补贴既充分保障了经营需要，又符合预期要求。

（2）补贴投入与效益：项目总支付各类森林经营补贴1061658元，支持了3年期间在

1197.1公顷林地面积上开展可持续森林经营活动，平均投入为295.62元/公顷·年（折合为19.71元/亩·年）。按实际开展森林经营活动并合格的652.2公顷面积计算，平均投入为1672.81元/公顷（折合为108.52元/亩）。因普安村森林经营方案前3年为密集实施期，因此预计整个经营期平均投入将少于目前投入单价。

（3）林农收益：金沙县项目办实际支付各类补贴总额为1061658元，除去基建补贴的240464元不能（或不完全）折算为农民收益外，其余均可折算为村内农民收益；因林木采伐成本为本村内劳务支出，则木材销售收益35.87万元可直接折算农民收益；非规格材以价值（薪材价值）15.0万元折算为收益。因此，在中德财政合作贵州省森林可持续经营项目下普安村森林经营单位3年实现总收入132.99万元，户均1574元。

五、结论与讨论

1. 村级森林可持续经营的可行性问题

在中德财政合作贵州省森林可持续经营项目支持下，金沙县普安村森林经营单位分析了3年来森林经营方案的执行和实施质量，其主要关键指标：方案规划经营措施面积综合执行率达到98.06%、间伐蓄积执行率达到90.05%的情况下，村级森林经营是具有可行性的。

2. 村级森林可持续经营实施质量的可行性问题

在金沙县项目办的技术培训和抽查验收、贵州省监测中心全面监测验收、项目外方专家抽查监测验收等质量控制措施下，普安村森林经营活动各项营林措施综合合格率达到96.27%，间伐株数和蓄积综合合格率分别达到95.93%和96.61%，基建合格率达到93.82%。其实施成效所表现的积极意义与专业技术人员实施的实验样地或示范林是截然不同的，普安村森林可持续经营是由村委会组织、村民实施的经营活动，证明了林农参与村级森林可持续经营质量是可得到有效保障的。

3. 村级可持续森林经营经费投入可行性问题

按普安村森林可持续经营实例测算，按经营方案面积计算为19.71元/亩·年，仅略高于国家级公益林（集体部分）15.0元/亩·年的补偿标准；按有经营措施面积计算为108.52元/亩，则介于中幼林抚育项目100～120元/亩的补偿标准。因此，从近期国家生态文明建设有关方针政策来看，在将来一段时期内国家支持村级森林可持续经营在财力投入方面是具有一定可行性的。

4. 开展村级森林可持续经营可增加农民收入

通过对普安村森林可持续经营所获得的各项收入测算，普安村3年经营活动实现总收入

132.99万元，户均增收1574元。因森林可持续经营初期其收入主要依赖于项目补贴，随着经营持续开展，今后木材销售收入占总收入的比例将逐步增加，届时森林可持续经营将在农民增收致富方面发挥更大的作用。

5. 问题与展望

以普安村森林经营单位经营数据来看，实现了森林可持续经营在村级水平上定量分析，获得了多个方面的定量结论。但从宏观层面来看，受限于研究实例缺乏横向对比，尚不足以说明和总结中德财政合作贵州森林可持续经营项目在保障村级森林可持续经营执行、质量及运行等方面所采取的一系列技术措施和管理经验。为此，需要对目前该项目所支持成立的120个森林经营单位逐步开展分析研究，以期获得更加翔实可靠、更具有推广价值的研究结论。

幼林抚育

第八节　大方县凤山乡森林可持续经营探索与实践

大方县凤山乡羊岩村位于大方县东部，距县城 23公里。该村涵盖 7个村民组，主要民族为汉族、彝族、苗族、白族等。2017年村民人均年纯收入为 6974元。该村大部分林农均有山林，在中德财政合作贵州省森林可持续经营项目的支持下，该村林场组创建了森林经营委员会，编制了森林经营方案。林场组森林资源以人工林为主，主要是1965 年大集体时期栽植，林场组种植树种为华山松和少部分70年代种植的杉木，含有少量自然生长的桦木。项目实施前，华山松胸径在15～40厘米，平均 20厘米。由于初植密度较大，且从未开展过抚育间伐，中途又加上几次雪凝灾害，出现了部分林窗，林木分布不均，林相普遍较差，表现为部分区域林木密度过大，普遍在 1500株/公顷以上，个别区域林分密度达3000株/公顷以上。由于从未开展过森林经营，林分立木蓄积一般为 243立方米/公顷。林内密不透风，林木树冠残破，枝丫枯死。杉木尤其严重，80%以上的枝丫出现枯死。自然生长的桦木高生长旺盛，普遍比杉木高出1～2米，并且歪倒木较多，对杉木形成了压制，导致后者生长趋于停滞甚至濒临死亡。

大方县凤山乡实施中德财政合作森林可持续经营成效

一、主要做法

根据中德财政合作贵州省森林可持续经营项目要求，为了保质保量完成建设任务，让项目得到充分发挥，保证人民群众得到真正的实惠，各级各部门高度重视，扎实工作，主要有以下做法。

1. 成立森林经营委员会，确保有人办事。羊岩村有 7 个村民组，由于林场组在全村森林资源相对较丰富，交通较为便利，再加上当初项目处于实验期，经大方县项目办和林业站讨论决定，选择了林场组作为项目工作开展的试点。纳入森林经营方案编制面积为 98公顷，涉及37户村民，设立森林经营委员会代表共4人，由老场长袁明学领衔任主任，其余3人包括森林经营委员会1名副主任和2名成员，均为普通村民，由全组林农大会会议选举产生。主任负责为森林经营委员会提供总体的行政领导及协调支持，4人均参与了森林经营委员会的日常运营和管理。财务管理方面，由森林经营委员会副主任居明平进行总体管理，业务方面实行共同管理，通过会议形势讨论工作的安排。

2. 编制森林经营规划，确保方案可行。采用参与式林业调查方法，让森林经营委员会代表、林农与林业技术人员共同制定森林经营规划，编制森林经营方案，按审批的经营方案组织实施。制定了《凤山乡羊角村中德财政合作贵州省森林可持续经营方案》，规划期为10年，对年度实施计划进行了明确安排。

3. 推行营造混交林，促进多树种结合。项目引进近自然的森林可持续经营技术，使近自然森林的发育朝着天然植物群落方面发展，使其向多树种、多层次的方向演变。在造林方面排除外来树种。鼓励促进天然更新，推行营造混交林。实行针阔混交、阔叶混交、原有更新树种和新造树种混交，形成多样性的异林混交林，对林分的密度进行总体控制，根据林分的平均胸径选择最优的林分密度。

4. 加强可持续经营宣传，确保理念更新。项目采用参与式森林经营方法，引进德国近自然的森林经营理念，项目的信息传播、编制森林经营单位、采伐培育、检查验收等一系列与国内不同的技术和措施值得借鉴。在实施过程中市、县技术干部到森林经营委员会召开群众会，通过广播、宣传栏、宣传车、发放宣传资料等形式，多渠道、全方位加强对可持续森林经营项目的宣传。配合参与式工作，7年来凤山乡林场森林经营委员会向林农发放《项目情况介绍》和《林农手册》100余份。每年配合贵州省项目办对项目实施进行过程管理，配合德国复兴银行专家对项目结果进行监测，实行全程跟踪和服务，对达不到技术要求的及时进行返工，并扣减相应面积。对贵州省审计厅审计或项目监测发现的问题，不论问题大小，均按《森林经营单位财务管理办法和森林经营管理章程》要求，及时进行整改，确保项目实施质量和资金安全。

二、取得的成效

1. 生态环境明显改善。中德财政合作贵州省林业项目实施后，森林质量得到了显著提升。通过抚育和间伐措施，林分密度得到调节，施工前后林相变化较大。目前，林木枯死枝丫很少，呈现出青山绿水的画面。林分结构得到改善，杉木林分中的霸王类桦木被剔除，其余桦木高度与目的树种相差不大，针阔树种之间基本实现平等竞争，林分结构趋于稳定。尤其杉木林分生长速度显著增加，目前整个林区华山松和杉木胸径在15～30厘米，平均25厘米。杉木胸径在10～20厘米，平均15厘米。

2. 林农收入明显增加。项目实施期间，37户村民的森林得到了合理经营，占全部林农林子的100%；户均获得木材销售收入25675元，户均获得劳务收入5942元。全村木材销售95万元，项目劳务补助21.98万元，户均从森林经营中受益约3.16万元。除森林经营委员会代表外，普通受益林农视股份情况，出工农户收入在2500～50000元。

3. 营林理念明显转变。过去几十年间，林农的生产活动以传统农业耕作为主，虽然在前期开展过以林下割灌除草为主的活动，对该林分质量的提升极为有限，也不符合近自然可持续森林经营原则。以前是栽植后放置不管，采伐时砍大留小，现在是以培养大径材为目标，主动、定期、及时地开展间伐活动。实施过程中，林农普遍接受了培养目标树、去除主林层竞争木的间伐理念，森林经营意识增强，项目实施后，20%的林农学会了选择并标记目标树和竞争木。村民以前不懂采伐技术，不会使用油锯，现在森林经营委员会能够熟练操作油锯的人员达到5人，一般操作员有8人。

4. 参与意识显著增强。项目通过执行参与式规划和实施方法，尊重林农的知情权、参与权和决策权，保障森林经营委员会运行公开透明，并第一次在羊岩村引入了公示制度。参与式工作方法促进了村民之间的互助合作，也增强了村民的参政议政意识，村庄民主监督水平得到了提升。

三、几点体会

通过10年的森林可持续经营，森林经营单位成员领会了森林可持续经营理念，懂得了如何经营森林，林分质量得到了大幅提升，盘活了林场，林农参与森林经营的意识有了较大的转变，林农收入与之前相比有了较大提高。

贵州省对外合作项目中心主任姚建勇到凤山乡检查森林可持续经营实施情况

1. 参与式会议是项目取得成功的基础。森林经营单位成立之初，项目办工作人员多次与森林经营单位成员召开会议，讨论如何经营森林，如何才能使森林发挥最大效益，什么样的森林才是好森林等，森林经营单位成立后，森林经营单位代表也是通过召开森林经营单位成员的参与式会议讨论如何经营森林，收入如何分配，劳务报酬怎么分配等内容。

2. 落实好森林经营委员会是项目成功的前提条件。一个好的森林经营委员会/单位能够带领森林单位成员长期、稳定地经营好森林。必需考虑到村支两委在村内的号召力和行政影响力，森林经营单位代表们大多直接从村支两委成员内直接产生，有时也包括一部分村民组长。森林经营单位代表通常包括5人，森林经营单位主任通常由村主要领导兼任。森林经营单位代表选举通常是等额选举，人选由村支两委内部讨论产生，以投票或举手表决形式确定。

3. 编制好森林经营方案是项目取得成功的关键。森林经营方案是具体实施项目、项目监测和支付补贴的基础，是经营好森林的总纲。编制森林经营方案必须注意：一是村庄农户自愿参与；二是成立森林经营委员会；三是讨论长期目标；四是让森林经营单位的代表们参加到小班调查和规划中；五是由项目人员和森林经营单位代表共同制定森林经营方案，森林经营单位讨论并通过；六是森林经营单位承担起包括森林保护计划在内的森林经营方案的实施；七是针对项目工作人员和技术人员共同建议的森林经营方案，经森林经营单位进行讨论并形成一致意见。

4. 实施好项目监测是项目成功的重要保障。监测主要针对的是可持续森林经营项目实施，是对实施程度和营林措施质量进行的有形监测。监测活动将会对森林经营规划自身的质量及实用性进行评估。按照实施方案的规定，可持续森林经营实施的监测目标可分为以下几类：一是提供关于可持续森林发展活动与成果的详细、可靠、真实信息；二是判定已实施的森林经营措施是否与营林指南和森林经营规划中规定的标准相符合，监测结果将决定已实施的项目措施能否有资格获得补助；三是发现和描述遇到的问题，从而为各级项目工作人员以及各个实施团队提供额外建议和培训。最关键的是通过监测发现问题、解决问题，从而提高森林经营单位成员以后如何经营好森林的能力。

第九节　黔西县森林可持续经营实施间伐探索与实践

黔西县位于贵州省中部偏西北、乌江中游鸭池河北岸。东邻修文县，以六广河为界；南邻清镇市和织金县，以鸭池河为界；西邻大方县，以支嘎阿鲁湖和西溪河为界；北与大方县和金沙县接壤。县政府所在地距省会贵阳117公里，距毕节市政府所在地115公里。县域面积2380.5平方公里。全县森林面积10.74万公顷，其中用材林3.06万公顷，经济林3万公顷，防护林4.43万公顷，特种用途林0.18万公顷，薪炭林0.07万公顷；活立木蓄积量477.01万立方米。主要乔木树种为马尾松、杉木、柳杉、麻栎等。

黔西县中德财政合作贵州省森林可持续经营项目（以下简称项目）共编制森林经营方案27个，规划森林经营面积6707公顷，涉及13个乡镇24个村677个小班。实施经营措施3001公顷，其中实施间伐1面积849公顷，实施间伐2面积152公顷，抚育958公顷，自然恢复1041公顷。

一、主要做法

项目是引进德国近自然森林可持续经营技术，项目采用参与式方法，实施过程中尊重林户的意愿，注重项目的目的、意义、实施技术的宣传，注重采伐技术的培训、质量监督、

省、市、县领导听取黔西县莲花森林经营委员会负责人实施可持续经营间伐情况介绍

补贴的及时兑现等。

1. 成立森林经营委员会。首先向乡镇、村传递项目信息。在乡镇、村表达项目的要求后，到村召开村民会议，宣传项目的目的、意义、实施流程、资金兑现方式等。在80%以上的村民同意参加项目后，成立森林经营委员会。森林经营委员会由村民选举责任心强、乐于为村民办事且有一定文化基础和管理能力的村民3～5人组成。

2. 编制经营方案。经营委员会聘用林业专业技术人员进行规划设计，编制经营方案。技术员进行外业调查结束后编制经营方案。经过经营委员会委员和林户代表对经营方案进行审查，技术员按照审查意见修订后上报黔西县林业局审批。在实施过程中严格按照经营方案执行，如有与实际不相符的小班需要改动，需要经过黔西县林业局同意。

3. 制定实施计划。实施计划的制定自下而上进行。经营委员会根据自身的管理能力、劳动力状况向黔西县项目办申请实施面积，黔西县项目办对各经营委员会的申请进行汇总上报省项目办，贵州省项目办下达实施任务计划。为与国内计划方式相衔接，年初下达初步计划，到当年8月，经营委员会可以估计全年可能完成的工作量，再进行上报，贵州省项目办根据上报面积下达最终的年度计划任务，便于相关考核，减轻工作人员压力。黔西县项目办根据采伐计划，向黔西县林业局申请采伐指标，经营委员会在采伐前办理林木采伐许可证。

4. 强化技术培训。近自然森林可持续经营要求较高，要精准识别采伐木、保留木、目标树，应用降低不良影响的间伐方式。实施前必须进行严格的培训，使每个施工员掌握采伐技术。一是标树培训。间伐实施前要对目标树、采伐木进行标记。这是间伐实施的关键环节。技术员深入实施现场，召集施工人员进行标树培训工作。标树人员要理解和掌握近自然森林可持续经营的理念，充分利用自然力，适当采取人为措施，促进森林向多树种和较为稳定的森林群落结构演进。用较小投入获取较大收益。对干形好、生长势旺盛的可能培育成大径材的上层木标记为目标树。按照标记数量、种类进行统计，用于施工员补贴发放和采伐量的统计。二是油锯操作培训。油锯的操作培训是保障施工人员安全、达到降低不良影响采伐的关键。油锯的使用可以提高工作效率，但是，如果操作不当会对施工员造成伤害以至危及生命。油锯的正确使用，可以控制树倒方向，尽量减少对保留木、幼苗幼树、林下植被的破坏。油锯的操作培训包括保养维护和伐木操作两个方面。油锯的保养维护主要注意机油和汽油的混合比例、链条的松紧度调节，链条使用变钝后及时锉锋利或换新链条，保证油锯正常工作。油锯伐木操作时，首先确定被伐树木的倒向，修枝、造材、剥皮，然后沿集材道运往贮木场。

5. 跟踪督促检查。在施工过程中加强检查督促工作。尤其是对第一次实施项目的经营委员会，在实施3～5天后，要深入小班进行检查。对于没有掌握技术方法的施工员及时地进行现场再次培训，对于实施达不到要求的及时进行整改，每隔3～5天后进行检查督促，直到合格为止。

6. 实施监测和验收。经营委员会项目实施结束后，开展县级自查验收，将结果上报项目监测中心。监测中心对每个小班进行验收。为监测项目成效，黔西县设置了3对间伐样地。每对样地设一个未实施样地作对比，另一个按近自然森林可持续经营技术实施。经过监测，对比样地胸径平均生长量为0.2厘米，实施样地胸径平均生长量0.5厘米，证明项目的实施促进了林木生长，效果显著。

7. 按时兑现资金。检查验收完成后，按照项目补贴标准，计算出经营委员会应得补贴数量。经营委员会制作发放清册和考勤表，进行公示，公示期内无异议的，到黔西县项目办申请拨付补贴资金。黔西县项目办在4周之内必须进行拨付。项目补贴资金的及时拨付，极大地提高了林户参与项目的积极性。

二、取得的成效

采用近自然森林可持续经营的理念，树种结构和林分密度得到调整，促进了林分的生长，林农得到了较大的经济收入，取得了良好的实施效果。

1. 林分结构得到改善。间伐分间伐1和间伐2。间伐1是对平均胸径5～15厘米的林分采取的营林措施。由于过去重保护轻合理利用，林分普遍过密，一般为3000株/公顷，急需对林分采取间伐措施。通过间伐1，林分密度、树种结构得到调整。例如，登高森林经营委员会002号小班，林分起源为2002年退耕还林工程营造的人工林，主要树种为杉木、楸树，树龄为13年，间伐前密度为每公顷3149株，郁闭度为0.90，间伐后林分密度为每公顷1849株，郁闭度为0.70，林木分布均匀，通风、透光，促进林木生长，取得了良好效果。间伐2是对平均胸径15厘米以上的森林采取的营林措施。这部分林分大多是60年代或70年代营造的人工纯林。造林以来没有开展过抚育间伐措施，林相紊乱，树种单一，林分的稳定性和健康状况差。通过伐除干扰木、被压木、病虫木，让伴生树种有充足的生长空间，促进保留木生长，森林健康得到改善。如，莲花森林经营委员会019号小班，是70年代营造的马尾松人工纯林，树龄36年，平均胸径15.8厘米。间伐前每公顷株数1350株，郁闭度为0.80，间伐后每公顷株数960株，郁闭度为0.70。通过实施间伐2，保护天然更新的马尾松和阔叶幼树，进一步促进目标树生长，取得了良好效果。

黔西县国有林场顺石工区实施森林可持续经营间伐成效

2. 增加林农收入。实施中龄林间伐849公顷，近熟林间伐152公顷，实现务工收入193万元，间伐木材蓄积24482立方米，销售收入1224万元。例如，登高经营委员会002号小班，间伐木材344立方米，除林户自用外，销售木材263立方米，收入17.1万元，受益林农57户141人，户均收入3000元。

3. 助推脱贫攻坚。通过实施间伐，为当地农民提供就业机会2.4万个，实现项目区剩余劳动力就地转移。与国家精准脱贫有机结合起来，助推建档立卡贫困户416户1456人实现脱贫。例如，雨朵镇登高村有林农310户1085人。在项目实施前有贫困户92户322人，项目实施后，有25户 91人因参加项目而甩掉贫困户的帽子，走上勤劳致富奔小康的道路。

三、取得经验

项目通过10年来的实践，实施区的林业科技人员及广大的林户基本掌握了近自然森林可持续经营技术和实施的方式方法，森林数量和质量得到提高，森林的多种功能效应凸显，林农参与森林可持续经营的积极性得到提高。

1. 充分发挥群众的积极性。项目的实施需要千家万户的参与。参与式工作贯穿项目的整个过程。从项目的信息传播，直至规划实施、资金兑现等，都离不开群众的积极参与。通过召开项目宣传会、培训会，使群众掌握近自然森林可持续经营技术，懂得近自然森林可持续经营实施的方式方法以及好处。把爱护生态环境、促进森林健康、森林可持续经营变成群众的自觉行为。

2. 制定森林可持续经营方案。怎样让青山常在永续利用，实现森林可持续经营，充分发挥森林的多种功能，必须要有周密的计划，要有切实可行的方案。让林户知道什么时候需要保护、培育，什么时候可以间伐利用。为了经营方案有操作性，一般每5年进行一次修订。

3. 建立健全村级森林经营委员会。在现行管理体制下，县乡都有林业管理机构，村级没有林业管理机构或组织。为了让森林可持续经营落到实处，必须建立健全村级经营管理组织。村级经营管理组织是森林可持续经营的有力保障。

4. 开展乡土人才技术培训。县、乡林业管理部门事务多，精力有限。需要培训经营委员会技术人才，随时随地宣传群众、现场指导施工作业，保障近自然经营技术落到实处。

5. 加强技术指导和施工监督。县技术员要深入小班进行检查指导。尤其是第一次实施的经营委员会，要在实施3～5天后及时检查，发现没有按技术要求施工要及时纠正，直至合格为止。对以经济利益为目的采伐目标树的，进行批评教育，屡教不改的勒令停止施工。

森林可持续经营间伐的木材

6. 做好财务管理，及时兑现资金。每年的1月和8月进行检查验收。验收合格后，经营委员会做好支付清册，进行公示。公示无异议的，县项目办在4周之内拨付资金。资金的及时兑现，提高了经营委员会及群众的信任度，极大地激发了他们参与森林可持续经营的积极性。

7. 建立经营管理档案。森林可持续经营是连续不断的、长期的、艰苦的一项工作。建档立卡是可持续经营管理的重要手段。对管理、技术、财务等资料要分类整理，建立档案，以保障森林可持续经营工作沿着正确的方向不断前进。

第七章　学习借鉴

第一节　第一次赴德国学习借鉴

2010年9月11～26日，中德财政合作贵州省森林可持续经营项目第一批人员赴德考察。考察期间，所有成员自觉遵守出国人员的相关纪律，自始至终参加了考察学习日程中所安排的活动。大家一致认为，本次考察学习活动收获颇多，效果良好，对项目今后的实施有很大的帮助。

本次考察由贵州省林业厅对外合作中心（贵州省项目办）组织，考察方案由德国GFA咨询公司和首席技术顾问共同制定，并经德国复兴银行、贵州省外办和贵州省林业厅批准。与其他考察活动相比，本次考察的业务考察时间较多，占了2/3的比例。考察活动的联系和安排由德国GFA咨询公司负责，项目的首席专家胡伯特·福斯特先生全程陪同考察。根据项目《费用与投资计划》规定，在德国考察期间的费用由项目中的德方资金支付，往返的机票由项目中的中方资金支付。

考察团人员共计14人，由贵州省项目办、贵州省项目监测中心、市（地）项目办和县项目办的项目负责人和技术骨干组成，其中省项目办3人（包括一名英文翻译），省项目监测中心1人，贵阳市和毕节市项目办各2人，开阳、息烽、金沙、黔西、百里杜鹃、大方县项目办各1人。考察团由李宏任团长，副团长有夏焕柏、罗恩华和杜培义，下设3个小组，即后勤组、资料组、安全组。后勤组人员有商倩霞、高艳萍、糜小林，资料组有王乾、雷江、敖光鑫、王厚祥，安全组有黄沛成、张忠玉、聂忠兴。2010年9月10日，考察团在贵州省林业厅四楼会议室召开行前安全防范教育会，贵州省林业厅对外合作与产业处陈茂祥处长做培训讲话，李宏主任做考察安排。

一、考察重点和区域

本次考察的重点是德国近自然森林可持续经营。围绕这一主题，对德国的林业行政管理、森林的不同采伐（间伐）方式、形式多样的森林教育以及种苗生产、造林等进行了考察学习。考察区域主要是在巴伐利亚州（Bavaria）。具体考察地点有：莫纳（Murnau）地区的私有林森林经营及林主协会，瓦瑟堡（Wasserburg）国有林经营，罗森海姆（Rosenheim）私有林主及林业协会，罗腾部核（Rothenbuch）橡树林经营，奥特门（Eltmann）松林经营，拉地莫（Latemar）森林经营，老包（Ruhpolding）林业培训中心，菲森（Fussen）森林活动中心，斯图加特（Stuttgart）森林之家，乌兹堡（Wurzburg）森林体验中心，劳芬（Laufen）苗圃。

二、巴伐利亚州（Bavaria）概况

巴伐利亚州位于德国东南部，地处阿尔卑斯山北麓，东倚捷克，南邻奥地利、瑞士，

贝希特斯加登的森林资源

格莱姆沙茨尔林区森林体验中心免费向当地儿童开放

西靠巴符州（Baden-W ü rttemberg），北界黑森、图林根、萨克森诸州。全州面积70554平方公里，是德国面积最大的州。人口1180万，仅次于北威州（1806万）而排名第二位（人口密度比贵州低一些，巴伐利亚州为167人/平方公里，贵州大于216人/平方公里）。阿尔卑斯山横贯全州，多山峰、多森林、多湖泊是该州地形地貌的突出特征。这里的阿尔卑斯山脉中不乏引人入胜的2000米以上的山峰。受西风带影响，巴伐利亚州气候呈现复杂易变的特点。降水量南北差距较大，南部最高年降水量达1800毫米，北部仅700毫米；南部霜冻期为108天，北部为101天。

巴伐利亚是德国最富裕的地区之一，以西门子、宝马、奥迪、阿迪达斯和啤酒闻名世界。但是，今天仍有大部分地区还以农业和林业为主。州首府慕尼黑位于阿尔卑斯山北麓，是一座依山傍水、景色秀丽的山城，也是德国最瑰丽的宫廷文化中心。12世纪以来的将近800年中，这里一直是拜恩王国维特尔斯巴赫家族的王城之地。慕尼黑是一座文化名城，拥有125万居民，是德国第三大城市，除拥有一家规模巨大的国家图书馆、43个剧院及一所拥有8万多学生的大学外，慕尼黑还有四多，这就是博物馆多、公园喷泉多、雕塑多和啤酒多。作为制造业中心，慕尼黑在第二次世界大战时受到猛烈轰炸，并被美军占领。在第二次世界大战后，巴伐利亚逐步地恢复为一个繁盛的工业中心，大规模的重建工程努力地恢复了很多慕尼黑的历史上著名的建筑。1972年主办了夏季奥运会。

三、巴伐利亚州的林业概况

1. 对森林的直观印象

德国是森林经营做得最好的国家之一，近自然林业起源于德国，近自然林业是什么样的林业呢？中国的一位哲学家曾经说过："德意志民族性格里头，好像有种大森林的气质：深沉、内向、稳重和静穆。"照此观点，森林对德国人的性格形成可能有很大的影响。那么德国的森林是什么样的森林呢？带着这样的好奇和求知的欲望，我们开始了德国的林业和森林考察。

巴伐利亚州是德国森林资源最为丰富的地区之一，其森林的情况也很具代表性。在10多天的时间里，我们在巴伐利亚州和周边地区跑了不少的地方，在沿途和参观点看了不少的森林，也拍了不少的照片，对其最深刻的印象有两点。一是森林多，感觉全州除了草场外，其他地方全是森林。尽管贵州的森林覆盖率已接近40%（2010年），比巴伐利亚州的36%还高出4个百分点，但明显感觉巴伐利亚州的森林比贵州多得多；二是森林质量好，与国内的森林不一样，这里的森林远远地看去，显得是厚重深沉，在苍茫缥缈中透着神秘，隐隐然回荡着一种让人不敢过于靠近的奇特气势。走进森林后景观和感觉又不一样，往上看，是密密的参天树冠，比想象的更高；平着看，是一棵棵、一排排又粗又直、高大挺拔的树干；往下看，林地上铺满了厚厚的腐殖层和青苔，又湿又软，保水保土效果非常好。对于我们这群搞林业的人，看到这样的森林，怎能不惊叹，又有谁不热爱呢！

2. 森林资源的相关数据

据巴伐利亚州林业厅威尔豪森先生介绍，该州森林面积为254万公顷，森林覆盖率为36%。主要分布于阿尔卑斯山地区，平均蓄积量为400立方米/公顷。该州分布的主要树种有云杉（占45%）、欧洲赤松（占19%）、落叶松（占2%）、橡树（占6%）、榉树（占12%）、冷杉（占3%）、其他阔叶树（占13%）。松树主要分布在巴伐利亚州的中部和北部，要求土地松软。云杉分布在整个阿尔卑斯山，要求土壤肥沃。榉树主要分布在北部、中北和阿尔卑斯山脉。橡树主要分布在北部，是德国重要的阔叶树种之一。巴伐利亚州森林权属有四种，以私有林的比例最大，占54%，巴伐利亚州属森林占31%、集体林占13%、联邦林（国有林）占2%。由于一战和二战的破坏和战后赔偿需要而进行的森林采伐，德国的森林消耗很大。1950年森林的蓄积降到最低。为了迅速地恢复森林，这时种了很多单一的树种。可是在1990年，一场大风暴，使很多树种单一的森林受到了很大的破坏。这场大风暴引起了人们对单一人工林的思考和研究。

德国是欧洲森林蓄积最大的国家，其次才是北欧。巴伐利亚州森林平均蓄积量为400立方米/公顷，是各欧洲国家中最高的，也是德国各州中最高的。相比之下，贵州的每公顷立木蓄积只有近60立方米。林业产值为37亿欧元，其中木材加工为6.8亿欧元。全州汽车产业23万人，人数最多；有19万人从事林业和木材生产，居全州第四。根据联合国提供的IPC气候预测系统，州农林部科学考察部制作了森林气候变化图（预测期为100年），根据变化图，巴伐利亚州最适应气候变化的树种为榉树，而种植面积最广、价值较高的云杉则不能适应将来的气候变化。因此，巴伐利亚州林业主管理部门认为不宜再种植云杉纯林，对原有的云杉纯林也应该进行逐步的改造。如果没有人为的干预，巴伐利亚州应主要是榉树林，德国的南部为橡树林，北部为云杉林。州政府鼓励私有林主营造云杉、榉树、橡树的针阔混交林，增强抗灾害能力，并对此提供政府补贴。

3. 林业管理机构

2005年进行了机构改革，撤销了州与县中层的管理机构，在县一级设置林务官。州林业厅下设政策法规部门、私有和集体林管理部门、营林部门、产权和经营部门、人事部门、律师和监测部门以及外事等部门。

德国巴伐利亚州贝希特斯加登国家公园

州林业厅职责是：保护、监察、森林教育、给私有林和集体林咨询和发放补贴。巴伐利亚州对森林教育非常重视，经常举办一些关于森林的展览会和进行图片宣传等，平均每三个中小学生就有一个会参加到有关森林的教育中来。还有就是通过发放狩猎证，对鹿进行控制，保护幼苗。

基层林务官的职责是：50%的时间给私有林主免费咨询，30%的时间用来开展林主补贴的受理、核实、发放，20%的时间肩负森林警察的职责。

林业公司：州林业厅在机构改革后，将分流出来的人员及其他单位抽调的人员组建了州林业公司，下属41个企业，设有董事会和监事会，负责全州的国有林经营。该公司负责的每个林区有1个林务官。公司里有经过培训的伐木工人。伐木时2～4人一组，有1名组长，专门负责操作规程和安全。每年每人采伐的时间规定不超过700小时，其余时间开展抚育或其他工作。公司的森林不仅用以生产木材，而且还承担着休闲、水土保护、动物保护的任务。

林主协会：由私有林主联合起来的组织。巴伐利亚州有私有林主70万人，有130个林主协会和一个总协会。总协会从政治层面为林主们争取更多的利益，向政府反映林主们的各种意见。政府在出台新的林业法律法规和政策前，都要与总协会进行协商和征求意见。林主协会除帮助林主经营管理森林外，还要负责林道修建、大型机械租用等，并接受林业部门的咨询。巴伐利亚州的林主协会一般都有很长的历史，有的已有90年。林主协会的管理机制、职能都很健全，对协会所管辖的森林资源情况和林主的情况都很熟悉，各种图表和档案管理齐全。林主协会除设有会长和工作人员外，还有1名专职的经理。会长负责林业政策，经理负责决定采伐材的利用、截材规格、联系销售和联系采伐公司。林业部门对林主协会一般只提建议，对正确实施的林主给予补贴，特别是鼓励营造混交林。如莫纳私有林主协会由800个私有林主组成。林主协会有专门的办公楼，有会长、经理、董事，有办公室人员、财务人员，每个村有1个联系人，有协会的章程，协会要在政府机构注册。每年国家给协会一定的补贴，林主按面积交纳一定的会费。协会负责木材经营、森林经营方案编制、申请补贴、与林务官联系等。

4. 德国近自然林业的兴起

近自然林业理论是德国林学家嘎耶在1898年提出的。他发现天然林的单位面积木材生长量不仅超过了人工林，而且森林内的各种物种也得以幸存。嘎耶由此得到启发，提出了著名的论点：生产的奥秘在于一切在森林内起作用的力量的和谐。与18世纪以来的人工林业相比较，近自然林业摒弃了出于纯人本主义的无限度向自然索取最高木材产量的观点，而转向自然主义与人本主义相结合的以保持森林自然生态结构为本的有限索取；从经营技术而言，近自然林业要使现有的与自然相悖的人工林恢复为天然林。近自然林业的兴起不仅是人类林业理论、林业活动实践与科学技术的进步，更体现着林业哲学思想的进步。

欧洲国家广泛开展近自然林业实验是在1972年森林遭受特大风灾之后。20世纪后期因风暴不断，人工林损失特别大，不得不实行的受灾林采伐造成了大量的空地，给近自然林业的实施带来了机会。至今欧洲在受灾林地上采用的恢复天然林的技术大都取得了成果，并获得了经验。现在以德国为主的欧洲各国也已为近自然林业制定了具体的技术政策和路线，并纳入了法律条例。技术的转变包括重新划分和增加自然保护区，实施群落生境调查计划，绘制和应用群落生境图实施林业计划，把人工林改造为能持续保证森林生态和木材产量的“恒续林”，在森林生态的基础上制定造林方案，以及采用目标树定向培育法生产木材。最新的近自然林业理论是在持续保护森林生态健康的前提下如何让人类能够获取木材的一种策略，它主张应用顺应自然的林业经营方法，即在服从自然规律的前提下为人类的木材利用目的而设计的容许有一点偏离自然的森林建设方法。对于生长周期很长的森林来说，一种理念的运用要大范围地改变森林结构是一个非常漫长的过程。尽管如此，我们在巴伐利亚州还是明显地感觉到了近自然林业理念兴起后给森林带来的变化。

5. 森林经营及其特点

（1）重视森林经营方案。巴伐利亚州对森林经营方案极为重视。森林经营方案编制期为20年，一经批准，需严格执行，不会因林务官的变动而改变。森林经营方案一般都充分体现了近自然林业的理念，如天然更新、营造混交林、开展森林抚育间伐、保护鸟类、保护水源，让废弃木材在林内自然腐烂等。采伐中坚持采伐量不大于生长量的原则。当林主的森林少于10公顷时，不需要编制方案；大于10公顷时，可编制方案，由林主委托相关机构编制，林业部门给予一定的补助。森林经营方案不仅是森林经营的依据，也是政府税收的主要依据。

（2）森林经营周期长。巴伐利亚州由于气候较为寒冷，生长期短，森林年生长量较低，60年的森林年生长量也只有9立方米/公顷左右。而巴伐利亚州的森林平均蓄积量已达到400立方米/公顷（贵州的气候条件虽然更加适合森林生长，但平均蓄积只有60立方米/公顷），大部分的森林都有60年以上的树龄，有相当部分已达到90年以上的树龄，橡树的经营期甚至达到了240年。由此可见，即使是在气候条件较差的地方，只要是合理经营，有足够的耐心，给森林生长足够的时间，小森林可以变成大森林，低价值的森林可以变成高价值的森林。

（3）尊重自然、改变森林结构。据州林业厅介绍，一战和二战后，巴伐利亚州种植了大量的云杉纯林，尽管这些云杉林有的已在风灾中损失，但现在云杉林所占的比重仍然最大，占了45%，风灾的危险越来越大（如果没有人为的干预，巴伐利亚州的主要树种应该是榉树）。而且据有关部门研究，随着气温的升高和降雨的减少，某些区域的云杉将在100年内大量死亡。政府主管部门已经对这些区域的云杉人工纯林做出了更新规划，并开始实施。

（4）通过引导、奖励等措施来贯彻政府的林业规划、政策，比如营造混交林、天然更新、间伐等。巴伐利亚州的私有林和集体林是全州的林业主体，所占比例为67%，其中私有林占54%，集体林占13%。政府的林业规划、政策能否贯彻执行关键取决于私有林和集体林。政府是如何贯彻执行这些林业规划和政策的呢？答案是引导和奖励，而非强制措施。引导包括咨询、宣传、培训，目的是讲明道理，提供技术服务，让林主协会和林主了解近自然林业优点和好处，让近自然林业成为一种社会共识，并自愿地按政府的要求去做。奖励是给予一定的资金扶持，如种苗补贴、间伐补贴等。补助标准如下：一般幼林抚育400欧元/公顷，天然更新1000欧元/公顷，榉树造林3000欧元/公顷，平地营造混交林6000欧元/公顷，橡树抚育1000欧元/公顷。据我们与林主、林务官了解，云杉林在巴伐利亚州被采伐之

柏林森林体验中心

后，平坦的土地上，林主会自觉地通过人工和天然的措施促进混交林的形成。

四、重要参观点的情况和启示、借鉴

1. 森林采伐

森林间伐是森林经营的一个主要环节，也是采伐的一种主要形式。共参观了3个不同采伐形式的现场，分别是大型机械采伐、油锯采伐和手锯采伐。

（1）考察莫纳（Murnau）私有林的大型机械（木材收割机）采伐现场。参观点的云杉林树龄为90年，长得又高又直，蓄积大于600立方米/公顷，树高约30米。云杉市场价格为60～90欧元/立方米，木材收割机采伐成本16欧元/立方米（包括截材和修枝）。木材收割机臂长10米，200马力，采伐最大胸径60厘米，有计算机操作平台，可存储林主的采伐数据，计算采伐木的直径、长度、蓄积等，伐木、修枝、制材系列工作机械化完成，每天可完成200立方米。材积测量也是在制材过程中完成，而且数据准确。运输车可机动装卸木材，木材分级，每车可运输13立方米。

（2）考察乌其克（Utschig）先生所负责的国有林业公司的油锯采伐现场。公司森林面积为2万公顷，下分为20个工区，设有20个林务官。该公司是巴伐利亚州最重要的公司之一。巴伐利亚州的林业公司设有监事会和董事会，为了保证公司按照自己的意志进行经营，公司没有选择上市。年生产木材16万立方米，森林的年生长量为9立方米/公顷，采伐量为8立方米/公顷。油锯品牌有斯蒂尔（STLHL），是德国也是世界上最好的油锯品牌。采伐工人2～4人为一组，设1个组长，专门负责规范化操作和安全，在施工场外围建立警戒线（获得森林认证的细节之一）。采伐工人必须穿着专门的服装和鞋子，如油锯链条碰到专用的裤子后会自动断电，鞋子前部的上面有钢板，可抗伐木的压迫，鞋子底的中间有钢齿，有特殊的防滑能力。工人一般需经数年的集约培训，方可上岗（备注：一个林业学校把林业工人培训成专业的林业工人，一般需要2～3年时间，培训内容不仅仅是采伐，而且涉及各种森林作业活动）。

（3）参观老包（LauBau）林业技师培训中心手锯采伐现场。现场参观了手工锯和斧子的采伐。两名现场操作的培训师是巴伐利亚州的伐木比赛冠军。采伐工具主要由斧子、手锯和楔子组成，比较轻便，便于携带和维护。斧子的刃部锋利，但并不笨重。手锯看上去钢火很好，一把锯子上有2种齿，高度也不一样，高的齿是负责锯木的，矮的是负责将木屑带出来的。有专门的磨锯工具。工具不用时，都套上保护套以保护刀刃、锯齿。

采伐技巧：不管是油锯伐木，还手工锯伐木，为了保护采木工人的安全和最大限度地保护好伐木周围植被，控制伐木的倒向是最关键的。为了做到这一点，伐木时要先确定伐木的倒向，并在这个方向伐木底部锯出或砍出“V”形楔口，楔口深约树干的1/4。再在楔口两侧各砍出一个高约5厘米、长约10厘米的小楔口。然后在楔口背面和比楔口高2～3厘米的位置开始锯树，当锯到一定的深度，锯子很紧时，将楔子嵌入锯口内，可减轻树干对锯子的压力，锯起来更容易一些。当锯口快接近另一面的楔口时（约4厘米），用斧头打击楔子，不需用多大的力气，伐木就会朝楔口方向倒下。另外，树木伐倒后，应尽快修枝、剥皮、制材，并将树木大的一端削圆，这样有利于木材从山上往下滑。为了下滑更容易，还可将前面伐倒并削过皮的木材铺成滑道，后面的木材可轻快地从上面滑下去，大大提高集材速度和减少集材的成本。

以上3种采伐现场参观后的比较：大型采伐机械作业无疑是先进的，具有速度快、效率高、节省时间的优点，但并不适合山区，特别是像贵州这样地形破碎的山区。油锯采伐在项目区某些胸径比较大的林分可以采用，但相比之下，手锯的适用性更广一些，主要原因为：一是费用低、培训容易，不需要规定的上岗证（森林认证要求）；二是便于携带和维护。但采伐工具的质量、安全性都必须达到要求。

柏林森林体验中心标识

2. 森林教育

森林能否可持续地经营和发展，关键是人对待森林的态度。德国有很多面向社会无偿服务的森林教育中心和体验中心，主要对象是儿童和学生。目的是使人们从小就接触森林、了解森林、热爱森林和保护森林，使森林能一代代地传承下去，永续利用，造福人类。

（1）参观菲森森林活动中心。中心共投资150万欧元（其中政府投资140万欧元，社会集资10万欧元）。每年除政府给予一定资金外，其他资金主要是社会捐赠。中心展室里面的展示内容十分的丰富，有各种动物标本、图画、资料，还有小朋友玩的与森林相关的小游戏。其中各种蜂巢标本和蜂巢内蜜蜂活动的监控录像，给我们的印象很深。森林内的设施简单实用而富有情趣。如围绕一条小河，他们修筑了一个很小的水坝，通过小水坝可向人们解释水坝的原理。在河上还设计了各种过河方式，有小桥、有小拖船、有钢绳、有吊环等，既能启发人的思维，又能培养人的探险精神；在林道附近，有跷跷板、秋千、跳远池（木屑做的）、过木桩、木台上扔石子、蜘蛛网等运动项目。森林中还有许多装置非常新颖和具有趣味性的项目，值得我们借鉴。第一是观察根系及根系如何保持土壤的装置。该装置由一块防弹玻璃和木门组成，平时门是闭着的，尽量地不影响根系的生长。打开木门后，可以透过玻璃清楚地看到树木根系和土壤紧紧结合的状况。第二是显示森林土壤水土保持作用的装置。该装置由2个桶和一个抽水设备组成。一个桶中有植物、植被和森林土壤，另一个桶中只有裸露的石砾，用旁边人工抽水设备抽出水来后，将水分别浇到这2个桶中，可以看到第一个桶的水流得很慢很少，第二个很快就流尽了。这两个设备虽然很简单，但却可以很有说服力地告知人们森林的水土保持原理和生态重要性，而且印象深刻。第三是森林中的动物标识牌。标识牌是由一根木柱子和其所支起的木盒子组成，标识板木质好，做得也精致。盒盖上刻有动物的脚印，打开盒盖，里面是动物的图形和名字，图形栩栩如生。这个装置既让人们学到了有关森林动物的知识，又让人感到森林动物无处不在，与我们的生活息息相关。

（2）参观斯图加特森林之家。主要宣传城市–森林–世界的关系。每年有1000名老师来这里接受培训。玻璃结构的展厅让建筑与森林融为一体。展厅有很多创意值得我们借鉴，如：森林的间伐游戏，可以帮助人们明白间伐的意义和正确间伐的方法，室外一棵直立的大树下，放置了一棵伐倒木，伐木从外一直延伸到展厅内的椅子边上，这种设置不需要语言，但却很容易让人明白森林、木材、家具的关系。

（3）参观沃尔夫斯堡的森林教育中心。该森林教育活动主要有以下几种。一是扮猎人游戏。在森林中和树上放置很多动物模型，如鹿、野猪、野兔、鸟等，比谁捕获得多。二是借助镜子观察森林的上空。用一块镜子平放在鼻子位置，眼睛通过镜子看到树木的顶端和天空，一边走一边看，这样可发现与平时不一样的森林景观和感受。三是盲人穿林游戏。另外，还有一些装置也是很有创意的，一个人在一棵很长的原木一端轻轻地击打原木，轻到旁边的人也听不到，在原木另一端的人可用耳朵贴着原木清晰地听到对方传来的击打声音，这说明木材具有比空气更好的传音特性；将人置于小河边用原木镂空后做成的小黑屋内，让人在里面倾听森林的声音，感受与城市不一样的世界。这些游戏和装置虽然简单，但很有趣味性和知识性，特别对青少年很有吸引力，我们的森林公园也可以借鉴。

3. 其他参观点情况和启示

（1）参观德国复兴银行。作为中德财政合作项目的主要资助方德国复兴银行，坐落在美菌河畔的法兰克福。能到德国复兴银行参观是考察团的愿望和荣幸。新上任的亚洲部负责人龚斯通女士（Andrea Johnston）和迈尔（梅林，Nils-Henning Meyer）在德国复兴银行大楼里接见了我们。龚斯通女士并向我们介绍了德国复兴银行的历史和职能。德国复兴银行作为全球最大的政府银行之一，成立于1948年，为二战后联邦德国的紧急重建需求提供资金。成立时的原始股本约为10亿马克，其中联邦政府占80%，各州政府占20%。从成立到现在，德国复兴银行的所有权属于国家，但它却不是国家机构。现在德国复兴银行拥有资产总额2610亿欧元，已成为德国的大银行之一。德国复兴银行的成功也与美丽的美茵河一同享誉世界。迈尔重点介绍了德国复兴银行与中国和其他国家的财政合作项目情况。

（2）参观劳芬国有苗圃。劳芬苗圃属于国有企业，具有100年的历史，面积55公顷。年产优质苗100万～150万株，属于盈利企业。参观内容包括种子处理、贮藏、采种基地和苗圃等。苗圃培育的树种主要是榉树、云杉、冷杉和落叶松。印象深刻和给予启示的有以下内容。一是苗圃机械化程度高、人员效率高，苗木质量很好。苗木除供应国有单位外，也面向社会，价格有时比私有苗圃的还低。二是用于培养的两年或两年以上的苗木，营养袋比一般的大很多（高20厘米，上口直径12厘米），袋子是用麻或纸做的，可自然降解，无污染。由于袋大透气好，苗木长势旺，根系十分发达。三是传统和节约。苗圃种子处理量很大，也是一个很重要的环节，但这项工作却是在一间100多年的老木屋里进行，使用的方法仍然是最传统的，通风也是靠电风扇来解决。四是对种源要求十分严格，如用高山上采的种子育的苗只能用于高山地区，平原种子育苗只能用于平原。为了保护高山落叶松基因和克服高山采种比较困难，专门建立了母树园。这些方法不需要多少高科技，既简单、节约、环保，效果也有保障，值得我们学习。

（3）参观罗腾部核（在沃尔夫斯堡附近）国有林经营。该处有欧洲最好的橡树林，对培育橡树具有丰富的经验。据负责人介绍：要培养好的橡树，林内必须有伴生树种，最好是榉树，但榉树的高度不能超过橡树（必须对过高的榉树进行间伐），避免其影响橡树生长。榉树做伴生树种的目的，一是促进橡树树干部挺直向上；二是给橡树树干遮阴，否则橡树干部就会长出很多枝节，影响橡树的价值。好的橡树可卖到2500欧元/立方米，但差的就只能买几百欧元，差别很大。橡树成材需要240年，更多的要300年，采伐木胸径一般在80厘米以上，无节材达6米以上，再老就会空心。橡树的天然更新能力与榉树相比很差，所以在很多地方需要人工造林，而且还要进行幼林抚育，所以成本很高，大概需要6000～8000欧元/公顷（包括铁丝网，防小鹿吃橡树苗）。

（4）参观奥特门森林经营。奥特门森林主要是国有林，部分是私有林。这里的松树原来很有名，还有很多松树保留了下来。现在由于气候、土壤的条件变化，有的地块已经不太适应松树生长。现在经营的目标是形成复层混交林。根据不同的小生境，充分利用天然更新，宜松则松，宜橡则橡，宜榉则榉。这里有两项森林经营措施值得我们借鉴。一是针叶树幼期的密度很大，目的是促使幼树的自然竞争和促进树干挺直向上。一般要等树木即将进入速生期时才进行间伐。德国的树木，不管是针叶树还是阔叶树，都长得又高又直，可能与这项措施密切相关。二是间伐技术含量高、成效好。间伐的目的是调整林分密度，促进混交林形成，并获取一定木材收益。我们注意到在间伐后的林地上，目标树和干扰树（伐桩）的选择非常科学合理，保留的目标树生长旺盛，林下更新层充满活力，就连天然更新能力很弱的橡树，在这里也能成片地发现。间伐后的林分高矮搭配错落有致，乔灌草结构合理，物种树种更加多样化，整个林分一遍生机盎然。

（5）参观意大利的拉地莫国有森林经营。这里的森林是云杉的纯林。海拔1800米，降水量1500毫米。由于海拔较高，气温较低，云杉生长较慢。正因为生长慢，云杉的材质紧

珍贵的橡树林

密、硬度很高，加上传统科学的经营措施，云杉又直又高，无节材比例大。欧洲很多的购货商长期在这里定购滑翔飞机、乐器用材，最高价格可达到3000欧元/立方米，价格比橡树还高。这里也曾经尝试过改变纯林的措施，但都因为这里冬天积雪很厚，只有云杉的分枝角度较小、耐寒性较强，能适应当地环境，其他树都无法生存而失败，这也说明云杉是这里的群落顶级树种。这个参观点给我们两个启示：一是普通的树在特定的环境，配上科学合理的经营措施，可以获得高品质和高价格的木材；二是天然更新是自然的选择，也是最正确的选择，特殊地带不要人为地、刻意地追求混交林，而应顺其自然。

五、建议

1. 加强采伐培训，提高采伐技能和确保生命安全。通过这次考察，我们真正地体会到伐木是一项技术性很强和危险性很高的野外作业，操作规程、技术措施和需要注意的要点、环节、细节很多，必须加强操作人员培训。在德国一名专业的伐木工人需要经过两年以上的培训，才能获得伐木上岗证。专业伐木工人技能娴熟，在专用工具和安全服的配合下，伐木效率和安全性极高。在我们实施的中德财政合作贵州省森林可持续经营项目中，伐木是一项经常性的工作，在这个项目中，首先要加强对伐木作业人员进行《木材采伐运输安全通则》《油锯安全使用规程》的培训，尽好项目的培训义务；其次是要签订劳工协议，在相关的协议、合同中，明确规定相关的安全责任和医疗责任等，尽力防患于未然。

2. 采购部分专用伐木工具。在这次考察中，大家感觉到了工具的重要性，也提出了要有选择地采购一些生产用的伐木工具。鉴于在项目中有专门的费用，贵州省项目办将尽快地开展这项工作。期望这些工具通过在项目中试用能获得好的效果，并推广到全省和全国。

3. 组建林农合作组织，规模化经营森林。集体林权制度改革后，大部分林地经营权和森林所有权分到了各家各户。但由于林地分散、规模小，加之缺乏技术、劳力等，农户经营管理自己的林地和森林有很多困难，森林的规模效益难以发挥。德国私有林主协会有上百年的历史和丰富的管理经验，值得我们在项目中借鉴，这也坚定了我们在项目中组织农户成立各种经营单位的初衷，其中成立农村林业经济合作组织、林业协会等值得我们大力地探索，并为制定全省集体林权制度改革配套政策提供经验和借鉴。

4. 科学制定森林经营方案。森林经营方案是森林经营的重要依据，其科学性直接关系到森林经营的成效。德国的经验告诉我们，制定森林经营方案很重要，也很必要，而且很专业，需要专门的机构来编制。德国的森林告诉我们，只要人类有足够的耐心、恒心和信心，给森林足够的时间，按照科学的方案经营森林，森林可以回报人类，森林可以变得更好。这为我们今后制定项目的森林经营方案提供了动力，为我们实施好项目增强了信心。

5. 学习和推广德国森林教育经验。森林教育，从娃娃抓起。接触森林、了解森林、热爱森林、善待森林、回报森林是德国普及森林教育、森林体验的目的，而且效果很好。德国的森林教育是行之有效的，为我们提供了鲜活的模式。我国虽然在一些科研、教学单位也开展过一些类似的活动，但由于特点不突出，内容枯燥，趣味性和吸引力不强，加之对社会的普及和公开程度不够，这项工作还只是停留在形式上，并没有取得预期的效果。可以想象，如果我们能拿出点资金、分出一些专业人员来发展森林教育事业，让我们的儿童和青少年从现在开始接受与德国一样的森林教育，那么10年后，全社会的森林保护意识一定会大大提高，关心和投入林业力量一定会大大增强，我们的森林火灾、森林破坏案件肯定会大大地减少，森林的保护压力也会大大缓解。

第二节　第二次赴德国学习借鉴

一、考察概要

1. 考察团基本情况。由贵州省林业厅对外合作中心（省项目办）根据项目《分立协议》的相关要求，应德国GFA咨询公司邀请，经德国复兴银行、贵州省林业厅、贵州省外办等有关部门批准，于2013年9月22日至10月7日，组织中德财政合作贵州省森林可持续经

德国咨格维斯森林体验中心

营项目考察团（第二批）赴德国考察学习，时间共计15天。考察活动方案由德国GFA咨询公司和省项目办共同制定，并经德国复兴银行、贵州省外办和贵州省林业厅批准。考察活动由德国GFA咨询公司负责，由该公司的亚洲部项目经理阿森巴赫·克里斯汀先生负责并全程陪同。根据项目《费用与投资计划》规定，在德国考察期间的费用由项目中的德方资金支付，往返的机票由项目中的中方资金支付。

考察团人员由贵州省政府办公厅、财政厅、林业厅、项目监测中心、贵阳市、毕节市、百里杜鹃管委会、黔西县、金沙县、大方县、开阳县等行政主管领导和技术骨干共13人组成。考察团团长由贵州省林业厅向守都副厅长担任，贵阳市常务副市长刘文新，毕节市人大常委会副主任、百里杜鹃党工委书记黄家耀为副团长，下设3个小组，即后勤组、资料组、安全组。后勤组人员有罗惠宁、罗姗、贺杨扬，资料组有杨先涛、卢娟、王六平，安全组有彭华昌、丁振、赵璞、郎红举。

2. 考察行程。中德财政合作贵州省森林可持续经营项目赴德考察团于2013年9月22日从贵阳出发，经由北京，于德国当地时间9月23日早上6点抵达法兰克福，并于23日下午开始了业务考察活动，考察时间共计15天。考察地点有黑森州、莱茵兰–普法尔茨州、巴登–

森林可持续经营的典范——新天鹅堡

符腾堡州、巴伐利亚州、柏林及勃兰登堡州等。

3. 考察期间。所有成员自觉遵守出国纪律，表现良好，自始至终参加考察学习日程中所安排的活动。大家一致认为，本次考察学习活动学有所获，取得了预期的效果，对项目今后的实施有很大的帮助。

二、考察背景

1. 中德财政合作贵州省森林可持续经营项目简况

项目规划面积3.5万公顷，规划区为大方、黔西、百里杜鹃、金沙、息烽、开阳等6个县。中国政府和德国政府于2005年6月签署了政府间财政合作协议，2007年7月中国财政部与德国复兴银行签署了财政协议，之后又签订了项目分立协议，将贵州省可持续森林经营项目纳入中德财政合作中国南方森林可持续经营整体项目之内，并将可持续与近自然林业原则纳入中国林业政策与计划制定的探索之中。尽管项目建设规模和投资不是很大，但意义重大，原因有以下几个方面。一是该项目是德国与中国合作的第一个森林经营项目（过去都是造林项目），也是中德林业合作的最后一个无偿的项目。德国复兴银行、国家林业和草原局、贵州省政府对该项目给予了很大的关注，国际影响和政治意义较大。二是通过森林经营，提高森林质量是中国林业今后最重要的工作，也是一项永恒的工作。目前，我国特别是贵州省森林质量不高，低于世界水平，更低于德国水平。德国是世界上森林经营做得最好的国家之一，是最早倡导近自然林业并做得最好的国家。本项目的宗旨就是引进德国近自然林业的理念和技术，通过试验和实践，探索出符合贵州实际的森林经营模式，为中国南方森林经营提供经验和借鉴。三是为林改后如何组织农户进行规模化的森林经营提供经验。

2. 近自然森林经营的概念

近自然林业的兴起不仅是人类林业理论、林业活动实践与科学技术的进步，更体现着林业哲学思想的进步。近自然林业理论是德国林学家嘎耶在1898年提出的。通过对天然林的观察，他发现天然林的单位面积木材生长量不仅超过了人工林，而且森林内的各种物种也得以幸存。嘎耶由此得到启发，提出了著名的论点：生产的奥秘在于一切在森林内起作用的力量的和谐。嘎耶对某些天然林地的潜在树种进行预测，结果证实了树种出现的有序性，他的研究为20世纪森林演替理论的产生奠定了基础。1886年嘎耶的《混交林及其建立的抚育，特别是小树林和团状林作业》一书出版，提倡把大规模的森林化为无数的小树林来经营，视大森林为不同立地条件下各个自然群落的集合体，即大中有小，小中有大，为恢复天然林提出了非常重要的技术措施。

19世纪末、20世纪初，除德国外，瑞士和奥地利也开始应用嘎耶的理论进行实验。1900年以后瑞士在苏黎世造林学教授埃恩勒尔的影响下已普遍推广近自然林业技术。林业统计表明这一转变使抚育费用下降，林种分布趋向合理，木材产量明显增加。奥地利的维也纳森林从1905年就开始采用近自然林业的经营方法。欧洲国家广泛开展近自然林业实验是在1972年森林遭受特大风灾之后。至今各林业企业在受灾林地上采用的恢复天然林的技术大都取得了成果，并获得了经验。欧洲国家的森林面积原本饱和，20世纪后期因风暴不断，人工林损失特别大，不得不实行的受灾林采伐造成了大量的空地，给近自然林业的实施带来了机会。1988年前后在欧洲进行了一场关于林业发展方向的大讨论，对近自然林业做了新的解释和定位。最新的近自然林业理论是在持续保护森林生态健康的前提下如何让人类能够获取木材的一种策略，它主张应用顺应自然的林业经营方法，即在服从自然规律的前提下为人类的木材利用目的而设计的容许有一点偏离自然的森林建设方法。20世纪90年代，在德国和欧洲规定的近自然林业方针中提出了“森林健康”的口号，并在“森林生态健康的目标”中指出森林既要用于木材生产，又要实现森林覆盖地面的总体生态利用。为此目标发展的近自然林业原则和技术，则是对生态与经济的矛盾进行的调和，而其最终使命是要使本源树种得到明显体现。现欧盟和欧洲各国已为近自然林业制定了具体的技术政策和路线，并纳入了法律条例。技术的转变包括重新划分和增加自然保护区，实施群落生境调查计划，绘制和应用群落生境图实施林业计划，把人工林改造为能持续保证森林生态和木材产量的“恒续林”，在森林生态的基础上制定造林方案，以及采用目标树定向培育法生产木材。

据国内外学者研究总结，近自然森林经营核心思想、经营目标、经营原则及其特点简略介绍如下。

（1）近自然森林经营核心思想：一是重自然规律、仿效自然规律；二是在确保森林结构关系自我保存能力的前提下遵循自然条件的林业活动；三是生态平衡是自然力的和谐，森林经营要遵循自然规律，充分利用自然力调控森林的生长和发育，使森林生态系统逐步向稳定的、健康的方向演变；四是遵循自然选择的规律，充分利用自然选择的作用和结果，最大限度地减少人为干扰，使森林逐步“回归自然”。

（2）近自然森林经营目标：近自然林业经营的目的是培育最符合自然规律的多树种、异龄、复层混交林。近自然林的经营目的不只是为了单纯的经济利益，而是依据自然规律采用相应的经营措施，充分发挥森林的物质生产功能和环境、景观效益，充分发挥森林的

德国咨格维斯森林体验中心的林冠步道

特有功能并保持其永续性。

（3）近自然森林经营措施相关原则：一是森林更新原则，尽量利用和促进天然更新，减少植苗造林；二是树种选择原则，保留木选择尽量优先考虑乡土树种；三是单株抚育原则，允许以目标树为主要培育对象，并以目标树为中心进行择伐抚育；四是采伐收获原则，放弃皆伐作业，不许全树利用；五是维护地力原则，采伐作业和集材运输尽量避免对林下植被以及土壤不必要的破坏；六是维护稳定性原则，间伐作业中要维护林分机械稳定性，不要过量间伐，保护林沿木，防止风折、雪折。

（4）近自然森林经营的特点。近自然经营与同龄林经营相比的不同主要表现于：一是以乡土树种为主要经营对象，以保持立地生产力，并保证不出现早期生长衰退、爆发性病虫害等不可挽回的损失；二是在较小的面积上调查、理解和利用自然力实现林分的天然更新；三是以森林完整的生命周期为计划时间单元；四是参照立地环境、地被指示植物、森林演替阶段和潜在原生植被来确定经营的目标森林，并设计调整林分结构的经营措施；五是标记目标树并对其进行单株木抚育管理，目的是保持森林生态功能的前提下实现高价值林木成分（目标树）的最大平均生长量；六是采用择伐作业，基于对林分结构和竞争关系分析确定抚育择伐具体目标，以通过采伐实现林分质量的不断改进；七是尽可能分析各种经营措施的生态和经济后果并保证设计的体系全局最优。

3. 参与式林业

参与式发展理论和方法运用到森林资源管理中来即为参与式林业。可概括为：森林管理的主体是乡村社区群众，将森林的管理看作是乡村社区发展的一个组成部分，社区群众必须积极参与森林经营活动并受益；社区和群众在森林管理技术和制度上具备丰富的知识，应当发挥这些知识的潜力，增强他们在森林管理中主人翁的精神；林地林木权属、税费、利益分配等制度方面的改革以密切森林经营和社区群众的利益关系，使他们感到林业既是他们的工作，又是他们本身的利益所在。

三、业务考察

1. 访问德国复兴银行

德国复兴银行是代表德国联邦政府与国家财政部直接合作，负责中德财政合作贵州可持续森林经营项目德方资金的管理。本次访问考察由直接负责贵州省可持续森林经营项目的德国复兴银行项目经理卡斯滕-吉利安（Carsten Kilian）先生（负责长江以南地区中德财政合作项目）和高级林业专家华德林（Hubertus Kraienhorst）先生接待，考察团听取了吉利安和华德林先生关于中德财政合作项目的介绍，考察和了解了中德财政合作项目运作机制、合作内容以及未来合作的发展方向，在讨论会中还就拓宽合作领域的方式和途径作出了讨论和交流。

2. 考察种质资源收集与保存技术

（1）法兰克福棕榈园：棕榈园实际上具有物种资源收集、森林群落人工模拟研究、参观游览等功能。其值得参观学习的几个方面主要有：人工生态小群落景观、观赏价值和科研价值兼容、珍稀物种资源收集与保存等。

（2）考察黑森州（Hoch-Taunus）森林公园：黑森州森林公园是因法兰克福机场扩建破坏森林面积，通过补偿的方式而建立起来的。黑森州森林公园占地76公顷，收集和建设了36种北半球温带地区丰富多样的森林群落，包括南北美洲、欧洲、亚洲等国家和地区的树种。其值得参观学习的主要有：德国森林经营历史、珍稀植物收集与保存方式、城郊游憩功能的开发和利用以及近自然森林经营技术展览等内容。

3. 近自然森林经营技术与实践

（1）阔叶用材林经营：本次考察涉及阔叶用材林可持续经营的考察点有两个，分别是黑森州森林公园和巴伐利亚州罗滕布赫（Rothenbuch）林业经营管理的州有林。参观学习的主要内容有：接近地带性顶级群落的经营、林分更新方式、中幼龄林经营要点、围绕目标树的经营模式、受害木处理方式、立地条件与可持续经营以及野生动物保护与调控等。

（2）黑森林近自然经营：巴登-符腾堡州弗洛伊登施塔特（Freudenstadt）县位于黑森林地区，黑森林主要树种为云杉（60%）和冷杉（30%），因冷杉树叶颜色较深，因此根据外观称之为黑森林。黑森林的经营特点为异龄林经营，即是让不同龄林的林木在最小面积中合理配置的经营模式。弗洛伊登施塔特林区年采伐量约35万立方米，一般情况下通过“天然更新”实现林分更新。参观学习的主要内容有：目标树成熟指标、普兰特林（plant forest）经营模式、混交复层林的经营与实现方法、冷杉单层纯林与普兰特林的对比考察以及森林调查工具和使用方法。

（3）针叶纯林经营与改造。一是哈默林区近自然经营。哈默林区原属民主德国，在第二次世界大战期间该地区遭受破坏严重，二战后，该地区林业倾向于经济效益，营造林分绝大多数为松树纯林。德国统一后，哈默林区森林经营方式转向近自然森林经营，对原有针叶纯林逐步进行阔叶化改造，目的是营建更多的针阔混交林，增强森林的生态效益。参观学习的主要内容有：该地区林地权属结构、森林经营自然条件、森林资源状况、造林与更新任务年度分配方式、森林采伐情况、野生动物种群调控、森林培育目标与经济收益等。二是西柏林城郊近自然森林经营。本次城郊森林考察点位于西柏林地区，属原联邦德国范围。该考察点开展近自然森林经营较哈默林区早，其经营方式概括起来有如下几点：针叶纯林阔叶化改造、阔叶化改造效果、经济收益与森林多功能效益兼顾的经营方法等。

4. 生物质能源加工与利用

肯普滕（Kempten）的生物质能源加工厂建立于1997年，主要生产家庭冬季取暖所需燃料，用以降低和替代煤及天然气等化石燃料的消耗，减少碳排放。肯普滕生物质能源加工厂隶属于一个私有林主林业协会，该协会有1500个私有林主，拥有约6500公顷森林面积，大多数私有林主林分较少，大部分在2公顷左右。考察内容主要有：参观场址设施设备、听取生物质能源加工厂运行模式、生产流程、产品销售以及经济收益方面的介绍。

5. 德国林业管理情况

巴伐利亚州林业管理机构构成：巴伐利亚州林业局隶属于粮食与农林部，局下属有各个林业区（类似于我国的县级林业局），林区下属有的林业管理机构（类似于我国的乡镇林业站）。

（1）林务人员的主要职责：法律、咨询、财政补贴的落实、林区道路规划、科普宣传、城镇所有林经营管理（有城镇林管部）、参与进行特殊项目（如山地造林），林务人员不参与木材销售和林业税收等工作领域。

（2）私有林主经营联合会：私有林主经营联合会这种经营形式大约有50年的历史，经过50年的发展，形成了较为完备的组织管理模式。森林经营联合会的主要任务与职责是采购树苗和篱笆、采购防护服和工具设备、对抗捕杀野生动物。

（3）林业部门对私有小林主的支持：直接支持有造林活动、森林更新、间伐、天然下种、高难度采伐、林区道路（补助60%～80%的开支）及其他特殊项目等；间接支持有免费的咨询服务、林业知识课程培训与实践练习、私有林主学校、信息服务等。

（4）森林经营联合会实践与总结。小林主需要从政府部门得到支持，直接的财政支持对小林主实施可持续森林经营非常重要；对于开展多目标经营，森林经营联合会的作用也同样非常重要，最重要的是咨询和信息服务，但在这些之前，林业工作人员需要得到良好的教育和培训。

6. 森林体验教育

德国森林体验教育于20年前开始兴起，发展形成了较为完备的森林体验教育体系，包括研发了一套较为完备的教育文本资料、森林体验器材，教材文本已更新至第七版，被翻译成了9种语言。目前，巴伐利亚州已建设有10个森林教育体验中心，已有2000人接受了森

格莱姆沙茨尔林区森林体验中心步道

林教育培训，每年接待大约8000个班级在老师和林业教育工作者的陪伴下体验森林。德国开展森林体验教育活动的经验总结包括：一是森林教育工作者必须要和人们进行交流；二是森林对气候的影响，森林需要维护和经营；三是森林有防护和经济功能；四是20年以后的森林面貌是由现在的小孩来决定的；五是城里的小孩缺乏森林知识和正确的认识；六是通过教育来实现保护森林与采伐树木之间的认识误区的扭转；七是巴伐利亚州通过20年的建设，林业工作者才有传输教育的意识；八是选择培训对象也很重要，要选择有兴趣与小孩打交道的人等。

7. 间伐机械化作业

德国很多地区森林采伐活动都实现了机械化作业，本次考察在弗洛伊登施塔林区、哈默林区和柏林近郊森林等三个考察点都涉及了机械化采伐作业技术，概括起来有以下几个步骤：采伐木标记方法和原则、作业道设计技术、采伐工序及注意事项、集材和归楞作业等，这几个方面均实现了机械化作业。

四、启示

1. 发达的德国林业

首先我们通过一组数据来说明德国林业生产力：德国森林面积1110万公顷，森林覆盖率为31%，活立木蓄积量33.81亿立方米，单位面积蓄积量300立方米/公顷，年采伐量约5000万立方米，单位面积采伐量约4.5立方米/公顷。巴伐利亚州森林面积256万公顷，森林覆盖率为36%，活立木蓄积量10.24亿立方米，单位面积蓄积量400立方米/公顷，年采伐量2000万立方米，单位面积采伐约7.8立方米/公顷。巴伐利亚州大约有20万个与森林有关的工作岗位，涉林产业年总产值370亿欧元，每立方米木材约能带来2000欧元的产值。如果我国单位面积蓄积保有量达到300立方米/公顷，那么我们的森林蓄积总量将会翻两番（4倍）；如果每公顷采伐量能够达到4.5立方米/每公顷，那么我们的木材产量将比现在翻三番（8倍）还多；如果每立方米木材能够带来2000欧元产值……现实条件或许没有那么多假设，我们也没有必要沉浸于假设的数据之中，但这些数据可以给我们以奋斗目标，给我们以信心，给我们以力量，给我们理由善待森林、经营森林。

2. 灵活有度的近自然经营方式

本次考察涉及近自然森林经营的考察点有罗滕布赫林区高价值橡树林经营、弗洛伊登斯塔林区黑森林的普兰特林经营、哈默林区松树纯林经营与阔叶化改造、西柏林地区城郊近自然森林经营等。该4个考察点均采用了近自然森林经营的理念，但其经营方式各不相同，均根据本地区的森林环境条件、林分条件、经营目标、经营能力和水平量身订制了与之相适应的森林经营方式。通过考察交流，发现近自然森林经营实际上只是一种理念，在具体经营方法层面虽有很多学习参考的实例，但并没有形成较为统一的经营模式，因此我们学习近自然森林经营重点是学理念和将其应用于实践的分析方法，而不应当拘泥于某一具体措施。如普兰特林经营模式，是根据冷杉的生物学和生态学特性设计经营方法，如照搬到其他地方，势必达不到预期效果；橡树林经营则更加侧重于高价值橡树的培育，即重点考虑林分的经营及效益，在其经营手法方面在一定程度上牺牲了近自然林理念中物种多样性（灌木草本层物种）；西柏林地区的森林经营需要兼顾更多的游憩价值和景观效果，在采伐作业过程中不惜增加成本采用相对隐蔽的作业模式。

为此，要在我国推广近自然森林经营则不可照搬套用德国的现成模式和成功案例，而是需要根据区域、林业生产力水平、林权所有者合理诉求等具体情况进行具体分析，在详尽分析的基础之上订制一套与本地区相适应的经营方法策略。同时，在引入推广近自然森林经营时就需要更多的专业技术人才来完成经营方法研究和制定工作。

3. 精细林业无微不至

在传统的观念里，林业是一个粗放行业，森林是自然财富，树木自己会成长，但德国的林业可以堪称“精细林业”，对森林的照料可以说无微不至。如：幼树幼苗需要建立围栏保护，在需要更新的地块都要建立铁丝网围栏，防止野生动物啃食，在不连片的区域，每一棵树苗还要单独保护；森林经营与采伐精细到每一棵树木，按照近自然森林经营原则，哪一株树木需要长期培育、哪一株树木需要采伐清除、哪一株作为普通保留都做了标记；为了给予森林动物必要的生存空间，有意保留一定数量的伐倒木，让昆虫繁殖；为了平衡森林动物种群数量，进行有计划的捕猎；为了提高造林成活率，要去查找与造林立地一致的苗木种源；为了适应50～100年以后的气候条件，现在就要营造50～100年以后的适应树种等不胜枚举的例子。

德国林业能够做到如此，我国林业也并非望尘莫及。首先，虽然现在不可能在短时间内实现精细化森林经营，但是随着经济社会发展，各种条件将来一定会具备，会成熟；其次是可以通过试点积累经验，通过试点来检验我们现在的水平，找出差距，一步一步地实现，相信我们最终能够达到这一目标，甚至发展出独具特色的森林经营技术。

4. 长期不懈的经营战略

众所周知，森林经营是一个长期的过程，但通过此次考察才真正体会到德国人在森林经营方面的耐心和为实现长远战略的决心。通常来讲，在德国目标树培育的成熟年限都比较长，需要100多年甚至更长。如果仅仅从德国现有的森林状况来分析，或许我们会得到错误的答案，在本次考察之行中，罗滕布赫林区的橡树林、弗洛伊登斯塔林区的黑森林经营均实现了盈利，那么可能错误地认为因为已经可以实现连续不断的木材产出，因此德国森林经营就不需要那么长时间的等待或者忍耐。事实上，德国的森林经营者也是经历了一个漫长的等待过程，通过几代人的不懈努力，实现经营盈利也才是最近的事情。如在原民主德国地区，本次考察的哈默林区的森林经营活动，在德国统一后一直依赖政府投资来实现近自然森林经营，小范围循序渐进地实现阔叶化改造。

俗话说："前人栽树后人乘凉"。对于大部分地区，林分均以中幼龄林为主，要实现高价值的森林状态，起码还需要几十上百年时间的细心经营。因此，要实现秀美山川，要实现繁荣发达的林业，就需要政府长期投入，需要社会长期支持，需要经营者长期细心照料，需要我们当代人勇做"前人"，不与"后人"争利，要为后人留下美好河山。

5. 专业水平与务林人精神

本次考察，总共参观访问了10多个业务考察点，每一个考察点都有专人负责介绍当地林业状况、经营情况。在和他们时间不长的接触中，我们深切地感受到，德国的林业技术人员，无论是管理层如林业局局长、科研机构研究人员还是基层技术人员如护林员都非常专业和敬业，不管所处层次高低，他们在自己所从事的领域都能堪称专家。在业务介绍中、在徒步考察中、在技术细节探讨中他们都洋溢着对专业的热爱，都以饱满的热情拥抱自然，都以满腔的热忱投入自己工作。每个人都因自己是林业工作者而感到自豪，因自己管理的森林而感到骄傲，我们隐约地感到，他们也非常迫切地希望能够感染我们考察团的每一个成员。如参观黑森林时，弗洛伊登斯塔林务处处长伊勒（Jehle）先生说："在德国对林业工作者最大的惩罚就是让他坐办公室，不让他到森林里去"，简单的一句话透露出了德国林业人对工作的态度，给我们带来的或许是更加深远的思考。

6. 森林体验教育深入人心

本次考察针对森林体验教育的考察点有两个，一个是斯图加特"森林之家"体验中心，另一个是肯普滕的"萃格韦斯"森林体验中心。但是几乎每一个考察点都涉及森林体验教育的相关内容。森林因其多功能效益而与每一个社会成员息息相关，大到应对全球气候变化，小到在森林中散步游憩，可以说森林是在为全社会全人类服务。随着人们对森林的关注度越来越高，人们对森林经营者也提出了更高的要求，但是对于非专业人员来说，对森林的认识往往是模糊的、片面的，存在很多认识误区，也提出了让经营者无所适从的尴尬要求。另一方面，为了发展林业、保护森林也需要全社会的理解和支持，共同爱护森林。

森林体验教育一方面可以促进人们对森林的认识，消除人们对森林经营的偏见，也是林业部门争取社会关心、理解、支持的重要手段。

通过形式多样、生动鲜活的森林体验活动，让学生、家长以及其他关注森林的人们能够参与专业的体验教育活动，全方位、深刻地认识森林和了解森林。尤其是中小学生，他们是未来森林发展的决定者，他们在孩童阶段就能够有机会认识森林，就会在将来的人生中烙下印记，会对将来林业发展产生深远影响。

目前我们的林业行业几乎是封闭运行的，虽然说社会对林业的关注度有大幅度上升，但他们大多没有能够深入地了解林业以及森林，没有能够及时地得到应有的林业知识体验。社会对森林经营如采伐与保护存在着一些认识误区，如保护森林资源就是不要砍树，也是一种常见的观点。我们要发展林业，除了得到人们对生态环境的高度关注以外，我们更需要理解、需要实实在在的支持。森林体验教育既可以满足人们体验森林、认识森林、享受森林环境的愿望，也可以是林业对外宣传公关的窗口，促进社会对林业的理解，提高对林业支持的程度，为此，森林体验教育在将来应当作为林业发展战略的一个重要内容。

五、建议

1. 加强培养森林经营人才队伍

相比于硬件条件，我国林业的软实力，即林业专业技术人才方面相对更加匮乏。就目前来看最突出的问题是基层林业专业技术员流失严重，乡镇林业站管理权收归政府后，在乡（镇）政府的工作盘子中林业工作往往被边缘化，原先熟练的林业工作人员往往被安排从事其他工作任务，其接任者基本都是非专业人员，也没有相关工作经验，连识地形图人员都很少见。其次是专业技术人员不接地气，“办公室专家”偏多，受管理机制及历史原因的影响，我们很多专业技术人员把很多精力都放在各种报告、各种报表、应付各种检查上面，很少有主观意愿和客观机会去亲近森林、了解林农和解决林业建设的具体问题。第三是可持续森林经营人才严重匮乏，重造林轻经营的林业格局已经持续多年，森林经营既缺乏项目支撑，在管理层面也不受重视，森林经营人才也就相对匮乏。为此，要实现林业发展的长期战略目标，加强林业技术人才队伍建设势在必行，也迫在眉睫。

虽然技术人才队伍总体薄弱，但中德财政合作项目开启了贵州可持续森林经营（近自然经营技术）实践的先河，可以说已经锻炼和培养了一批具备项目管理、技术指导、具体实施能力的森林经营技术人才，他们基本上都是德方专家手把手教出来的，并且经历了项目经营实践的考验。

2. 加大森林经营投入

通过考察德国森林经营现状和发展历程，其森林经营活动长期以来是依靠政府直接投资以及各项补贴和政策鼓励来实现的，目前已经实现净盈利的森林经营企业或者森林经营合作组织都是经过对森林的长期培育，形成了很高单位面积蓄积保有量，才形成了可持续的经营产出。贵州也和全国森林资源结构基本一致，中幼龄林比例很大，成过熟林比例小，距离森林经营良性经济循环的可持续经营产出这一目标还有相当长的路要走，因此，在当前及今后一段时间森林经营活动都需要财政大力支持，对森林经营者净投入给予适当的补贴，并引导其采用可持续森林经营技术经营森林，实现可持续森林经营的良性发展。

3. 开拓发展森林体验教育

森林为我们提供了丰富的原材料，同时也提供了良好的生态环境和游憩场所，在很大程度上是具有公益性的社会资源。公益事业需要社会公众的支持和参与，需要广泛开展社会教育与宣传。德国注重“森林教育”，各级各类相关机构与单位均开辟宣教场所，特别注重对青少年的教育，倡导保护森林、保护生态的公众意识，产生了极为显著的社会效果。为此，我们可以在适宜条件下，利用德方专家的智力支持，利用中德财政合作项目这一平台，建设一定数量森林体验教育中心，用以探索森林教育的技术方法，丰富合作项目成果。

巴伐利亚州州属红木（地名）培训学校

4. 深化合作与成果创优

目前，项目开展与实施总体顺利，相对于德国的森林经营，项目内的技术设计、管理机制都已达到了较高的水平，只要继续坚持下去就能够形成良好的示范带动效果。随着我国经济水平的进一步发展，林业投入的经济条件也相对宽松，可以利用德方的智力资源，开展更加广泛的技术实验内容。

中德财政合作贵州省森林可持续经营项目是中德财政合作系列项目之一，之前已经完成的其他项目大多受到了好评，部分项目还获得了国际认可，得到了国际组织授予的奖项。为此，贵州可持续森林经营项目也应当以此为目标，实现“争比进位，奋发赶超”。虽然现阶段为项目实施的中期，既要以高目标、高标准完成现阶段工作，同时也要早准备、早打算，利用国际合作项目这一国际平台实现项目成果创优，争取得到国际认可，提高贵州及贵州林业的知名度，回报项目参与各方有关人员的努力和付出。这就要求：一是抓好项目内部技术资料、经营资料、研究数据的收集与整理；二是抓好5个近自然森林经营示范基地建设与管理工作；三是抓好近自然森林经营技术本土化修编工作；四是收集一批“参与式”林业典型案例；五是争取追加一批科研项目，形成一批研究成果；六是争取建设森林教育体验中心，丰富合作内容；七是积极准备成果资料，撰写技术含量较高的科研资料。

第三节　第三次赴德国学习借鉴

依据中德双方审批同意的中德财政合作贵州省森林可持续经营项目《费用与投资计划》有关规定，2017年10月8～21日，由贵州省林业厅副厅长沈晓春带队，中德财政合作贵州省森林可持续经营项目管理人员和技术人员一行8人前往德国进行第三次项目考察，接受森林可持续经营和自然资源管理等方面的培训。考察期间，所有成员自觉遵守出国人员的相关纪律，自始至终参加了考察学习日程中所安排的活动。大家一致认为，本次考察学习活动收获多、体会多、效果好，对今后项目的巩固和实施有很大的帮助。考察组在德国GFA咨询公司项目首席专家胡伯特・福斯特先生和卡琳・晏兹女士的精心安排和陪同下，圆满完成各项考察任务。现将考察情况报告如下。

一、考察基本情况

1. 考察主题：本次考察的主题包括私有、团体所有及国有林的森林可持续经营；林

巴登符腾堡州“森林之屋”负责人瑞赫勒·贝托赫尔德（左二）向考察组介绍森林体验经验

业政策、管理与法律法规；林业培训与教育；森林体验教育；林业企业（锯木厂、加工厂等）；林业技术（包括采伐、集材、缆索采伐等）；国家公园管理；森林以及森林对人类健康福祉的作用等。

2. 考察单位：本次考察的区域包括巴伐利亚州（Bavaria）和巴登符腾堡州。具体考察单位有：巴伐利亚州粮食与农林部、德国森林保护社区、州森林与森林经营研究院、州属红木（地名）培训学校、罗森海姆的林主协会、老包（地名）森林教育培训中心、鲁波尔丁的“山区森林体验中心”、贝希特斯加登“山之屋国家公园信息中心”、咨格维斯的森林体验中心、巴登符腾堡州最大的森林体验中心、斯佩萨特地区的珍贵橡树林、格莱姆沙茨尔林区森林体验中心、柏林气候变化通道等。

二、德国森林可持续经营基本情况

德国原始林树种以阔叶树种为主，主要树种有山毛榉和栎树。针叶树种主要是冷杉、云杉和松树。在18世纪末到19世纪的造林运动中，大部分地区的天然林被改变为针叶树种人工林，致使天然林几乎全部消失。20世纪后期，逐步在针叶林中引入阔叶树种。德国旅游业的职工约有140万人，每年接待旅客达3亿人次。森林除了给国家、社会、个人带来直接的经济利益之外，其更重要的意义在于保护自然和生态环境。森林被视为保持土壤、水、空气和改善气候不可缺少的因素，是野生动物的庇护所，也是可再生木材资源的供应者以及为人们提供休憩地。在德国，经营森林可以补充收入，森林对于木材加工业而言，更是不可缺少的资源。木材加工业同时又带动了木工机械行业和建材业的发展。木材行业以及相关行业所带来的效益数不胜数，而其总效益都来自森林。根据统计，德国的林业产值仅仅略逊于汽车工业，占国民生产总值（GNP）的5%。在森林培育和木材生产及木材工业领域，就业的人口达到130万，是汽车工业的近2倍。尤其在山区，林业发挥着重要的经济作用。德国林业是以生产大径材为目标的可持续林业，这种林业在生产优质大径材的同时，营造出了美丽的森林，为社会提供了娱乐健身休养的宝贵空间。人们可以在森林里骑马、散步、骑自行车。基于这些理由，德国的森林经营首先采取非皆伐的经营方式，这对景观及土壤的破坏很小。而且，德国的森林法规定，森林所有者无权拒绝游人入林。即使是私有林，人们也可以随意进入。步行者可以在恬静的森林里悠闲地娱乐和享受自然。

三、德国森林可持续经营的做法和体会

德国是世界林业的先驱，在林业立法、行政、科技、教育以及形成独立产业、近自然

当地在校学生在老包（地名）森林教育培训中心进行森林体验教育

发展和森林可持续发展等方面，都创造了光辉的业绩，为世界林业的发展提供了宝贵的经验，做出了不可磨灭的贡献。其主要做法有以下几点。

1. 顶层设计合理，职能职责到位。2003年，德国进行了林业经营管理体制改革，建立了一套完善的国有森林资源经营管理体系。德国的林业由德国消费者保护、食品与农业部下设的联邦林业管理局直接管辖。总体来看，林业管理机构一般由4级构成，但也有少数州未设立森林管理局，为3级管理机构。各级林业管理机构均为垂直隶属关系，与地方政府无行政隶属关系，从而避免林业管理中的地方政府干预。德国国有林分为4级管理机构。一是联邦级：德国消费者保护、食品与农业部下设联邦林业管理局，是全国最高的林业行政管理机构，负责制定国家森林法、狩猎法等法律及林业方针政策，协调各州之间的林业管理和组织林业国际交流，不直接经营国有林。二是州级：德国的国有林绝大部分归各州所有，经营管理森林的责任在州政府。各州均设有农林部，独自行使林业管理权。其主要职责是制定长期的林业规划、森林法和其他有关条例，协调与联邦政府、其他州和经济部门的关系，还负责监督下属机构的工作。三是地区级：州以下分区设森林管理局，主要职能是落实州的各种林业计划，组织制定森林经营方案，监督管辖区内各生产单位的森林经营和木材生产等，同时对公有林和私有林的所有者在林业政策、法规和业务上进行指导和行政管

巴伐利亚州森林与森林经营研究院负责人德克·史迈赫尔（左六）与考察组合影

理。四是基层级：森林管理局下设有若干森林管理科，属于生产单位，负责年度生产计划的制订和组织实施，同时也兼有面向公有林和私有林的咨询、指导等行政性业务。

在巴伐利亚州粮食与农林部会议室，粮食与农林部官员向我们介绍巴伐利亚州粮食与农林部是巴伐利亚州林业的最高权力机构，负责制定林业政策、制定林业法律、给私营林主和团体林林主提供支持。它的目标、职责、任务与权力与中国的“省林业局”具有可比性。然而，国家公园不属于该部管辖，而是由内政部管辖。在整个欧洲，巴伐利亚州在森林可持续经营方面的发展是最好的。在10年前，巴伐利亚州的林业发生了重大变革。在2005年以前，所有州有林场都是由州粮食与农林部派遣到地方（相当于中国的地/州林业局）的林务官负责经营管理。另外，这些地州林务官还给私营和团体林林主在如何经营森林上给予支持（免费提供咨询）。结果是，年度财政出现严重赤字。州林业部的赤字达到月70德国马克（35欧元）/公顷·年。因此，州属森林经营的管辖权从州粮食与农林部职责范围中分离出来。部的主要责任放在行政管理。具体的森林经营交给一个叫做“巴伐利亚州森工”的股份制公司，此公司正是在此背景下应运而生。公司唯一的股东是巴伐利亚州政府。此公司运行管理十分高效而且经济，并且同时能贯彻“可持续性”的所有方面。公司的森林经营活动定期有独立的专家组来检查；专家组对公司的森林可持续经营进行评估，这些专家具有“可持续认证”资质。

州森林与森林经营研究院是隶属于州粮食与农林部的研究机构。研究院的研究经验和成果报给林业部，在制定新的林业政策和制定林业法律法规时，林业部会考虑研究院的经验与成果。重要的研究主题包括信息科技、土壤与气候、营林、林业科技、微观经济与林木、森林保护、生物多样性，自然保护与狩猎、林权、扶持项目与林业政策、方法传播、公共关系与森林教育等。

在粮食与农林部乌尔兹堡办公室，县林业局官员向我们介绍巴伐利亚州对私营和团体林林主的技术与资金扶持机制。在集体林权制度改革后，林权下放给农村的千家万户，而全国和各级政府须保证下放给农民的森林能够以谨慎保守和可持续的方式经营下去。处理这个问题需要一系列很严肃的措施，包括对林业主管部门的调整、县林业局及乡镇林业站工作的组织、对工作人员在林业推广上进行培训、对林主在森林可持续经营上实施培训以及实施有效的监督机制。

2. 协会组织健全，工作效能发挥好。在巴伐利亚州自然保护协会会议室，据协会负责人介绍，“德国森林保护社区”是一个非政府组织，成立于1947年，这个组织的宗旨是要为保护和改善德国的森林做贡献，成员大约有25000人。每个行政区划（16个联邦州）都有自己独立的“德国森林保护社区”。它是一个得到官方认可、并且注册了的自然保护社区或叫自然保护协会。因此，针对涉及公众的规划对德国森林会造成什么影响，“德国森林保护社区”有权给出批评意见。“德国森林保护社区”对规划进行评估，并修改或给出另一套规划，保证规划对森林造成的负面影响降到最低。此组织的另一个重要目的是使公众熟悉森林的多种功能与效益，认识到森林的重要性。此组织还对促进森林体验教育的发展有很大作用。它还编制信息材料，组织出游和举办会议。政府及其各部、主管部门、下属办公室等都有义务在考虑包括所有相关行业、经济和企业在内的整体经济的情况下，作出正确的决策。森林保护目标只是宏观经济、产业、社会、文化以及生态等众多方面的其中之一。因此，政府总是需要在各种冲突的利益之间寻找平衡点。因此，许多人所拥护的保护森林的强烈要求并不完全为政府所接受。因此，人们组织起来形成非政府组织，为他们所信奉的森林保护理念而抗争。巴伐利亚州的“德国森林保护社区”是在“自然保护”与“林主利益”之间的一个桥梁组织。“德国森林保护社区”试图代表所有公民，找到所有利益的平衡点。“德国森林保护社区”到政客和政府机关中间去，向他们游说，试图找到最佳解决办法。随着董事会成员越来越多，协会观点影响政府的机会就越高。

格莱姆沙茨尔林区森林体验中心负责人武尔夫冈·格拉夫先生（左一）展示森林体验

巴伐利亚州和德国其他地方情况也类似，大多数农民都有一小块森林，农民以兼顾经济与生态效益的方式经营森林。这些农民通常在技术和资金上会得到政府扶持。负责这块政府扶持的部门叫做“粮食与农林办公室”，属于州粮食与农林部的下属地方单位。罗森海姆林主协会负责人迈克尔·赫夫纳先生介绍了林该林主协会的组织结构、工作任务以及如何代表林主组织实施营林活动、如何以保证收益的方式组织销售木材。在巴伐利亚州以及贵州，私营林主的林权面积都很小。在巴伐利亚州，面积为1～50公顷不等。在贵州，面积甚至更小，大部分林农经营面积不到1公顷。问题在于林产品规模小的生产者不利于以经济上合理的方式组织实施营林活动，而且单个农户销售林产品基本上不可能盈利。林产品企业，尤其是生产板材和木条的锯木厂，是森林经营经济要素必不可少的，是满足社会对木材紧张需求的必要条件。锯木厂的类型和加工能力应当以林产品和使用者的需求目标为中心。因此，在经济和生态诉求上具有类似和可比性的林主走到一起，联合起来成立“林主联合体协会”，协会帮助林主组织实施营林活动和木材销售。

3. 技术培训到位，科技应用好。巴伐利亚州红木大学的麦克斯·费齐特纳先生给我们介绍缆索吊机集材示范技术并做演示。红木培训学校负责对林业工人实施技术培训，众多培训主题之一是缆索吊机集材。缆索吊机是把木材从林内运到公路上的一项极为重要的技术，尤其是对那些交通条件不好的森林来说，木材运输（集材）的最佳途径是拖拉机。但是在很多地块，也包括贵州的很多地方，找不到合适的拖拉机道。有许多地方不通路，因为没有路，或者修路太贵或者修不了（地势极为陡峭）。在贵州，森林主要分布于山顶，而森林与公路之间的山脚下是农田。因此，很难有通往森林的路，而缆索吊机集材是一个可选办法。对陡峭地段来说，缆索吊机采伐集材技术也很理想。此外，在实施森林可持续经营项目时，我们也遇到了很多木材无法利用的情形。然而，最大化利用采伐下来的木材也是森林可持续经营原则之一。最经济地利用森林资源，这也符合贵州林业企业、林主和木材消费者的利益诉求。

老包（地名）森林教育培训中心是我们考察的一个重点。“森林可持续经营”是唯一能够保证森林永续存在，并且森林结构得到改善，森林生活力和生产力得到提高的森林经营方式。森林可持续经营还保证了森林保护更高的潜力。然而，森林可持续经营很复杂，要求高，它不仅仅是采伐，还包括森林存续与保护在内的所有营林活动。森林可持续经营不仅仅是处理与森林本身相关的议题，而且须考虑人类、社会、生态以及文化方面。实施森林经营活动，森林不能遭到破坏，而是得到改进。仔细选择采伐木，采伐前先确定好采伐木的最佳倒向、小心集材等，采取正确的安全防范措施，防止出现人身安全事故，不要破坏甚至毁坏自然环境（土壤、植被等）。只有在营林和森林采伐的所有方面都接受了培训的工人才能实施“真正意义上的森林可持续经营”。巴伐利亚州森工经营了很多个“森林教育与培训中心”，想成为合格的林业工人包括得到“林业工人硕士学历水平”的学生，必须在其中某个培训中心接受2～3年培训。

4. 森林体验普及，群众参与度高。进入21世纪以来，德国越来越重视全民森林教育工作，把这项工作作为林业主管部门的重要职责，积极推进。根据德国森林法规定，教育要面向中小学生和幼儿园的孩子。林业部门的四大任务之一，就是向社会宣传为什么要发展林业，林业对人类社会生存发展的重要意义。州林业局设有专门的教育处，重点是面向社会的林业宣传教育、州投资咨询和给予方案。巴伐利亚州建立了9个森林体验中心，归州林业部管理。

我们学习考察的其中一个重要的主题就是“森林体验教育”，包括森林信息中心、森林探险通道和森林体验活动。在巴伐利亚州有多种不同类型的森林体验中心，我们考察了巴伐利亚州鲁波尔丁、咨格维斯和格莱姆沙茨尔3个不同的中心以及在巴登·符腾堡州斯图加特的“森林之屋”森林体验中心。鲁波尔丁的“山区森林体验中心”有自己的特色，中心负责人托马斯·丹柯迈尔先生是公认的巴伐利亚州最投入的森林体验教育师，是十分亲近自然而且非常有创意的一个人。他介绍本中心主要针对山区森林栖息地和生态系统（包括动植物）的保护。山区森林体验中心设计主要对象不是日常访客，而是针对学生，学生甚至在此中心过夜。此中心没有信息中心，也没有专门的探险通道。森林教育活动就是在纯粹的大自然里进行。此森林信息中心的哲学是在没有什么人工设施的条件下，体验纯粹的大自然。孩子和其他访客就是要走进森林，调动他们的五种感官体验自然。

在咨格维斯的森林体验中心，贝托赫尔德先生（德国著名的森林体验中心的负责人）向我们作详细介绍。这个森林信息中心是经典、传统的森林体验中心，有一个小型信息中心和在美丽的自然环境里修建的探险通道。此森林体验中心分为四块：信息中心、沿河的森林步道、山中的森林步道、林冠步道。咨格维斯森林体验中心适合半日游或一日游以及森林体验活动。贝特赫尔德先生带我们去林冠步道进行体验荡秋千、走独木桥等，探讨森林体验教育中心设计与建设方面的问题，并找到适合给贵州借鉴的内容。

格莱姆沙茨尔林区森林体验中心的负责人是武尔夫冈·格拉夫先生，他实施了贵阳森林体验教育中心的可研。他向我们介绍其森林体验中心的所有设施，包括管理方面、信息中心、多功能会议室、储藏室，以及该中心的核心板块——森林体验通道。格拉夫先生解释多功能会议室可以有多种用途，包括对农民在森林可持续经营上实施培训，带领我们去

考察组与罗森海姆的林主协会负责人塞巴斯蒂安·帕尔（第一排右一）在采伐培训基地留影

走体验通道，他用大量林产品来阐述森林的多种用途——这也是森林体验教育的其中一部分内容。

“森林之屋”是巴登符腾堡州最大的森林体验中心，也是德国最著名的森林体验中心之一。该森林体验中心负责人贝特赫尔德·瑞赫勒先生向我们介绍此中心，并解释他的森林体验教育理念。瑞赫勒先生已经有一些在中国的工作经验了，他参加设计了甘肃省天水市的森林信息中心和森林探险通道。之后，德国复兴银行和GFA咨询公司聘请他在河北衡水湖、陕西榆林和安徽天柱山森林体验教育中心项目建设上提供帮助。巴登符腾堡州森林体验教育的一个特殊之处在于“移动森林体验教育”。如果有一个很大的森林体验教育中心，那么，所有大人小孩都会想来此中心体验，但是有可能路途远、费时间。偏远村庄的小孩可能永远没有机会来体验什么是森林体验教育。因此，巴登符腾堡州林业厅，主要是瑞赫勒先生及其工作人员，负责该州森林体验教育的建设与运行，他们已经制定出了移动式、分散型的森林体验教育理念。瑞赫勒先生向我们展示移动式森林体验教育设施，野外生火、野外生存等，并分享他的经验。

贝希特斯加登“山之屋国家公园信息中心”向大家展示一个得到广泛高度评价的现代

信息中心。山之屋国家公园的护林员是专业技术水平很高的林业工人，他们接受过在岗培训。此国家公园中，有大学林业、生物学或环境科学相关专业的高级别人员对护林员做过培训。贝希特斯加登国家公园位于巴伐利亚州，是德国境内阿尔卑斯山地区最早的保护区之一。公园内均为天然景观，其中包括湖水清澈翠绿的国王湖和德国的第二高峰瓦茨曼山，是最值得德国人夸耀的风景胜地。在行走过程中，该护林员对“让自然保持纯天然状态”（即没有人为活动干预，没有采伐，甚至病树也保留下来，用来观察自然的演变过程）的重要性做解说。

还有柏林气候变化通道等森林体验教育，各有特色。各地森林教育中心陈列室均摆放了许多大人、小孩学习的森林教育宣传资料，分别讲述了森林的历史、造林的艰辛、森林的作用、森林的乐趣，室外为参观者提供森林游憩的设施，让参观者享受森林带来快乐的同时也了解森林恢复的艰难，从而自觉保护森林、爱护森林。德国的森林幼儿园是由社区主导，利用自己的林地资源，激发幼儿好奇心，并且希望通过幼儿与自然中的各种因素相互作用来实现其发展。带给我们启发和值得我们借鉴的方面主要包括以下方面。一是将“生活即教育 ”通过“自然”落到实处。森林幼儿园将课堂搬到了大自然当中，在这样的

考察组人员在罗腾布赫与林务官福瑞恩·沃格尔和沃尔克马尔·赞克尔（后排右一）留影

教育环境中，幼儿的视野是开阔的，孩子能通过各种直接的感知去学习。树木、石头、植物、小溪、天气等都是孩子学习的材料。孩子在森林里自由地练习攀爬，既有趣又有利于孩子们的身体健康，他们的成长与发展就是这么自然。二是注重幼儿能力的培养，解决问题的能力。在自然环境下，孩子会常常面临不得不解决的问题，而老师常常会很好地利用这样的机会。比如马上要下雨了，但孩子要吃午饭，怎么去解决他们的午餐，孩子们会自己积极地想办法解决，并且在这个过程中他们的抗挫折能力也得到了训练。三是做有准备的老师。森林幼儿园的教育模式对老师的要求是非常高的，他们不仅要在活动中注重观察孩子的发展领域，在活动之前还要进行周密的计划。每个学期的每次活动幼儿园都会事先进行危险评估。除了健康和安全考虑，另外一个方面就是对林地进行资源评估，确定其是否有足够的教育潜能。这样的预设，可以更有利于户外活动的开展。四是注重观察记录。老师也会随身携带笔记本和电脑，把孩子这一天的行为表现写下来或者拍照记录下来。观察分析孩子在该林地的活动情况，了解每个孩子在玩耍时的发展情况。

5. 规划设计合理，林草结合到位。有长远的森林经营规划，并贯彻到底。对每一地块的森林都有着百年以上的经营规划，包括造林、经营、采伐以及更新各个环节，这个规划周期一般是100～150年。规划经过反复讨论，确定之后将不会改变，从而确保了规划的严肃性，达到了森林可持续经营的总目标。林、草布局合理，浑然一体。这种结构首先是森林、草地充分发挥了各自的功能，构成了稳定的生态系统，减少了水土流失，增加了农民收入。其次是从景观上形成了一幅无与伦比的天然画卷，美不胜收。

斯佩萨特地区罗腾布赫的林务官带我们看德国（可能甚至是整个欧洲）最珍贵的橡树林。最老的橡树林已经有约270年了。林木给人的印象实在叹为观止。这些橡树林不仅向我们展示了一片经济价值很高的林分，经几代林业人的经营，有的橡树现在市场价格可达每立方米3000～5000欧元以上，体现了德国林业人典型的思维方式：不管你做什么，你不是为了自己，而是为了子孙后代。只有十分健康、充满活力的森林才能存续并且生长很长时间，超过 50年，甚至100年。森林可持续经营坚持通过砍除树形差的树、病树来降低密度，为采伐后的林木创造更好的生长条件，促进近自然的演替过程以及实施严格保护。

四、对贵州省森林可持续经营建设的几点思考

经过两个星期的考察，印记在大家脑海里的是一幅幅美丽的德国林业可持续经营的美好画面。考察中大家每天都是边走边拍照边摄像，边提问题边思考，结合贵州省和各县区实际，对如何将考察成果应用到贵州省森林可持续经营建设进行设想。经梳理，大致有下

面几方面内容。

1. 强化经营方案编制，确保科学合理。科学制定全省森林经营发展规划，增强贵州林业生态体系和产业体系可持续发展能力；结合中德财政合作贵州省森林可持续经营几年实施的成果和经验，进一步提升和学习借鉴近自然森林经营理念，提高贵州森林质量等级和稳定性、可持续程度，推动全省现代林业加速发展。森林经营方案是森林经营的重要依据，其科学性直接关系到森林经营的成效。德国的经验告诉我们，制定森林经营方案很重要，也很必要，而且很专业，需要专门的机构来编制。德国的森林告诉我们，只要人类有足够的耐心、恒心和信心，给森林足够的时间，按照科学的方案经营森林，森林可以回报人类，森林可以变得更好。这为我们今后制定森林经营方案提供了动力，为我们实施好森林持续经营增强了信心。已实施中德财政合作贵州省森林可持续经营项目的县区技术人员可以向周边县区交流森林经营方案编制的有关技术要领，让一本好的经营方案真正成为森林经营和森林管理的指南，建议以县区为单位，每个乡镇或村成立森林经营委员会，每个森林经营委员会都有短期（1～5年）、中期（5～10年）、长期（10～20年）森林可持续经营方案，用以指导当地森林可持续经营。

2. 强化组织建设，确保按章办事。贵州省集体林权制度改革后，大部分林地经营权和森林所有权分到了各家各户。但由于林地分散、规模小，加之缺乏技术、劳力等，农户经营管理自己的林地和森林有很多困难，森林的规模效益难以发挥。德国私有林主协会有上百年的历史和丰富的管理经验，值得我们在项目中借鉴，这也坚定了我们在项目中组织农户成立各种经营单位的初衷，其中成立农村林业经济合作组织、林业协会等值得我们大力地探索，并为制定全省集体林权制度改革配套政策提供经验和借鉴。建议做到以下几点。一是从省级层面强化森林可持续经营组织机构建设，站在国家战略高度，制定相应管理制度和奖励措施，组建林业产业集团或林业合作经济组织，规模化经营森林。二是整合各类林业项目资金，收储或流转零星林木，加大国有林占有比例，增强林业科技服务力度。鼓励林业科技人员以技术入股的形式参与企业和林业专业合作组织的生产经营活动。支持林业科技人员应用研究成果脱产自主创业，提升林业科技对林业产业发展的科技贡献率。大力培育适度规模经营主体。三是鼓励农户通过流转集体林地经营权，扩大经营规模，增强带动能力，发展成为规模适度的林业专业大户。支持返乡农民工、退役军人、林业科技人员、高校毕业生、大学生村官、个体工商户等到农村围绕优势产业和特色品种从事林业创业和开发，把小农生产引入林业现代化发展轨道。四是大力发展家庭林场。鼓励以家庭成员为主要劳动力、以经营林业为主要收入来源、具有相对稳定的林地经营面积和有林业经营特长的林业专业大户，经过县级林业主管部门认定，发展成为家庭林场。鼓励和支持林业专业大户、家庭林场、职业林农、农村能人、涉林企业等牵头组建农民林业专业合作社，引导农民林业专业合作社在自愿前提下建立跨区域跨行业的农民林业专业合作社联合社。鼓励农户以承包的集体林地经营权、林木所有权量化或作价入股，发展林地林木股份合作社。

3. 强化宣传教育，确保群众参与。学习和推广德国森林教育经验。森林教育，从娃娃抓起。接触森林、了解森林、热爱森林、善待森林、回报森林是德国普及森林教育、森林体验的目的，而且效果很好。德国的森林教育是行之有效的，为我们提供了鲜活的模式。我国虽然在一些科研、教学单位也开展一些类似的活动，但由于对社会的普及和公开程度不够，没有取得预期的效果。因此建议：一是省级林业部门与省级教育部门联合，实现资源共享，让儿童和青少年接受与德国一样的森林教育，每学期或学年参加一次森林体验活动或义务植树活动，那么十年后，全社会的森林保护意识一定会大大提高，关心和投入林业力量一定会大大增强，森林火灾和破坏森林案件肯定会大大减少，森林的保护压力也会大大缓解；二是加大对林业宣传力度，充分利用广播、电视、报纸、网络等各类媒体加大对林业宣传报道的力度。有计划有步骤地开展宣传，每年拍摄一些林业科技片、电视剧等。如果一年或几年能拍摄一些以林业生态建设为主题的电视剧，宣传效果一定会不一样。

4. 强化队伍建设，确保技能提升。在实施的中德财政合作贵州省森林可持续经营项目中，伐木是一项经常性的工作，安全事故极有可能随时地发生，而且一旦发生，肯定会涉及赔偿和追究责任等。因此，在这个项目或类似项目实施过程中，首先要加强对伐木作业人员进行《木材采伐运输安全通则》《油锯安全使用规程》的培训，掌握采伐技能；其次是要签订劳工协议，在相关的协议、合同中，明确规定相关的安全责任和医疗责任等，防患于未然。同时，大家感觉到了工具的重要性，只有好的生产工具和生产设备，才能获得好的效果。因此建议：一是要建立健全林业职业技术教育体系，提高贵州林业跨越发展支撑能力，对热爱林业、从事林业工作的专业合作社或农户，引导他们到贵州省林业学校或科研院所参加各种技能培训，如栽植培训、抚育培训、采伐培训等，提高生产管理技能；二是要引进先进技术和设备，提升贵州木材采伐加工技术水平，提

考察组人员进行森林体验

高产品质量，从加工初级产品转型到二次精深加工，提升产品档次，提高市场竞争力。

5. 强化森林体验试点，确保建设成效。在德国考察期间，每到一处，几乎都有森林教育中心或森林之屋或森林气候变化通道等森林体验教育基地，每个点都各具特色，有传统的、有新式的、有高科技的，让人耳目一新。因此有以下建议。一是在以贵阳市森林体验教育中心作为试点示范的基础上，加快工作进度，完善设施、强化培训，尽早开园，提升试点效果。二是充分利用全省国有林场森林资源和国家森林公园的优势，在全省各个市州探索建设森林体验教育中心或森林体验教育点，从省级层面安排部分资金用于森林体验基础设施建设，做一些简单易行的设施。如在国有林场设置扮猎人游戏。在森林中和树上放置很多动物模型，如鹿、野猪、野兔、鸟等，比谁捕获得多；借助镜子观察森林；盲人穿林游戏；跷跷板、荡秋千、跳远池、过木桩、木台上扔石子、蜘蛛网等运动项目。让参加活动的大人、小孩都能体验森林带来的乐趣。三是鼓励个体或公司、专业合作组织，结合实际建设森林幼儿园或森林体验小屋，政府给予适当补贴。

6. 强化森林可持续，确保综合效益提升。一是以森林公园、湿地公园和保护区的景观资源为依托，加快发展森林旅游，充分吸纳各地的传统文化和民俗风情元素，不断提升森林生态旅游品位。二是充分利用森林可持续资源，发展林下经济，扶持建立一批林下经济示范基地，培育发展一批潜力大、辐射带动能力强的龙头企业和林下经济专业合作组织，发展林禽、林蜂、林药、林菌等种养殖业。发展林产品加工业和油茶、刺梨、蓝莓、核桃、板栗、木本药材等经济林产品加工为重点，促进林产品加工集聚发展。鼓励现有林产品加工企业开展技术改造和产品品牌打造，促进精深加工，延长产业链。促进林业产业与互联网融合发展。三是发挥林业社会效益。利用林业重点工程，组织贫困群众就地就近劳务输出和就业。建立生态管护制度，加大生态文明和生态文化理念及知识的传播，掀起全社会关注森林、参与生态文明建设的新高潮。四是扎实开展森林抚育，推广中德财政合作贵州省森林可持续经营项目模式和技术，综合采取割灌除草、抚育间伐、补植补造、促进天然林更新等措施，促进林木快速健康成长，构建健康稳定的森林生态系统。树立近自然林业经营理念，充分利用演替和更新能力，重点对天然林、人工公益林进行抚育经营，提升森林的多种功能效益。积极推进退化林修复，采取补植、抚育、更替等综合措施，促进森林生态系统正向演替。实施森林彩化、美化、香化工程，全面提升高速公路和重点旅游区、旅游村寨的森林景观效果。五是积极推进森林康养等新兴产业发展，争取出台《关于加快森林康养产业发展的意见》，组织制订发展规划，实现森林可持续发展，做到生态美、百姓富，实现绿水青山就是金山银山。

第八章　建设成果

2018年10月13～23日，由德国农村发展及林业部高级专家约阿西姆·弗里德里希·克希霍夫先生任评估组组长，会计核算及财务管理专家李霞女士和项目翻译及联络员高艳平女士组成的期终评估组实施了中国南方贵州省社区森林可持续经营项目的期终评估。约阿西姆·克希霍夫博士一行先后对黔西县甘棠乡大营村、雨朵镇登高村、红林乡新坪村、永燊乡莲花村，大方县羊场镇穿岩村、对江镇龙场村、大海坝林场，金沙县石仓林场、大新安林场、五龙街道五关村等10个森林经营单位进行实地评估。根据项目规划、财政协议、实施计划、费用与投资计划以及项目期内签署的分立协议等对项目实施情况进行评估。对项目实施中技术掌握情况、森林经营单位林业工人培训和学习情况、农户对森林可持续经营活动的理解情况、森林可持续经营理念持续推广情况等进行全面了解。

约阿西姆·克希霍夫博士指出，我们这个评估需要拿着图纸、经营方案和资料到现场进行研判，了解每个小班的历史，以前是什么情况、项目开展了什么活动、经营的效果等。专家一是要评估实施的营林措施、技术措施，还要评估项目技术人员与群众和林主之间的关系，只有他们的关系融洽了，才能有很好的实施经营效果。从林分的经营效果来看，就看得出来项目实施的理念是否掌握到位。从现场看，毕节市实施这个项目效果很好，很出色。参加项目的经营单位成员都接受项目的经营培训，让他们掌握了项目的经营理念，而且看得出来，他们跟林业局和县项目办关系很好、很平等，相互尊重对方。这个项目不仅完成且超额完成了建设任务，还进行了很多培训，不论是专家对项目技术人员的培训，还是技术人员对参加村民的培训，做得都很到位。

李霞博士对3个项目县和毕节市项目办资金使用及开支情况进行评估。评估组对毕节市10年来实施中德财政合作贵州省森林可持续经营项目给予高度评价。认为这个项目的实施是国内实施森林可持续经营项目最好的，涉及面积大，项目齐全，内容丰富。第一，资产方面，从资金管理方面严格按财务要求进行管理。固定资产汽车、摩托车到相关的打印设备、办公设备等从采购合同到验收、领用到清盘，整个流程都是清晰的。第二，资金方面，从毕节市项目办到县项目办整个流程在资金运转方面都是按相关要求进行的。在资金方面主要是根据森林经营监测的结果、贵州省监测中心的监测报告以及其他各方认可的报告作为依据来支付资金。第三，管理方面，从贵州省项目办到毕节市项目办、县项目办相关的申报、申请、批复的文件都是比较齐全的。省、市、县项目办的紧密配合让项目管理非常流畅，这是个非常好的结果。

首席咨询专家胡伯特·福斯特，国内咨询专家梁伟忠分别对毕节市项目的实施进行了点评，认为这个项目的实施是在中国实施的第一个真正意义上的森林可持续经营项目，涉及方方面面的内容。项目通过宣传、培训，组建了森林经营单位、编制了森林经营方案，让森林可持续经营的理念深入人心，并且得到了推广应用，实现了项目实施的目标。贵州省林业厅副厅长向守都指出，在下步工作中，必须将森林可持续经营项目的理念融入全省林业经济发展和经营的主要内容，不仅在毕节市各县区全面推广，还将在全省各县区进行大面积推广和应用。毕节市政府副市长李玉平指出，毕节市是全国唯一的“扶贫开发、生态建设”试验区。毕节市在实施中德财政合作贵州省森林可持续经营活动过程中，严格按项目设计的各项程序推进，得到了各位专家的一致好评。近自然森林经营理念是我们所求和所希望的，人与自然的和谐发展是中国传统文化的根本。第一，实施好项目的首要条件是培训。培训让项目的规划、设计的程序、项目的理念得到群众的认可。由政府给予引导，让群众干好自己想干的事和对他们有利的事。整个项目在实施过程中，政府把林业战线上涉及政府组成部门的各方面人员，如财务人员、技术人员和群众组织结合起来，按实施程序、技术标准和目标任务进行有序培训和整体推进。第二，项目的期终评估，从整个项目来说，不是结束，是一个新的开端。这个项目在毕节市虽然落地生根，在今后的发展过程中还要发芽、开花和结果。第三，这个项目实施下来后，最关键的问题是怎样可持续发展。我们要把森林可持续经营项目做大、做强、做好、做出成果。习近平总书记指出：“要着眼长远、提前谋划，做好同2020年后乡村振兴战略的衔接，着力推动绿色发展、人力资源开发、体制机制创新，努力把毕节试验区建设成为贯彻新发展理念的示范区。”在今后的工作中，我们要始终保持永不懈怠的精神状态和一往无前的奋斗姿态，全力推动毕节试验区森林可持续经营向新发展理念示范区大踏步迈进，在林下经济、森林康养、森林旅游等林业产业和可持续森林经营过程中做出示范，让绿水青山变成金山银山。

第一节　期终评估报告

2018年10月13～23日，由德国农村发展及林业部高级专家约阿西姆·弗里德里希·克希霍夫先生（此后称为“评估组组长”）和会计核算及财务管理专家李霞女士及项目翻译及项目联络员高艳平女士组成的期终评估组实施了中国南方贵州省社区森林可持续经营项目的期终评估 ，考察了毕节市黔西县甘棠乡大营村、雨朵镇登高村、红林乡新坪村、永燊

贵州省林业厅副厅长向守都（右一）在黔西县参与森林可持续经营期终评估

乡莲花村，大方县羊场镇穿岩村、对江镇龙场村、大海坝林场，金沙县石仓林场、大田乡大新安林场、五龙街道五关村等10个森林经营单位。项目区为贵阳和毕节市所辖的6个县，包括开阳、息烽、百里杜鹃、大方、金沙和黔西。项目得到德国政府通过德国复兴银行给予的援款支持，由GFA咨询公司负责指导实施。

参加评估组检查的有项目首席技术顾问胡伯特·福斯特先生和项目国内咨询专家梁伟忠先生。赴毕节市参加考察的有：贵州省林业厅副厅长向守都，贵州省林业厅对外合作与产业处处长侯拥军，对外合作管理中心主任姚建勇、副主任罗惠宁，项目办会计张艳，贵州省林业调查规划院总工程师徐海、监测人员李默然，毕节市政府副市长李玉平，毕节市林业局局长喻祖常、副局长高守荣，市林业局中德财政合作贵州省森林可持续经营项目办科长阮友剑、会计罗平，黔西县副县长梁彬、林业局副局长蒲德宽，项目办主任王厚祥、会计张发俊，大方县副县长李劲松、林业局局长彭良信、副局长杨尚军、项目办主任雷江、会计胡从静、办公室工作员高健，金沙县政府县长李涛、副县长王如春、林业局局长蒋华、副局长柯山、项目办主任敖光鑫、会计毛永祥、工作员廖祥志，百里杜鹃项目办工作员黄晓隆和经营委员会有关负责人参加现场评估或座谈。

一、重要背景信息

1. 主要背景分析

中国过去几十年对森林资源利用的粗放经营，影响了依赖森林的社区生计和国家经济快速发展所需的木材供应。森林资源很大程度上影响到农村居民的生计，尤其是偏远、贫困地区的生计。随着中国经济的快速发展，对木材产品的需求增加，而实际木材供应并不能满足市场需求。在此背景下，国家层面开始审视并修订国内现行的林业政策，并启动了许多目标远大的森林恢复与造林及森林保护工程项目。因此，2018年贵州省的森林覆盖率提高到了55.3%。

在2006年项目准备期时，评估组注意到相关政策重点在于营造林。而在营造林结束后的阶段，森林可持续经营的重要方面（包括森林经营规划）被忽略了。这些情况以及其他因素共同作用，导致林分的木材蓄积总体上较低，木材质量差。此外，这些新营造的林分极易受到风灾、雪灾和生物性灾害的影响。因此，中国不得不大量进口木材，以满足国内的需求，还包括日益增长的对木材加工产品的出口需求。把生计依赖林业生产的社区利益与中国的总体经济发展需要统一起来，从单纯的造林转向实施以近自然森林经营为基础的森林可持续经营方法的全面的、方向性的转变，所有利益相关者必须转变态度。此新方法须建立在如下条件基础上：一是确立具有灵活度的森林可持续经营的规范性框架；二是森林利用者应当对森林经营负责；三是森林利用应当以参与式规划为基础；四是取消林业主管部门现行的自上而下的采伐限额管理体制。林业部门应当树立以为消费者提供服务为核心，从而更好地提供咨询支持，杜绝森林破坏与退化。禁伐并不是合适的手段，须建立具有可操作性的组织形式，以克服因农户林地面积小并且分散而限制了实施森林经营的问题，从而才有可能在困难立地上针对大面积的森林实施经营活动。包括森林经营规划、基础设施建设、林产品销售在内的活动，都需要建立在规模经营基础上。

在从营造林转向森林经营的大趋势下，此项目是贵州省实施的第一个森林可持续经营项目，贵州省林业主管部门因此面临着巨大的挑战。林业部门须示范如何以提高林分质量和从长远来保证有更高产量的优良木材供应为明确目标，投入实施森林可持续经营。针对现行的禁伐令和采伐限额体制进行改革的问题，要求在此项目里进行试点。启动改革的最主要限制因素是缺乏在技术、管理和经济方面的经验，以及缺少合适的咨询方案和激励机制。贵州省在森林可持续经营方面的经验仍然很有限。然而，安徽二期项目取得的经验推动了把森林可持续经营理念引入贵州省；而这两个项目与其他项目的经验，体现在国家的“森林可持续经营项目”试点活动中。项目把森林可持续经营与改善依赖森林的利益相关者

毕节市政府副市长李玉平（第二排左三）在金沙县参与森林可持续经营期终评估

（目标群体）的生计结合起来，尤其是防护林的森林利用者从森林利用中获得收益的机会十分有限，项目可能采取的措施包括：一是与积极参与项目的村民共同编制森林经营方案；二是在选定的森林里实施森林可持续经营；三是对林业技术人员及依赖森林的个人实施培训；四是项目经验整理与推广。

在村级层面上通过参与式过程编制森林经营方案，是引导实施所有活动，包括基础设施保护、森林资源经营与利用、组织商业活动、林产品销售等关键点。森林经营方案的规划期是10年，涉及林分类型与林权类型。为此应注意到，森林经营方案是核实森林经营/利用是否具有可持续性的一个手段。项目须编制实用的技术指南，用于指导编制森林经营方案，包括符合实际的费用标准。引进的近自然森林经营也是一个全新的理念。近自然方法是要把人为干预造成的影响降至最低，尤其是利用天然更新过程，与其他因素一起共同作用，促进森林的生态稳定性。

此项目与德国复兴银行援助的类似项目的合作总体上非常好。项目人员频繁考察除了在其他方面起到作用，还加强了经验交流，尤其是在具体实施森林可持续经营方面的经验交流。国家林业和草原局在德国技术合作公司（以前的GTZ，现在叫GIZ，是联邦德国政府的咨询机构）的支持下，针对中国南方的所有森林可持续经营项目成立了“项目协调小组”。项目协调小组定期召开会议，重点更多地集中在森林可持续经营的理论方面，森林可持续经营的重要实践方面并没有得到应有的重视。德国复兴银行资助的众多森林可持续经营的首席技术顾问并没有全部参加项目协调小组定期召开的会议，因此，无法在形成会议意见的过程中贡献他们的力量。由国家林业和草原局出具的森林可持续经营经验整理材料很清楚地强调了森林可持续经营的研究方法，但是实践方面并没有太多关注。

2. 项目目标、目标群体与项目执行机构

框架项目总目标是可持续和近自然森林经营的原则被纳入到国家林业政策和中国南方框架项目中。总体目标是针对个人和集体所有的森林进行森林经营试点，森林经营遵循森林可持续经营原则，从而提高全省林木蓄积生长以及林分质量，并实现森林资源的所有生态效益。通过给相关森林利用者创造稳定收入的机会，来改善农村人口的生计。森林经营必须以森林经营方案为基础，这是判断是否实现总体目标的一个重要指标，尤其是关于林分结构、木材蓄积量、木材质量。

目标群体是在贵州省选定的项目县里，个人和集体森林资源的使用者。约80%的林权已分配到个人，林地使用权50～70年。绝大多数林农的林地面积很小，自从林农被组织起来，组建成森林经营单位后，规划和组织实施森林可持续经营活动就容易得多了。在此背

贵州省对外合作项目中心主任姚建勇（左二）、毕节市林业局局长喻祖常（左四）在黔县西参与森林可持续经营期终评估

景下，支付劳动力补贴以及森林经营单位的管理费过程必须透明。贵州省林业厅通过贵州省项目办行使项目执行机构的角色。在2008年11月签署了咨询合同，项目即启动，列入了省、市、县级的行政管理体制。县项目办公室是具体负责在村级水平实施项目的主体。贵州省林业调查规划院负责对实施的经营活动进行监测。

3. 范围与实施安排

项目的有形具体目标只能是大致估测和模糊陈述，根据对即将实施的参与式规划结果的预测来阐述具体目标。而在事前评估之时，参与式规划结果并不清楚。估测将实施的干预措施主要是德方财政支持的如下核心内容：一是贵州省通过参与式过程编制森林经营方案，经由林业主管部门审批后，由县项目办组织实施（包括基础设施与营林规划）；二是通过一个正常发挥效用、效率高的组织结构形式，如森林经营单位或专业企业、专业队；三是为实施森林可持续经营，对林业工作人员及林农在森林经营涉及的所有技术进行培训；四是研究总结实施森林可持续经营所取得的经验教训，并整理成文，进而融入到总体的森林可持续经营战略过程中去。通过参与式过程编制森林经营方案是引导实施所有活动的关键方法，包括森林可持续经营活动的投资（森林抚育、林分改善、木材利用以及销售）。森林经营方案也是用来评估10年规划期以来的干预措施是否具有可持续性的合适手段。整个参与式过程是针对10年规划期内，对森林在技术、资金及组织方面提供支持的基础。近自然森林经营是项目的指导原则，并遵循项目执行机构在早期阶段确定的具体指南。总而言之，在项目启动前所进行的事前评估对有形具体目标以及构想的实施要求都采用了粗略的阐述，而这也是促进参与式规划这个项目主要特征得以贯彻实施的唯一途径。

4. 项目实施

2006年实施了项目可研。2007年9月，中国财政部与德国复兴银行签署了财政协议。财政协议之分立协议于2008年签署。在2008年11月签署了咨询合同，项目即启动，随后实施了10年时间。项目设计基于参与式规划与选择过程以及高强度的培训。在参与式规划过程中，针对具体的森林可持续经营活动，确定资金安排与活动组织。

实施森林可持续经营的载体是“森林经营单位”。由于林农森林面积小、林农数量多，需要建立一种实际可行的组织形式，把投入实施森林可持续经营的资金输送给森林利用者和林农。在项目实施过程中体现得很明显的一点是森林经营单位负责人在解说森林可持续经营理念上起的作用至关重要。总体来看，森林经营单位负责人对要实施的措施解释得比较清晰、完整的，那些森林经营单位的森林可持续经营活动就实施得更成功。在此方面，森林经营单位负责人须充分重视公平分配补贴的问题。总之，森林经营单位成员乐意与项目合作，也是森林经营单位负责人能力强的体现。

5. 项目实施期间的财务问题及限制因素

前期费用与投资计划完全是根据对费用的估算和模糊的假设制订的。因此，在项目实施过程中，费用标准与数量变得越来越清晰明了时，就要根据切合实际的单价，对费用与投资计划进行修订。费用与投资计划需要修订的另一个原因是，欧元与人民币汇率发生急剧变化，以及劳动力价格持续上涨。

二、期终评估的目的

评估组的主要任务是对项目总体实施表现进行评估，尤其是有形成果与影响方面。评估组还对项目财务状况给予了特别关注。评估组的工作范围包括：一是分析项目措施，包括比较项目规划的目标与实际取得的成果；二是分析项目实施，对项目实施质量进行评价；三是对财务管理方面进行总体评价；四是对项目影响进行评估；五是对项目事前评估之时以及项目实施结束后的项目风险进行评估；六是对可持续运行的前景进行分析；七是项目经验整理。

评估组选择现场考察点是基于如下标准：一是确定检查对象（如具体的营林措施类型）；二是干预措施的尺度；三是项目执行机构想展示的特殊特征；四是现场的可达性。具体选择考察点时，采用查看地图与随机选择小班相结合的形式。按照上述标准所选择的考察点具有代表性，能够全面反映项目取得的全部成果。评估组利用现场考察期间的机会，与参加考察的利益相关者对具体实施问题进行了交流。在此背景下，需要特别注意如下方面：一是技术是否合适、有效果并且投入产出效益高；二是从具体干预措施中获得的经验；三是方法的可传播性；四是费用单价标准是否合适；五是项目营林措施的经济方面。此外，会计（财务专家）根据德国复兴银行专门的指南要求，对项目簿记与会计核算体系进行了评估，并对项目支出与财务管理程序实施了抽样检查。

三、评估情况

本纪要中，评估组是按照专家组长工作任务书的结构进行陈述。在此方面评估组要强调的是，所有的项目成果已经在期终报告以及项目执行机构编写的一系列专门报告中做了

毕节市林业局副局长高守荣（右三）在大方县参与森林可持续经营期终评估

十分全面、详细的总结，以及项目执行机构出具的几份具体报告中得到总结。这也是除了现场考察之外，本次期终检查最重要的信息来源。

1. 项目措施分析，包括计划目标与实际成果的对比

项目事前评估时的估计与实际成果的对比显示，在项目事前评估阶段，预估具体的计划数据是非常困难的。最主要的一个原因是不同的地理状况会影响到项目措施及其成本。另一个方面是森林经营单位的构成，以及它们各自的投资倾向。因此，所有措施均需要基于参与式规划过程的结果。最后，中国快速增长的劳动力价格和剧烈的汇率波动也影响到了计划数字的校准。跟其他同类项目一样，本项目的计划数字也是在实施过程中经过了几次必要的调整。

森林可持续经营措施重点在幼林抚育方面。这些林分通常以前从来没有实施过林木生长空间调节等措施。实践表明，开展抚育比较耗时、成本高。项目在6个县区的不同立地和林分条件下实施了森林可持续经营措施。事前评估时，在没有了解林分构成、采伐量、地形条件和其他具体林分特征的情况下，模糊地计算了森林可持续经营的目标，并且预期的森林可持续经营措施成本在事前评估时还不可知。因此，项目森林可持续经营包括两类干预措施：积极经营措施和非积极经营措施。

森林可持续经营的积极措施，即通过开展栽植、抚育、间伐，稳定林分并提升林木蓄积，以及木材质量。贵州省积极经营措施的实施面积共计14091公顷，其中毕节市实施面积为10850公顷。根据汇总，所有林分的非积极森林可持续经营措施即重点为自然恢复的小班，这完全符合近自然标准。所有措施的投资都重点投入促成更新以及林木发育的自然过程。贵州省自然恢复的实施面积为16110公顷，其中毕节市实施面积为6195公顷。

总之，根据森林可持续经营项目的标准，贵州省完成了30200公顷的实施面积，其中毕节市完成17045公顷，在编制的森林经营方案中，贵州省可以实施森林可持续经营的面积为53521公顷，其中毕节市为32163公顷。因此，明显超过了可研建议的目标面积23000公顷，其中毕节市为21000公顷。

项目主要的有形成果还包括以下方面。一是152个森林经营单位编制了经营方案，编案总面积为62428公顷，其中毕节市87个森林经营单位编案面积为32163公顷。二是贵州省53521公顷适合开展森林可持续经营，涵盖57500家农户，其中毕节市32163公顷适合开展经营活动，涵盖32228家农户，助推1238户，4333人实现脱贫。三是贵州省建设林道271公里，57公里的运输便道和集材线，其中毕节市建设林道和运输便道226.92公里。项目取得的有形成果完成甚至超过了预期目标，森林可持续经营措施提高了幼林的林分稳定性，提高了木材质量。项目能够示范出森林可持续经营将会提升林木蓄积和目标树的生长量，并同时提高林分在面对病虫害和气候变化所带来的负面影响时的抵抗力。森林可持续经营措施重点是为提高以下几方面：一是林分稳定性；二是林木健康和生活力；三是林木生长空间调整，以便促进潜在目标树的生长；四是林木密度，以便实现更高的林木质量和数量；五是形成经济上可行、生态上理想的树种混交。此外，项目采用乡土树种营建了新造林。通过持续10年在森林可持续经营上的培训，技术人员和参加项目的森林经营单位成员逐步提升了森林可持续经营措施的实施质量。通过现场考察并与林农们交流，评估组相信，森林可持续经营的原则得到了理解，并在总体上得到了正确应用。

2. 各类项目措施（尤其是森林可持续经营方面）实施效果与成本效益简要分析

森林经营中的参与式方法对于所有的利益相关方来说都是一个全新的理念。因此，项目最初的一个主要任务是建立一个相互信任的氛围，尤其是县项目办和受益者之间的信任。项目管理层明白，森林可持续经营的新理念只能在这样一种彼此相信和信任的氛围中才能够得以实施。在这一理念下，负责实施的咨询方制定了一套专门的参与式林业方法。由于这套方法已经证实有效，就此向县项目办和乡镇林业站人员提供了培训。

参与式林业方法的核心理念是林农和林业工作人员的平等沟通。这些相关方的合作建立在相互信任和相互尊重的基础上。在这种情况下，林业工作人员听取林农和森林经营单位的意见和要求，更多地扮演一个咨询的角色，而不单纯强调其监管的职能。总体上，项目方法在信息公开和理解的基础上，开启了一个新的沟通模式。这一方法也在很大程度上为项目的成功做出了贡献。与森林经营单位成员们的讨论显示，森林可持续经营理念得到了理解。评估组所到访的所有现场，经营单位成员们能够解释森林可持续经营的基本特征，包括近自然林业的原则；林分结构呈现出复层构成，几个植被层内包含了多个树种；有活力的、健康的林木被选为目标树，并去除干扰木。干扰木的采伐很谨慎，农户们显示了在应用指南过程中的灵活性。

森林可持续经营指南的应用，尤其是实施以培育目标树、去除干扰木为导向的间伐现场实施活动，是一项很大的技术挑战。如果目标树分布得太密集或者呈丛状分布，它们之间将直接出现竞争。通过定期的培训，林业人员将有意识地将工作重点放在去除影响目标树发育的干扰木（通过观察树冠）。在此方面，也应该注意到这种新型的间伐理念需要一个完全不同的思维，并且需要多年的实践经验。然而，评估组的观点是，正确理解理念并持续应用最为重要。

近自然理念得到了理解和正确应用。森林利用者对天然更新给予了特别关注，尤其是阔叶树种的天然更新。评估组随机检查了一些森林经营方案，发现它们内容完善、结构清晰。经营方案除了其他方面之外，也包括林分蓄积、将要采伐的干扰木蓄积以及最终的生产目标。然而，技术人员应用森林可持续经营方法方面最重要的改变是主伐并不意味着必须对一片森林实施皆伐。在一些森林经营单位讨论了提升采收林木的目标直径，并从长远角度持续保持更高立木蓄积的问题。选择的母树能够加速和促进天然更新，以便保证永久的森林植被，避免产生栽植成本。在这方面，评估组注意到一些技术人员的态度已经转变。未来将面临的一个问题是当木材蓄积增多之后，如何运输木材？目前基本上没有集材线，都是通过人力把木材运到下方的装车场。因此，评估组认为，应该考虑小型的索道集材设备，这也是在陡坡地形下最环保的集材方法。

项目的实施经验显示，仅幼林需要森林可持续经营的投资。在一些老的林分，收入能够抵消成本。随着林龄的增加，林分甚至能够产生足够的利润，并因此提升林农的生计水平。在森林发育早期提供补贴，可视为优化经营林分所得收入而所需的一项特殊投资。

3. 财务管理总体评价，包括对采购（包括林道建设）和项目投资进行分析以及项目目标与成果对比

贵州省项目总投资为德方援款 450万欧元，中方配套资金3859万元人民币。评估组财务专家根据黔西、大方和金沙县项目办以及贵州省项目办的簿记材料，对项目财务管理进行了评估。项目财务管理始终存在的一个问题是欧元兑人民币的汇率发生剧烈变化，基本上不可能预测未来的平均汇率。现在回头来看，项目期的平均汇率计算为1欧元等于7.9元人民币，项目总预算为7414万元人民币。汇率最高为2009年11月的9.8元，汇率最低为2015年6月的6.5元。评估组注意到，汇率急剧波动对德援资金兑换为人民币的金额产生很大影响，金额从4400万元人民币（汇率最高时）到2900万元（汇率最低时）之间变化。在此方面需要注意的重要信息是，德援资金有57%是用于森林可持续经营活动，10%是用于车辆和摩托车采购，29%用于咨询服务，4%用于学习考察。

做费用计划的另一个难点是，劳动力价格迅速上涨。在项目于2006年签署会议纪要时，劳动力价格约为25元/天，在2009年已涨到50元/天，而在2015年达到120元/天。这些数字说明，在整个项目实施期内，做项目费用计划都要面临这些难题。

4. 项目影响评估

项目影响包括：一是生态、环境影响；二是在森林经营技术上的行业性影响；三是对农户的生计和社会经济影响；四是对政府项目、战略与政策的影响。正如所预期的，其中一个重要影响是通过项目促成建立一个规范性框架，在此框架条件下，森林可持续经营方法得以在全省应用。评估组注意到，在许多国内林业政策性项目都采用了森林可持续经营方法，包括近自然森林经营和目标树理念。国内项目采用了森林可持续经营及近自然理念，这体现了项目对上层影响的潜力以及对未来项目可能产生的影响，包括木材认证。

评估组注意到，之前一直贯彻的采伐指标体系目前正在进行重新审视，对采伐指标问题目前正在全面修订过程中。评估组认为，迫切需要把允许的采伐量与森林经营方案的规划结果挂钩，并且应当允许在中幼林有更高的木材采伐量，从而达到实施森林可持续经营的目的。

通过项目的研究板块检验了森林可持续经营的影响。项目在各林场建立了10对研究样地和5个示范基地，探索了森林可持续经营的潜在影响。项目于2010年编制了针对营林研究样地的“固定研究样地设立与定期监测指南”。评估组注意到，研究样地的结果在研究上得到应用，监测中心的一位工作人员在做学术论文时用到这些数据。在此背景下，其他研究机构在森林可持续经营上的相关研究结果表明，未实施森林可持续经营活动的林分生物量比已实施过森林可持续经营活动的林分生物量高。但是，这些研究同时表明，已实施过森林可持续经营活动的林分能够产出更多有价值的木材，并且通常林分稳定性更高。评估组认为，要从研究样地得到分析评估结果，应当需要更长的时间。因此建议在项目期结束后，相关工作仍应当继续下去。

项目对参与其中的农户生计产生了重大影响，一是通过森林经营，获得劳务收入；二是通过森林经营，获得木材收入。在此背景下，项目组织实施了专门研究（社会经济影响监测），调查项目对农户生计的影响。其中一个重要结果是参与项目的农户十分感激项目增加了他们的收入，要么是通过参加森林可持续经营活动获得的劳务收入，要么是实施采伐后所得的木材销售收入。然而，对于多年以后通过销售木材获得较高收入的长远认识，他们没有这个意识。项目还特别关注了贫困农户，他们通过获得劳务收入而从项目中受益，实现了脱贫。

5. 事前评估所发现的风险与实施完成项目后发现的风险评估

事前评估组所发现的风险为中等，包括：一是林产品销售上的风险；二是项目工作人员缺乏特定的工作经验；三是行政管理上的规定妨碍实施森林可持续经营；四是参加项目的林农在森林可持续经营活动上投资的意愿。项目的干预是通过专门培训以及咨询专家在具体实施上给予支持。考虑到项目得到咨询支持，评估组认为，所有这些潜在风险等级为一般，出现风险时需要干预的可能性为中等。

自然灾害的风险无法排除，这是所有农、林项目经常会存在的风险。此类项目一个比较突出的风险是对需要的投入进行预测和计算极为困难。困难的地形、汇率的不确定性、最基础的参与式过程以及持续上涨的劳动力价格是其中最重要的因素，使得基本上不可能在项目早期阶段做出比较可靠的预测，这是实施项目的一个风险。

项目实施过程中变数很多，因此需要经常做相应调整，这正是此类项目的特点，这给项目管理带来额外的工作量。实践证明，县项目办及德国复兴银行都能比较灵活应对这些频繁的调整，而这些频繁的调整也促进了项目的成功实施。如果项目事前评估是对项目的干预措施确定预算额度（而不是规定具体的实施目标），那么，此类风险可以降至最低。在进入项目实施初级阶段，能够得到比较符合实际的费用参数之时，此类风险就可以在项目具体目标中化解了。

6. 项目资产持续运行前景与风险分析以及在保证可持续运行上给项目执行机构的建议

在引入实施森林可持续经营上，项目事前评估发现一个机构性风险，尤其是要实现从纯粹的采伐限额体系转向以森林为核心实施森林经营这种方向性转变，须有适当的规范性框架条件以及思想观念的转变，尤其是林业主管部门内部的观念转变。这也包括各级林业主管部门应当意识到林业部门的角色转变。

期终评估财务专家李霞（第二排左三）在金沙县参与森林可持续经营期终评估

评估组注意到，相关林业主管部门对于他们在管理森林上的角色已经获得了新的认识。在此背景下，有必要建立一个正常发挥作用的推广服务机制。在现场与森林利用者讨论表明，技术人员定期会与林农见面，答疑技术问题。评估组认为，项目对这种新的森林经营工作方法做出了很大贡献。目前国内编制森林经营方案的方法并没有统一；德国复兴银行资助的所有森林可持续经营项目，各自采用的方法都不一样。评估组认为，目前迫切需要国家林业和草原局对目前实践的各种标准进行协调统一，提出一个在国内通用的统一的方法。在此背景下，评估组想强调的是，政府所建议的标准方法将是由小林农运用实施，因此必须切实可行、易于操作。值得高度赞赏的是，国家林业和草原局打算改革现行的采伐限额体制，将优先考虑编制的森林经营方案，因此，采伐需求将由谨慎规划确定的森林采伐来确定。由此，森林可持续经营的传播推广就可以得到保障，项目执行机构和政府所付出的努力就可以实现成功。评估组建议，应强化咨询与监管体制，以避免采伐许可被滥用。

根据编制的森林经营方案来确定要发放的采伐指标，这点得到国家林业和草原局的认可和采纳。在2018年6月2日下发的文件《国家林业和草原局关于加快推进森林经营方案编制工作的通知》（林资发〔2018〕57号）中，国家林业和草原局强调编制具有科学性、有效性和可操作性的森林经营方案的必要性，编制的森林经营方案将作为审批采伐指标的基础。文件还进一步强调，编制森林经营方案应当遵从尊重自然、顺应自然和保护自然的原则。国家林业和草原局所建议的集体所有的森林（小林农）以乡镇或行政村为单位编制森林经营方案，与项目的经验和建议正是一脉相承的。这种政策导向的调整将使以需求为基础来确定采伐指标在将来成为可能。但是，评估组认为，要实现此目标，前面可能还有很长的路要走，因为这需要以真正的自下而上的方式来管理采伐指标，而且以村级为基础编制森林经营方案意味着需要大量技术和资金上的投入。评估组还得知，全国人民代表大会正在准备修订森林法。为此，由国家林业和草原局陪同全国人大代表团于2018年5月底到贵州，考察了中德财政合作息烽县的项目现场。在讨论过程中，项目执行机构建议赋予森林经营方案法律地位，实施所有森林经营活动都应严格遵循森林经营方案。此建议得到绝大多数人认同。建议一经采纳，可以谨慎地期待，将来实施森林可持续经营，采伐限额体系将不再是一个障碍因素。

7. 对取得的最重要经验进行整理，以及给未来德国复兴银行资助项目的具体建议

期终报告（2017）对项目取得的经验做了全面的总结，是贵州省将来实施森林可持续经营的可靠基础。评估组反复重申的三点建议十分重要。一是评估组十分支持国家林业和草原局和省级主管部门正在考虑的建立一个合理的体制，该体制是基于近自然和森林可持续经营理念而谨慎编制成的森林经营方案，来更加合理地确定和分配符合实际需要的采伐量。在体制真正发生变化之前，应当确保有充足的采伐指标，尤其是针对过密的中龄人工林。二是由于森林可持续经营的影响，在未来10年从间伐活动中将产生大量木材。绝大多数情况下，那些林分交通十分不便，林道建设成本高。因此，评估组建议，调查实施小规模索道集材的机会，建议从德方结余资金或国内配套结余资金中列支。三是林业主管部门建立森林可持续服务团队，纳入国家机构编制，确保森林可持续经营理念和技术的推广。评估组的总体评价是，要实现林分稳定、林木健康生长，森林可持续经营是唯一切实可行的方法。因此，建议在贵州省持续实施森林可持续经营，保持项目期实施森林可持续经营的势头。

评估组还注意到，项目采取的三级监测体系证明确实有效，而结果可以在一个中心数据库进行编撰，从而可以作为引导项目朝着所期望的方向发展的管理工具。这为森林经营方案的编制提供了便利，建议将监测结果输入数据库的工作应当持续下去。大量培训是此类项目成功实施的一个必要前提条件，尤其是在传播森林经营规划方法以及如何根据小林农的需求来实施森林经营方面的培训。在此方面，项目还在如何实施森林可持续经营措施、从而提高实施质量上，对林业工人实施了培训。评估组建议，应有规律地实施专门培训，保持项目实施期的强劲势头。

项目实施过程中出现的另一个问题是，国际公认并应用的森林抚育或间伐标准与国内现行的林业法律法规存在不一致。因此，迫切需要重新审视并修订现成的技术规定，使他们符合森林可持续经营的要求。在此背景下，项目须启动并维持与利益相关者的长期交流，以保证在实施森林经营活动的要求与条件上达成共识。研究样地和示范基地的工作有必要持续进行下去，从而了解更多有关在基层实施森林可持续经营的潜在影响，尤其是关于森林对气候变化的适应力。

四、项目评估结论

1. 完成了《分立协议》确定的任务计划。完成贵州省规划林地面积6.24万公顷，占项目协议规定3.5万公顷的178%，其中毕节市完成项目规划32163公顷，占项目协议规定2.1万公顷的153.16%。

2. 改善了林分质量和林分结构。根据监测数据显示，间伐4年后中龄林分和近熟林分胸径年生长量分别提高35.29%和27.02%，立木蓄积平均年生长量分别提高24.67%和33.33%。生物多样性增加，生态服务功能价值提高了30%。

3. 带动了农民脱贫致富。中德财政合作贵州省森林可持续经营项目增加农户直接收入达8344万元，其中，劳务收入2631万元，间伐木材收入3486万元，其他收入2227万元。据统计，2010年以来，全省推广实施森林经营管理面积超过133.33万公顷，农户直接收入2亿多元，间伐木材236.6万立方米，农户收入 11.83亿元，有力助推了全省脱贫攻坚。

4. 加大项目成果推广力度。贵州省项目办编制并出版《中德财政合作贵州省森林可持续经营项目技术应用指南》，贵阳市项目办编制并出版《贵阳市马尾松林近自然森林可持续经营实施效果与评价》，毕节市项目办编制并出版《森林可持续经营毕节实践》和《中德财政合作贵州省森林可持续经营技术》。毕节市森林可持续经营示范推广面积达1686.67公顷，面上推广面积达39933.32公顷。

5. 深化了中德林业合作。由于项目的成功实施，德国复兴银行同意将德方剩余资金，用于在贵阳市长坡岭建设全国省会城市第一个中德财政合作森林体验教育中心。2017年底，中德财政合作完成了《项目可研》，近期完成了《项目实施方案》。为加快推进森林体验中心的建设，贵阳市生态委成立了森林体验教育中心筹备办公室，评估组见证项目的启动，

期终评估中外专家在贵州省、毕节市、黔西县有关人员的陪同下，在黔西县莲花村森林可持续经营示范点留影

并代表德方给予指导讲话。森林体验教育中心的建立将填补贵州省在森林体验教育方面的空白，意义非常重大。

项目管理与实施是建立在与农村人口的合作和参与、提高农村人口生计以及实用而富有创新性的战略基础上。项目成果以及其他方面显示了实施森林可持续经营活动在提高具有商品价值的林木数量与质量上的巨大潜力。此外，林分稳定性得到提高，这与其他因素一起，将降低恶劣气候条件导致的各种破坏。总之，项目方法使得项目涉及的所有方都表现出色，项目积累了大量经验，并且融入到了政府策略与项目中。项目还启动了一个政策改革进程，并且此改革将在未来几年继续深化。

第二节　国外专家评价

一、期终评估专家评价

期终评估专家约阿希姆·弗里德里希·克希霍夫（林学博士）指出，中国过去对森林资源利用的粗放经营造成了对森林的严重损失，包括生物多样性。造成了在生态、经济以及社会方面的严重影响，其中包括依赖森林的社区生计和国家经济快速发展所需的木材供应。森林资源很大程度上影响到农村居民的生计，尤其是偏远、贫困地区的居民生计。随着中国经济的快速发展，对木材产品的需求将日益增加。

项目期终评估专家　约阿希姆·弗里德里希·克希霍夫（林学博士）

在此背景下，从20世纪80年代起，国家层面开始审视并修订国内现行的林业政策，并启动了许多目标远大的造林与再造林项目以及森林保护与恢复工程项目，实施了大面积的造林，许多荒山荒地现已为森林植被覆盖。相关政策与项目的重点是营造新的人工林，以及简单地实现有形目标。而在营造林结束后的阶段，森林可持续经营的重要方面（包括森林经营规划）都被忽略了。这些情况以及其他因素共同作用，导致总体上林分的木材蓄积较低，木材质量较差，这些新营造的林分极易受到风灾、雪灾和生物性灾害的影响。

在德国实践了300多年的森林可持续经营理念适合引进并应用于多功能林业。多功能林业视生产与保护并重，二者为同等重要的森林经营目标。此观念是中德林业合作的重要基石。国家意识到此新方法须建立在如下条件基础上：一是确立具有灵活度的实施森林可持续经营的规范性框架；二是有可靠的规划数据，用于汇总到森林经营方案中去；三是个人及集体森林利用者应当意识到，他们自己应当对森林经营负责；四是实施抚育与间伐的木材采伐活动应当以营林的实际需要为基础；五是采伐限额管理体制不符合森林可持续经营的原则。县级林业主管部门以及乡镇林业站应当树立以提供服务为核心的新的工作意识，在工作中更好地提供咨询支持，而不再是以单纯控制木材采伐指标为工作重心。各种情况表明，要提高森林资源的质量，禁伐并不是合适的手段。

需要建立一个切实可行的森林经营方式，包括：一是确保通过林分调查得到相关林分数据，此为核心要素；二是包括基础设施建设在内的森林经营规划方法简单易行，此为必不可少的条件；三是按照相应森林的具体需求量体裁衣来应用营林技术；四是须考虑在困难地形条件下适用的特殊的采伐及集材方法。在项目实施过程中，实施森林可持续经营最主要限制因素是缺乏在技术、管理和经济方面的经验，而中德财政合作贵州省森林可持续经营项目所取得的经验得以在国家的“森林可持续经营项目”试点中得到体现。

约阿希姆·弗里德里希·克希霍夫强调，项目把森林可持续经营与改善依赖森林的利益相关者的生计二者结合起来，对于所拥有的林分被划为防护林的那些森林利用者来说，这点尤为重要，因为他们利用森林并从中受益的潜力比较有限。在村级层面上编制森林经营方案是引导实施所有活动（如基础设施、保护、森林资源经营与利用、组织商业活动以及林产品销售）的关键点。森林经营方案的规划期是10年，涉及所有林分类型与林权类型。森林经营方案是核实森林经营与利用是否具有可持续性的一个手段。因此，项目须编制实用的技术指南，用于指导编制森林经营方案，包括符合实际的费用标准。近自然森林经营也是一个全新的森林经营理念，并引入到了贵州省森林可持续经营项目。实施结果表明，近自然方法把人为干预造成的影响降至最低，并利用天然更新过程，促进了森林的生态稳定性和恢复过程。

约阿希姆·弗里德里希·克希霍夫先生在金沙县中德项目办撰写评估材料

对贵州省森林可持续经营期终评估揭示，要更好实现如下效果：一是林分稳定；二是林木健康与生活力；三是目标树生长；四是木材质量与数量；五是人工林抵御极端天气的适应力，森林可持续经营是唯一切实可行的途径。实践证明，项目采取的三级监测体系在贵州确实有效。监测结果可以在一个中心数据库进行编撰，从而可以作为一个管理工具，引导项目朝着所期望的方向发展。数据库给编制森林经营方案提供了极大便利，因此建议，以后的项目也应当建立类似的数据库。

经验表明，实施大量培训是此项目成功实施的一个必要前提条件。尤其是把森林经营规划方法的结果传播出去，这必不可少。不言自明，有效的森林经营必须符合特定林分条件特定经营目标的特殊需求。项目另一个重要经验是，须针对林业工人在实施森林可持续经营措施上进行培训，以提高营林活动的实施质量。根据类似项目上的经验，有必要定期对林业工人实施重复专门培训，以保证林业工人的实施质量一直保持培训过程中的实施质量。此外，培训也有助于防止发生人身意外以及提高劳动生产力。

德国复兴银行资助的贵州省森林可持续经营项目在实施过程中，技术人员之间合作良好，吸引了很多考察团来学习交流经验。尤其是在森林可持续经营实践方面的交流，有助于协调各自的森林可持续经营活动，并最终实现最佳的统一标准这个目标。国内现行的技

评估专家在黔西县永燊乡莲花村检查外业

术规范很有必要尽快重做审视与修订，使之符合森林可持续经营的要求。为此，项目应当继续努力，把在森林可持续经营上的实践经验报告给国家林业和草原局，从而在实施森林可持续经营措施所需的条件上达成共识。

森林可持续经营过程中研究样地和示范基地的工作有必要持续进行下去，从而了解更多有关在基层实施森林可持续经营的潜在影响，尤其是关于森林对气候变化的适应力。贵州项目已经产生了有价值的数据及具体的经验。或许可与研究机构合作，来帮助项目实施研究样地的监测与林分相关数据的评估。项目管理与实施是建立在与农村人口的合作和参与、提高农村人口生计以及实用而富有创新性的战略基础上。项目成果以及其他方面都显示了实施森林可持续经营活动在提高具有商品价值林木数量与质量上的巨大潜力。此外，林分稳定性得到提高，将有助于降低恶劣气候条件导致的各种破坏。

总之，项目方法使得参与项目的所有关键人员在工作表现上都十分出色，项目积累了大量经验，并且融入到了政府战略与其他项目中，项目还启动了一个政策改革的进程，并且此改革将在未来几年继续深化。

二、项目首席专家评价

2006年，中德两国政府签署了协议，旨在推动在贵州省实施森林可持续经营。在实施可行性研究时，贵州省林业厅选择了位于毕节和贵阳市的6个项目县。此项目设计为一个试点项目，引入并测试在德国实践证明确实有效的森林可持续经营战略，重点是扶持私营林农，因此，项目设计为“开放式项目”，即林农有权自主决定是否参加项目，林农意愿决定项目的实施进度。中德政府共同资助项目约7414万元人民币（按照10年间实际平均汇率计算）用于实施项目，项目须得到中德林业咨询专家的技术支持。

1. 森林可持续经营战略

项目首席技术顾问胡伯特·福斯特指出，森林可持续经营的目标是保护甚至增加现有森林面积，维护森林质量并经营森林，从而提高森林的生活力、稳定性和生产力。很显然，生活力强的森林能够最大程度上满足我们在经济、生态和社会方面的迫切需要，而在全球气候极端变化，暴雨、洪灾等自然灾害频发的大背景下，保护好生活力强的森林显得尤为重要，因为他们可以减缓气候变化和自然灾害造成的破坏。

实现森林可持续经营的战略与手段既简单又符合逻辑。其中最重要的一点是，在规划和实施改善森林的措施时，须考虑近自然。近自然即干预措施不要违背自然力，而是充分利用自然力的巨大能量，以尽可能少的投入去实现预期目标。只有对改善森林质量和促进森林保育确实有必要的情况下，才实施积极的人为干预措施。不然的话，更经济、更利于生态保护的做法是把森林保护起来，等待森林的自然恢复过程。如果认为确实有必要实施干预措施，那么，实施过经营活动的森林应当更加有生活力，更健康、稳定，并且生产力更高。因此，森林可持续经营的总原则可以简单定义为，如果林木需要采伐，那么，应选择那些病木、树形差或没有生产力的林木，扶持树形好、生活力强的林木并调节林木密度，从而使得采伐后，林木有良好生长发育所需的足够生长空间、光照和营养；始终保证林分尽可能郁闭，不要有任何皆伐；保证针阔树种混交，从而促进林分稳定与生态多样性。森林生态系统只有适应立地和气候条件，才能生产和提供人类如此依赖和需要的各种效益。

项目的许多指南都对项目理念做了陈述，这些指南是项目规定，同时也是学习和培训材料。涉及内容包括与私营林农的合作、把小林农组织成为森林经营联合体、森林经营措施、编制森林经营方案以及对项目期内实施的营林措施进行监测评估。项目最重要的活动之一是培训参与项目的各级人员，包括县林业局和乡镇林业站技术人员、林农以及林业工人。对项目第一线的工作人员以及林业工人实施培训极为重要，因为森林可持续经营最终是由他们贯彻实施，是他们在选择、标记采伐木和需要扶持的林木，也是他们在应用技术方法，他们对技术方法的应用最终决定了是破坏性的采伐还是降低影响的采伐。

评估专家在大方县羊场镇穿岩村检查外业

项目在毕节市的大方、黔西县、金沙和百里杜鹃管委会4个县区成功应用实施了森林可持续经营理念。高质量的森林经营方案是实施森林可持续经营必不可少的基础，毕节市针对32163公顷林地（482445亩）编制了森林经营方案。通过实施除草、抚育和间伐，有10850公顷（162750亩）的林分质量得到明显改善。新造林达242公顷。此外，还将无生产力的矮林改造为乔林。

针对项目实施的活动，实施了社会经济研究。结果显示，绝大多数林农都认识到了森林可持续经营相对于以往森林利用方式的优势所在。因此，他们能够接受森林可持续经营理念，并在今后继续应用。实施森林可持续经营除了能改善林分结构和生产基础，林农还能从中获取很大收入，主要是采伐木的销售收入。此外，林农还能得到中德政府双方提供的项目补贴，作为他们支持参与项目试点的补偿。

项目创造了真正的“双赢”。森林可持续经营方法得以成功试点，调整并适应了贵州省的特殊立地条件和林分情况，大面积的林分状况得以改善，参与项目的林农得到了质量更好的森林，而且还从销售林产品中获得很大收入。林业技术人员、林农和林业工人都成功地得到培训，从而他们有能力把森林可持续经营理念与方法在其他地方推广应用。林农充分理解并接受了森林可持续经营理念，因此，今后也会应用此理念。此外，各级林业部门领导和决策者对项目的森林可持续经营方法和取得的成绩做了分析，项目成功的方法使他们很受启发，并且打算结合项目的方法，来重新定义全国和省内的林业政策法规。在德国复兴银行派遣的林业咨询专家实施的外部项目期终评估也对项目实施取得巨大成功给予了肯定。评估专家给项目的评价意见是“优秀”。

2. 森林可持续经营建议

胡伯特·福斯特指出，没有毕节市以及百里杜鹃、大方、金沙和黔西县项目办林业技术人员以及乡镇林业站技术人员兢兢业业的工作、卓越的林业专业知识和对森林可持续经营的深刻理解，项目要取得所有这些成功是不可能的。各级林业技术人员都能够根据不同的立地条件与林分状况，去灵活应用森林可持续经营方法，并且以极大的耐心说服林农参与到项目中来。他们孜孜不倦的工作热情和在技术上的投入十分令人钦佩，这也是项目取得巨大成功最主要的原因。项目期末的最后一个经验：森林可持续经营没有止境，应当持续不断地应用下去。因此，尽管项目结束了，森林可持续经营工作还要继续——包括项目区的林分以及项目区外新的林分。祝愿毕节试验区的森林可持续经营事业为全社会福利而战并取得巨大成功。

根据实践经验，针对个人和集体所有的林分，引进并成功实施森林可持续经营技术，胡伯特·福斯特强调以下几点。

一是要加强林业推广服务体系能力建设。在林权制度改革框架下，集体所有的林地林权下放到农村居民的千家万户。林权期限通常是50～70年，并有一系列限制条件。林权所有者须遵守森林经营管理的所有规定。由于每个林主的平均森林面积不到15亩，他们没有接受过林业专业教育或培训，对复杂的森林生态系统以及需要实施什么经营措施合适知之甚少。

私营林主迫切需要大量技术方面的支持与建议，这通常应该是由县林业局和乡镇林业站提供。林权制度改革完成后，林业部门的服务与管理方式如果不做相应调整，将不可避免地导致农村的这些新林主在森林经营上存在缺陷。他们不仅需要技术支持与建议，那些在森林经营上有相同或类似兴趣的林主，还需要在建立合理的“森林经营联合体”上得到支持。这种森林经营联合体通常是一个村的林主组建成一个“森林经营单位”。因为私营林主的森林面积小，很难实施可持续经营。因此，村级水平的这种森林经营组织形式确实必不可少。

森林可持续经营不仅仅是纯粹的林业工作，它还涉及社会、经济和生态方面的问题。中国打算把森林可持续经营作为森林经营的原则，那么必定需要对林业政策法规进行修订和更新。林业主管部门各个层面都需要根据新形势对林业部门的服务做相应调整。由于很大一部分森林的林权都下放给了个人，那么，林业部门服务的目标群体很大一部分就是私营林主。

综合上述，政府的林业服务由县林业局和乡镇林业站提供，面临的巨大任务是显著提高服务能力。必须根据当前需求来聘用新的林业技术人员，所有林业人员都需要在如下方面再做培训：给出建议的技巧、参与式森林经营、如何把小林主组织起来、编制森林经营方案、遵循森林可持续经营和近自然原则的营林措施、数据库应用程序、公共关系、林业经济、生态与社会方面以及给非国有林提供技术建议与支持所

评估专家在金沙县石仓林场检查外业

需的其他方面的知识。

二是要加强林业工人技术培训。无论营林技术指南与森林经营方案质量有多高，把森林可持续经营和近自然林措施具体付诸实施的是林业工人。选择目标树和采伐木通常是由林业工人来做，而且是由他们来实施采伐、集材以及所有其他营林活动。林业工人的实施质量完全取决于他们的工作技能，有可能会遵循“降低影响的采伐”原则，也有可能对森林造成严重破坏且与森林可持续经营背道而驰。幼林抚育以及人工促进天然更新的实施过程都需要特别小心，要求对这些措施的经营目标有深刻的认知，并且对于如何实现经营措施对林分的消极影响降至最低，掌握了最新的营林技术。

有责任感的林主和领导都始终意识到，新造林是一项很费钱的投入，而且投资期长达40多年。在栽植上的投入质量决定了将来40～80年整个轮伐期内、甚至下一代林分的价值。它决定了整个新造林分的活力与生产力，因此也决定了林分的整个社会、生态和经济效益。新造的人工林可能会有很高收益，满足人们的所有期望，但前提条件是选择了合适的种子（合适的树种和种源）、高质量的苗木以及应用了最佳的造林技术。所有这些工作都需要十分合格的专业人士，专业知识深厚且实践经验丰富。

只有林业工人训练有素，森林可持续经营才有可能落到实处。对于林业工人（或林主）的教育与深入培训，需要实施一系列工作步骤：①建设森林培训中心（在市级层面至少有一个森林培训中心）；②对培训师实施培训；③采购培训设备与材料；④提供集中型和分散型的培训课程；⑤公关活动，把提供的培训课程告知林主和林业工人，并制作和发放宣传册，作为实施营林活动的技术指南；六是培训中心机构的组织管理。

三是要加强采伐限额体系管理。幼林抚育、中龄林、近熟林实施的间伐是森林可持续经营极为重要的组成部分。采伐木的数量取决于很多因素，包括如树种构成、林龄、林分密度、林木质量、立地条件及经营目标等。对于实施森林采伐，林主需要有采伐许可证，而根据采伐限额管理体制，采伐量是有限的。然而，实施正确合理的采伐活动，不应当受到一个全覆盖的采伐限额管理体制的限制，因为采伐限额管理并没有把具体的林分结构特征考虑进去。

采伐木的数量与类型须谨慎确认、检查把关及审批。因此，最好是编制质量合格的森林经营方案得到林业部门的正式审批。一旦编制的森林经营方案得到主管部门（县林业局）的有效检查和审批，即意味着森林经营方案中的所有营林活动全部得到审批许可，而不再需要额外的申请和审批程序。这同时也能减少各部门的管理工作。只有这样，才有可能在大面积范围内实施森林可持续经营。

四是要加强森林经营方案编制。森林经营活动只有以合格的森林经营方案为基础，才能具有可持续性。对森林经营方案的最低质量要求：①把森林面积合理划分成面积足够大的森林经营单元（叫做林分或小班）；②以比例尺为1：10000的地形图为基础，编制森林经营规划图。各个类型的营林活动须以不同的颜色或图案在规划图中标识出来；③对每一林分（小班）须指明所处位置，对立地情况、林分状况（如果可能并且合理的话，包括快速的林分情况调查）以及对未来5～10年所规划的营林措施进行描述，针对每一林分（小班）都须有独立的描述，并且须留出地方，用来记录实际实施的营林活动；④每个森林经营方案须包含简要的文字描述，包括总览图、所处位置、气候、权属与林主、森林总体情况方面的数据（包括森林面积、蓄积、树种分布、年龄分布、保护状态、各年份规划的营林活动、规划的采伐株数与采伐蓄积、所需劳动投入、实施营林活动时须考虑的特殊环境与要求）；⑤在必要并且合理的情况下，森林经营方案应包括基础设施建设规划和森林保护措施。

营林措施的规划与实施并不是简单地根据林分调查数据与产出表来整齐划一地规划与实施营林措施。对于间伐后的目标密度以及采伐木株数，林分调查结果与产出表或许可以提供一定参考。而森林经营规划要合理得当，经常都需要以仔细踏查整片森林为基础。根据森林可持续经营和近自然原则的要求，应当对具体林分、立地、生态和社会条件进行综合分析，在此基础上，谨慎规划和详细描述将要实施的营林措施。除了具体的林分情况（树种混交状态、林龄范围、胸径范围、树高、密度、林木的特殊分布情况、林木质量等）外，森林经营规划人员以及林业工人还应当考虑森林可持续经营和近自然原则其他方面的要求，比如林种（防护林，用材林）、所有权类型与涉及的利益方、须维护和提高的重要森林效益、立地条件、土壤的生产力与潜力、长期的经营目标、森林破坏风险以及林产品销售机会等。

项目首席技术顾问　胡伯特·福斯特

五是要加强森林经营规划专家培训。只有具备了合格、有能力胜任的专业人士，主要是森林经营规划领域的林业专家，才能编制出高质量的森林经营方案。一个合格的森林经营规划专家应当具备在林业专业许多领域以及相关主题的丰厚知识，包括立地描述、营林技术、森林生长发育与产出、森林调查、地理信息系统、数据库应用以及林业统计学等。森林经营规划人员须具备相应规划设备器材、交通工具、电脑、扫描仪、打印机、GPS、图纸（如果可能的话，应该是电子地图）、罗盘、角规仪、皮尺或激光测距仪等。到目前为止，森林经营方案主要是由县林业局或省林业调查规划院技术人员编制的。然而，他们的工作精力有限，而且还有许多其他工作任务。因此，推荐支持和聘请私营的林业规划专家或机构来编制森林经营方案。只有训练有素的林业工人才允许实施森林经营方案所规划的活动。县林业局和乡镇林业站应当提供足够多的工作人员，给林主提供支持和建议，并监督检查林业工人的劳动。应当一律禁止由木材商组织实施间伐和择伐，因为这样操作会存在木材商只采伐最好的林木，而不是劣质林木，从而破坏森林的风险。

六是要加强索道集材建设。尽管林业领域覆盖面广，与国内其他行业日新月异的技术发展以及欧美国家的林业技术发展水平比起来，现阶段林业技术发展水平较低。不是用油锯而是用传统的斧头实施采伐的情况时有发生。林业设备及工具质量低下以及专业教育水平低下，导致在森林经营活动上需要很大努力和很多精力。而结果是劳动产出，即单位时间内取得的成绩数量（如每个工日完成的经营面积）通常都很低，因此劳动成本很高。

很多人工林都是在20世纪80～90年代初营造的（林龄超过20～30年），因此可以很容易预测到，在未来10～20年内，很快将有大量的近熟林间伐以及促进天然更新的择伐活动，收获大量大径材（胸径大于20厘米）。到目前为止，采伐下来的林木一般是制成长2.2米一节，由林业工人扛到路边。这种“集材技术”绝对不可能用于将来大径材的集材，因为大径材即使是一小节，也会很重。对林主来说，大径材截成小节意味着很大的经济损失。要解决此问题，其中一个解决办法是修建林区集材道。然而，修建林道很费钱，尤其是如果在好几年内，此集材道只用一次的话。而且在很多情况下，也无法修林道（如地势陡峭或岩石特别多的地段）。另外，如果规划和实施得不恰当，经常会引发水土流失，从生态角度来说，这种林道建设就不合适。

集材的另一个解决办法是，使用可移动或半移动式的索道集材。应当尽快试验这种集材技术，并根据当地的具体立地条件和林分状况进行调整。此试验活动应当结合林业工人培训，由林业培训中心组织实施。此活动应当得到政府或者项目的补贴支持。短距离（至多200米）的索道集材模型比较简单，不怎么贵（低于15万元）。在进行这种试验以后，专业的森林经营私营公司也将能自行采购和操作索道集材。

七是要加强对森林可持续经营理念理解。对于县林业局的技术人员、乡镇林业站技术人员以及林业工人来说，森林可持续经营官方正式的定义（见“欧洲森林”和联合国粮农组织）过于复杂，不便于理解，也不便指导具体实践。国家林业局颁布的《中国森林可持续经营指南》(2006年）也采用了同样的定义：“在地区、国家和全球水平上维持森林的多样性、产量、再生能力、活力及其所能开发的潜力，在现在和未来维持有关生态、经济和社会效能，并且不会对别的生态系统造成影响。”一个林业工人在林分现场工作时，怎么可能根据上面的定义，来现场确定哪些林木应当保留为目标树，以及哪些林木应当选择为采伐木，在实施间伐时将其采伐；森林面积如此广、林分情况如此复杂多样、立地情况千差万别，县林业局和乡镇林业站如何能把上述定义应用到实践活动中去？一线工作人员和林业工人需要的指南应当简单明了、易于理解、适用于指导实践活动。

中德财政合作贵州省森林可持续经营项目把森林可持续经营指南限于如下目标：①不能减少森林面积，森林今后将仍然是森林，不能改变土地用途；②根据近自然原则，只规划和实施确实有必要的活动，否则，就不要对森林有任何干预活动，只实施森林保护；③在实施了经营措施后，林分质量应当较实施前有改善。在此语境下，“改善”是指更有活力（满足森林的多功能效益）、更稳定（抵御病虫害能力更强）和更高的生产力（更高和更有价值的蓄积生长）。因此，好的森林可持续经营活动包括：扶持有活力和树形优美的林木，最好是砍除病木及与有活力林木造成竞争关系的干扰木；促进树种混交，因为通常混交林更稳定，抵御自然灾害和病虫害能力比纯林强；调节生长空间，从而使林木获得更多

百里杜鹃彝山花谷

光照和空间，进而生长更快。反之，我们可以从反面来列出森林可持续经营的负面标准：如果林分生长发育状况良好，就不要干预（促进自然恢复过程）；有活力、树形好、生长快的林木，在达到成熟前，不要采伐；实施间伐时，不要人为制造林窗（没有生产力）；在采伐及集材时，不要对林分的现有林木造成破坏；不要人为制造纯林。

上面所述并不是对森林可持续经营所做的定义。作为定义，上面的陈述并不完整，但是对于绝大多数森林来说，上述指标是实现森林可持续经营切实可行的途径，而且对于一线技术人员和林业工人来说，它们清晰易懂，并且能为他们所接受。一个人只要理解了上述森林可持续经营的指导思想，就能以正确的方式，把这些理念应用于各种林分类型，实施森林可持续经营活动。

八是要加强森林资源保护。一个有效并且高效的森林保护方案应当包括当地群众。最高的森林破坏风险经常是森林火灾。如果没有当地群众的积极参与，林业工作人员和林主不可能确保任何森林保护措施能高效发挥作用。避免发生森林火灾所需的投入比抢救火灾有效得多，成本也低得多。纯粹的森林火灾消防设备与措施都很贵，如防火带、火险瞭望塔、消防巡逻、扑火工具等。所有这些设备与措施都是针对火灾爆发的早期预警，而不是预防火灾发生。森林一旦燃烧起来，火就很难灭掉。因此，最优先考虑的事情应当是防火，而不是灭火。一个成功的森林防火方案必须包括让当地全体群众知晓并参与森林防火。应当告知群众森林火灾的高发季节以及常见的森林火灾起因，从而更好避免森林火灾发生。富有创新性的公关手段是与森林体验教育相关，针对的是幼儿园小孩和中小学生（主要目标群体）以及成年人。最理想的是，把森林带给人的愉悦和健康与有关森林、森林效益与森林的脆弱性等有趣的相关信息结合起来。森林体验教育还可与森林疗养、康养活动有机结合起来。所有这些活动都是为了培养和提高当地群众对森林重要价值和用途的认知，进而或多或少地关心保护森林，并为保护森林做出自己的贡献。

九是要加强林业基础设施建设。加强林业数据库建设，针对大面积的森林进行森林经营规划、数据统计和检查（采伐株数与蓄积、预测生长量与蓄积量、产出等），建立一个强大的数据库必不可少。此数据库还可用于存储和处理定期实施的林业调查数据和结果。数据库应当可以接入电子地形图，从而给森林经营规划及基础设施规划提供便利。此数据库还能在区域水平和全市范围内森林资源及其变化方面提供可靠的监测监管数据。

林区如果没有合适的道路设施，没有条件把林产品运出森林送到市场上，那么，就不可能实施合理的森林经营，也不可能实现森林可持续经营和近自然林。林道同时可以作为防火通道。森林经营的支出须由销售林产品所得收入来承担，或者至少承担部分。因此，服务于把林产品运到公路网的林区道路必不可少。由于修建林区道路很贵，建议在编制基础设施建设方案时，应与当地所有群众紧密合作。如此，每个人都能表达其个人想法、要求和建议，从而使林区道路的规划和实施最大程度上使当地群众受益。通过群众的深度参与，林区道路建设可以综合考虑其他方面的诉求，如农业、旅游、游憩、森林康养、连通村寨与村寨以及村寨与公路网等。

修建林道密度为大约20～40米/公顷（1～3米/亩），基本上就足够了。在绝大多数情况下，只有在实施森林经营活动和需要运输木材时才需要林道，而这些活动基本上5～10年才有一次。由于林道使用频率非常低，林道修建和维护成本就很高了。因此，建议尽可能寻找其他交通条件和木材运输设施。让农村居民参与其中还有其他好处，人们可能会为修建林道或者林道维护出力。中德财政合作贵州省森林可持续经营项目的做法是，项目以固定的单价标准出资补贴修建林道，村民在林道修建与维护上投工投劳，实践证明此做法很成功。

十是要加强森林可持续经营认证。某些林主和木材商借着森林可持续经营的名义，实施大量采伐，这完全有可能发生，并且实际存在。甚至在中德财政合作贵州省森林可持续经营项目中，就有某些林主利用审批下来的采伐许可证，不是采伐那些选出和标记好的采伐木，而是采伐其他林木。有时候目标树被采而采伐木被保留下来，即实施的活动完全是与森林可持续经营背道而驰。这带来了多重消极结果：破坏森林的活力、生产力和价值，降低森林的多重效益，留存的是基因不良、不适于天然更新的母树，并且给林主做了错误的示范。根据欧洲的PEFC体系（森林认证体系认可计划），中国确立了自己简易并且适当的森林可持续经营认证体系。中国的森林可持续经营认证原则与标准见国家林业局颁布的林业行业标准LY/T 1714—2007中国森林认证　森林经营。要加强森林可持续经营认证的专业人才队伍与机构建设，对林业专业人士在森林认证方面的培训与再教育提供支持。现有的专业人士应当得到足够多的合同，从而有足够多的实践机会，并不断提高其专业技能。对于那些认可森林可持续经营认证，并实际组织实施了森林可持续经营认证，根据森林可持续经营原则，其森林经营通过了认证的林主，建议给他们提供更多森林经营活动上的补贴。

十一是要加强林产品销售管理。林产品销售是森林可持续经营必不可少的组成部分，森林可持续经营的一个重要方面就是避免林产品浪费。中国将来会有大面积的森林需要实施诸如抚育和间伐等比较集约的森林维护措施，实施了这些措施后，将会生产积累大量各类林产品。目前主要是在中龄林实施间伐，因此生产销售的是小径材，这给国内某些地方造成严重问题。小径材本可以用作柱子、生产刨花板以及造纸，但是市场对小径材的需求不足。另外，目前对超大径材也无法好好处理和利用，因为目前的木材加工厂只接受径粗在一定范围内的木材。阔叶树基本上没有市场。

存在林产品销售问题的主要原因是木材加工企业欠缺以及加工能力有限。为了避免林产品浪费并为林主创造更好的收益，政府也应当考虑扶持林产品加工企业。只有林主的林产品有好价钱，才能减少林主需要的经济支持及政府补贴。扶持森工企业的重要内容包括：①加大政策支持力度；②允许成立新的森工企业；③投资者之间的协作；④提供给企业信息、建议及支持，包括现有林产品的信息（森林调查结果）以及估算在未来5～10年内（根据森林经营方案）能够销售的林产品数量；⑤促进林主与森工企业建立良好的贸易关系。在减少繁冗的审批程序的同时，有必要加强对森林可持续经营及林产品销售合法性的检查把关。

十二是要加强政府资金扶持力度。政府发放补贴，用于扶持实施森林可持续经营及近

外方专家对大方县羊场镇森林可持续经营进行现场监测

自然林活动，这不仅有必要，而且因为从开始投资到第一次开始收获林产品并产生收益，这中间的经营期相当长（一般有5～10年，甚至更长），只有通过补贴才能填补中间无收益的空当。有投资的森林经营活动包括栽植、新造林维护（除草）以及幼林（林木平均胸径仍低于5厘米）抚育。林主自己投入很大成本营造林，而只有在实施中龄林和间伐（林木胸径已达到12厘米）时，才能从森林经营中获得第一笔收益。此外，还需要在林道建设和森林保护上投资。并没有多少富裕的林主轻易就能负担得起在这么长的经营周期内的经营成本。

通过森林可持续经营和近自然原则所形成的健康并充满生活力的森林，不仅仅是给林主带来经济收益，还能为公众提供优美的生活环境，改善公众的生活质量，包括保持水土、清洁空气、固氮制氧、减少温室气体、产生有利于健康的萜烯类物质等。每个人都从森林中收益，因此每个人都应当为营造健康的森林做出经济贡献。政府使用纳税人的钱作为实施森林可持续经营和近自然林措施的补贴，这是完全合理的。其他许多部门也需要得到资金支持，而所有林主都应当有机会得到在森林可持续经营上的投资补贴机会。因此，林业补贴机制应当在“针对所有林地、所有林主，在必要的投资上给予支持”和“补贴是以有限的预算为基础”二者之间找到合理的平衡。只有合理的投资才给予补贴。补贴是对林主森林经营投资上的资金支持。补贴并不是森林经营上的全部投资。发放的补贴应当是保证林主正好能承担得起整个森林经营投资。

那些能够产生经济收益的所有活动，所需投入的成本应当完全由林主承担。从中龄林间伐到实施择伐的这个阶段，完全没有必要给林主提供补贴，某些特殊或紧急情况除外（如林道建设、病虫害防治、自然灾害导致的损失补偿）。从森林某一发育阶段起，森林利用就是经济收益相当可观的活动了。林主可以利用其收益的其中一部分去抵消林分发育早期阶段实施森林经营的资金投入。

目前的林业补贴包括天然林保护工程项目、森林抚育项目以及造林补贴，并不足以支持实施森林可持续经营，因为这些项目补贴只针对某些林主、某些林分，并且补贴只是短期的。而森林可持续经营和近自然林应当是长期持续实施的事业。例如，时间性强的造林以及新造林的维护（除草）活动不能因资金短缺而推迟，而必须在恰当的时候，以恰当的方式及时实施。应当以经过审批并且结果录入到数据库中的森林经营方案为基础来计算政府补贴。这为安排补贴资金提供了极大便利，因为森林经营方案的规划期是10年。如果纯粹以补贴形式给林主森林经营提供支持太贵的话，政府或许可以考虑给林主提供“软贷款”，“软贷款”的宽限期长，还款利率低。

第三节　国内专家评价

中德财政合作贵州省森林可持续经营项目执行期间，在贵州省项目办、德国复兴银行和德国GFA咨询公司的共同支持下，2018年10月，项目成功通过德国复兴银行组织的终期评估，并以其优异的建设成果和突出的项目影响，获得了终期评估专家组的高度赞扬。项目国内咨询专家梁伟忠在参与式林业工作方法、营林实施的有形监测、社会经济影响监测方面提供了咨询服务工作，并对毕节市项目实施作出了总体评价。

项目国内咨询专家　梁伟忠

项目的主要实施区域、任务量和成果领域在毕节市的金沙县、大方县、黔西县和百里杜鹃管理区。项目的成功显然与毕节市、县两级林业局和项目办在实施中取得的卓越成绩密不可分。历经10年耕耘，项目在理念、技术、生态、经济、社会、行业影响等各方面取得了丰硕成果，主要表现在以下几个方面。

一、示范了基于散户林农的村级森林经营单位的创建

我国的森林资源以集体林为主，而毕节市的集体林地占比更高，达到96.09%。集体林是森林资源的重要组成部分，也是生态林业和民生林业建设的重要阵地。集体林权制度改革之后，集体林经营主体和经营模式发生了根本变化，给集体林区发展带来巨大生机和活力。然而，长期以来，集体林的经营面临着一个众所周知的困难：由于农户林权分散，林业并不是农户家庭的主要生计来源，加之森林经营周期长，散户林农对森林经营的重视度并不高，组织群众开展科学合理的森林经营非常困难。农户的山林长期得不到合理经营，也不能为其带来营林收入。

中德财政合作贵州林业项目创建了基于行政村全体村民的森林经营单位，制定了涵盖

森林经营单位全部山林的森林经营方案，并以参与式工作方法开展森林经营方案的实施，使林农散户的山林质量得到提升，并为其带来了合法的营林收入。项目所倡导的村级森林经营单位，是广大林农散户在共同利益和兴趣的基础上创建的具有生命力的、谋求经济实效的、纯粹以森林经营为主业的林主合作组织，这种开创性的工作成果无论是在毕节市、贵州省还是在整个中国南方集体林区，均具有重大的示范意义。项目强化了行政村和村民们在森林经营中的主体地位和主体意识，因此在落实物权法、促进村民自治、推进农村合作组织的运行、强化村集体经济乃至于脱贫攻坚各方面，也起到了重要的助推作用。

二、探索了适合国情省情的参与式林业工作方法

中德财政合作贵州林业项目示范了“开放式”“参与式”的科学管理体系。参与式林业工作方法贯穿项目的整个执行过程。项目在规划和实施的过程中，广大林农散户普遍知情、平等参与、共同决策、公平受益。森林经营的周期较长，因此参与式方法也有助于项目理念的推广和长效机制的建立，为森林经营的长期目标服务。

项目的成果经验和访谈调查均证明，项目村参与式工作的质量决定了项目实施质量。凡是营林实施取得全面成功的森林经营单位，均毫无例外地伴随着较高的参与式工作质量。

梁伟忠与贵州省对外合作管理中心主任姚建勇在大方县查看森林可持续经营方案

同时，由于森林经营单位受到群众的拥护，也为项目可持续性提供了保障。

在执行参与式林业工作方法的过程中，项目实践了适合当地的本土化安排。由县项目办直接将项目规划和实施中的群众工作移交给森林经营单位或村支两委，由后者在乡镇林业站的协助下，采取民主集中制与广泛信息传播相结合的参与式工作方法，开展森林经营单位的创建，并组织农户开展营林实施并协调收益分配。县林业局和县项目办只负责总体的培训、监督和结果化管理。这种方法简洁高效，符合农村工作特点，并且由于所需要的管理人手较少，具有广泛的可复制性。

村级森林经营单位的管理方面以村支两委主要领导为核心，结合广泛的民主选举，选择兼具公信力、责任心、技术能力、稳定在家的村民共同组成管理班子，既保障了经营单位的政治影响力，也能实现专业化的日常管理。在有条件的项目村，项目也协助创建并注册了一批森林经营合作社。这些森林经营合作社的业务范围各有侧重，管理模式各有不同。合作社的管理主体大多仍然是村支两委，但是也在当前推进农村脱贫攻坚、壮大村集体经济的政策背景下，担负了一定的公益使命，而这种公益使命也无疑能够促进未来惠及全村的可持续森林经营。部分合作社在理念上的与时俱进、业务范围上的以短养长、管理机制上的创新实践令人印象深刻。

梁伟忠和德国林业咨询专家约瑟夫・特纳在大方县参与森林可持续经营监测

三、示范了科学的森林经营技术体系和林业规划体系，推动了行业变革

中德财政合作林业项目技术理念先进，经营模式灵活多样、因地制宜，涵盖整个轮伐期的各个林分发育阶段、各种森林类型。项目推行的可持续森林经营理念和近自然森林经营方法得到了毕节市各级林业部门的广泛认同，并在国内森林抚育项目中得到了全方位的推广应用。

项目所示范的森林经营方案编制理念，是为行政村权属范围内的所有林地提供一个综合性的10年规划，方案能够全面准确地反映各村组的林情、村情、社情以及林农的经营意向。同时，项目提供的营林措施涵盖了林分发育的全周期，包括造林、人促、抚育、间伐、择伐更新、林分改造等各个发育阶段的所有方面，能够满足行政村权属范围内的所有营林需求。在这一理念的指导下，项目贯彻了以林农为本、以林分的实际需求为本的原则，力图为全村的每个林分提供可持续森林经营的解决方案。这也从客观上保障了拥有山林资源的农户能够享有平等参与项目的机会。

基于村级森林经营方案的上述特点，在保证准确性、全面性和覆盖面的前提下，村级森林经营方案完全可以用作国家和地方开展各类林业项目的计划依据。按照森林经营方案中的营林需求进行配比投资，也能够实现林业项目管理的系统性和连续性。

在2018年6月2日下发的《国家林业和草原局关于加快推进森林经营方案编制工作的通知》（林资发〔2018〕57号）中，国家林业和草原局强调编制具有科学性、有效性和可操作性的森林经营方案的必要性，编制的森林经营方案将作为审批采伐指标的基础。文件还进一步强调，编制森林经营方案应当遵从尊重自然、顺应自然和保护自然的原则。国家林业和草原局所建议的集体所有的森林（小林主）以乡镇或行政村为单位编制森林经营方案，与项目的经验和建议正是一脉相承的。这种政策导向的调整，将使以基于林分实际需求的采伐指标分配在未来成为可能。

四、示范了森林经营的社会经济价值，助力脱贫攻坚和可持续发展

毕节市作为全国人口密度较大的地区，常住人口653.82万，为全国平均人口密度的2.43倍。人均土地面积2.1亩，仅相当于全国平均水平13.5亩的1/6，人均森林面积2.11亩，与全国2.25亩的人均水平相差不大。毕节市也因此于1998年被国务院确定为“开发扶贫、生态建设、人口控制”为主题的试验区。30年来，毕节市坚持把生态治理与扶贫开发紧密结合，

注重发展与生态的良性互动，取得了很多成果，也积累了很多经验。但薄弱的基础和现实的困难，使得脱贫攻坚和可持续发展仍然任重道远。因此，如何发挥森林资源优势，通过提升森林质量和发展林业产业助农增收，毫无疑问是一个现实的可持续发展途径。

退耕还林项目是毕节市生态建设的一项重要举措，项目提供的国家财政补贴也是农户当时的重要收入来源之一。2002—2018年，毕节市累计实施退耕还林造林398247公顷。因此，如何在国家财政补贴退出后，实现林分的可持续森林经营，变绿水青山为金山银山，协助老百姓脱贫致富，是摆在毕节市面前的一项重要课题。毕节市所实施的中德财政合作贵州省森林可持续经营项目，为此提供了及时的解决方案和高质量的工程示范。

毕节市的退耕还林林分情况较为单一，主要是2002年前后栽植的柳杉和杉木中幼林，与30%天然更新的桦木形成混交。由于初植密度较大（3000～10000株/公顷），且从未开展过抚育间伐，林相普遍较差，林分立木蓄积较低，普遍不足100立方米/公顷。大部分林内密不透风，林木树冠残破，枝丫枯死。自然生长的桦木高生长旺盛，普遍比柳杉和杉木高出4～5米，并且歪倒木较多，对杉木和柳杉压制严重，导致后者生长趋于停滞甚至濒临死亡。在高海拔地段，林分容易遭受雪灾影响。其中2008年的雪凝灾害持续20多天，林木断

梁伟忠与德国林业咨询专家胡伯特·福斯特、约瑟夫·特纳在黔西县参与森林可持续经营监测

梁伟忠与德国期终评估专家在大方县羊场镇穿岩村参与森林可持续经营监测

梢、弯倒严重。项目实施抚育和间伐措施，使林分密度得到调节，施工后林相变化较大，林木枯死枝丫很少，呈现出青山绿水的画面。林分结构得到改善，霸王类桦木被剔除，其余桦木高度与目的树种相差不大，针阔树种之间基本实现平等竞争，林分结构趋于稳定。林木生长速度增加，单位面积立木蓄积显著提升，对抗雪凝灾害的能力明显增强。

通过间伐措施实现林分质量提升的过程，也伴随着农户的大范围显著增收。调查显示，得益于项目推行的参与式工作方法，项目村内参加了项目积极措施的户数占有林农户总数的70%，这些农户要么是自家的山林实施了营林措施，要么是参加了营林施工队。间伐产生的木材能够得到销售，用作绿化树支撑木、建筑撑杆、檩子等，给林农带来了收入；同时，项目实施的森林经营活动也为一些在家的劳动力、半劳力和妇女提供了在村内打工的机会，这部分家庭的收入情况由此得到了提升。项目资助修建的林区便道除了方便营林施工、木材采运以及护林防火之外，也连通了一部分村庄和农地，农户的生产条件、工效甚至个人卫生条件因此得到显著改善，受益群众也对项目心怀感激。

据统计，毕节市实施中德财政合作贵州省森林可持续经营项目增加农户综合收入达到7880万元，其中，多种经营收入2911万元，间伐木材收入3429万元，其他收入1540万元。此外，在中德财政合作贵州省森林可持续经营项目的示范带动下，自2015年以来，毕节市推广实施森林经营管理面积41619.99万公顷，2017年示范推广面积66.67公顷，2018年示范推广面积1620公顷，2015—2018年全市10个县区利用中央财政森林抚育指标推广面积39933.32公顷。

项目的实施不仅从生态角度，也从社会经济的现实角度、从组织管理模式的长效机制角度，为森林经营的可持续提供了令人信服的解决方案。随着林分质量和林分蓄积的不断提升，未来的间伐收入将能够全面涵盖营林成本，森林经营可以在不依赖于国家项目补贴的情况下开展，这对于毕节试验区的脱贫攻坚事业和可持续发展无疑具有重要的意义。

第四节　实施体会

一、实施成效

1. 实施情况

森林可持续经营项目目标是“通过在村或社区、个人基础上建立的森林经营委员会或专业合作社，根据森林可持续经营原则，在项目试点区实施森林经营活动”。如果项目的营林指南及遵循营林指南所实施的活动可视为符合森林可持续经营森林认证标准的话，那么，项目目标是实现了的。可是，项目无法组织实施森林认证测试，但是通过对照比较县项目办实施的活动与国家森林认证标准清楚表明，项目的森林经营措施方法“基本上接近完美”。存在缺陷的地方只是没有彻底追踪木材与林产品的使用情况。项目的实施明显有利于实现项目的总体目标“根据森林可持续经营原则经营贵州省集体林区的森林，从而提高森林价值，同时维护森林的所有生态功能”。社会经济影响监测也证实了这些项目影响，因为绝大多数接受访谈的受益者均认可项目森林可持续经营措施所带来的积极的经济效益与生态效益。项目极有可能促进了国家森林抚育规程的完善。之前的“抚育”定义为“林下割灌除草及修枝”，之后修订了的抚育定义基本上与项目的抚育定义基本一致。项目支持成立的森林经营单位和编制的森林经营方案数量较多。

县项目办工作人员、乡镇技术人员和森林经营单位负责人都在参与式方法上接受了高强度培训，这直接关系到森林可持续经营能否成功实施以及参与式森林经营的质量。根据参与式林业的期中评估，在超过80%的森林经营单位中间，实施的参与式林业质量很好。县项目办工作人员在与森林经营单位代表的紧密合作下编制森林经营方案。针对要实施的营林活动，县项目办工作人员对森林经营单位代表和林业工人进行了培训。随着时间推移，森林可持续经营的实施质量越来越好。项目实施的所有活动在各个层面上都进行了检查把关，首先是县项目办对森林经营单位层面的自查，然后是县项目办接受监测中心层面的内部监测，最后是由外部监测咨询专家实施的随机抽查。只有通过了三个层面检查的森林可持续经营活动才能得到项目支持。

贯穿整个项目期的活动除了针对实施成果的监测（实施的数量和质量），还实施了针对社会经济方面和森林与生态方面的影响监测。绝大多数森林经营单位（约占80%）均认可项目所倡导的森林可持续经营所带来的积极经济与生态效益。然而，项目所建议的在近熟林实施的间伐并没有完全为农户所接受，农户更愿意采伐质量好的林木，从而可以尽早得到收益。他们简单地认为，小树会在有更多空间的条件下生长得更好，而忽略了基因问题。从某个层面来说，他们也认为因为没有合适的大树集材技术、没有合适的林道条件，采伐大树也不现实。在固定研究样地所定期采集的评估数据并没有得到令人信服的结果来证明，实施森林可持续经营能很快起到促进保留林木生长的效果。其中最重要的原因是样地面积太小，样地位置的选择可能不恰当，最初实施的森林可持续经营活动可能过于谨慎（强度不够），对胸径和树高的测量不够精确，观察期可能太短，森林经营方案计划外的干预活动等都会影响到生长结果。

项目管理与财务管理上的支持主要集中在技术实施层面的支持。总体来说，县项目办较好地配备了工作人员与设备，并且得到了领导的支持，从而保证以最佳方式实施项目。贵州省项目办给县项目办在财务管理上的支持可以进一步加强，从而可以在早期纠正和避免错误。项目开始时对森林经营单位是否正确使用了项目补贴的检查把关力度不够。在审计师提出了批评意见后，县项目办会计对森林经营单位成员在会计核算上实施了培训，并对森林经营单位实施了半年一次的检查与指导，审计师批评的问题因此解决。

毕节市实施中德财政合作贵州省森林可持续经营项目试点，引进德国森林可持续经营和近自然林业理念，对现有林分不同的优势树种、立地条件和林分情况采取不同的经营措施，提高森林经营水平和森林质量。经过10年的项目建设，完成森林经营面积17045公顷，其中采取积极措施10850公顷，自然恢复6195公顷，成立森林经营单位87个，项目区初步实现了森林可持续发展。详见表8-1。

表8-1 中德财政合作贵州省森林可持续经营毕节市项目分年度实施情况汇总表

单位：公顷

项目县	合计			2010年			2011年			2012年			2013年			2014年			2015年			2016年		
	合计	积极措施	自然恢复	小计	积极措施	自然恢复	小计	积极措施	自然恢复	小计	积极措施	自然恢复	小计	积极措施	自然恢复	小计	积极措施	自然恢复	小计	积极措施	自然恢复	小计	积极措施	自然恢复
百里杜鹃	4112	1092	3020	3	3	0	100	100	0	108	100	8	22	22	0	1194	232	961	2046	266	1781	639	369	270
大方	4669	2921	1748	32	21	12	478	214	264	505	504	1	749	564	184	1367	741	626	787	558	229	752	319	433
金沙	5262	4877	385	4	2	2	100	100	0	961	867	94	1047	1021	26	1650	1524	126	957	819	138	544	544	0
黔西	3001	1960	1041	57	22	36	105	105	0	61	56	5	604	368	237	1370	655	714	546	496	49	259	259	0
合计	17045	10850	6195	97	47	49	783	519	264	1634	1527	108	2422	1975	447	5580	3153	2427	4336	2139	2197	2194	1490	703

2. 实施成效

项目规划总的森林面积有一半以上实施了质量合格的森林可持续经营措施。大多数林农都意识到森林经营很好，明显改善了森林生长情况与林分稳定性。很多林农都很好地领会了森林可持续经营的精髓，并准备即使没有了项目的资金支持，也要继续应用森林可持续经营原则。参与项目的林业技术人员得到了很好的培训，完全理解森林可持续经营理念。他们都充分拥护项目的森林可持续经营方法，甚至有些工作人员表示他们希望国内和省内的森林经营应当采用本项目的方法。在国有林场建立了森林可持续经营示范基地，森林可持续经营理念将从那里更容易在毕节市的广大农村传播推广。

项目长期有效性面临的一个重要问题是，对私营林农和集体林采伐指标的严格限制。间伐是重要的森林可持续经营措施，没有足够的采伐指标，就不可能有森林可持续经营。因此，全国和省内的林业政策如果持续把采伐指标限定在很低的水平，那么就无法在较大面积上推广实施森林可持续经营。

3. 实施效率

从一开始，项目就试图制定一个符合所有森林可持续经营原则（包括近自然原则），而同时负担得起（资金投入适当）的森林可持续经营方法。为了实现这个目标，森林可持续经营方法其中之一是实施栽植、除草、抚育、间伐等积极经营措施。许多林分，甚至是绝大多数林分，只需要保护就可促进他们自然恢复，这正符合了“近自然林”理念。补贴是尽可能保持在最低标准，因为确定补贴标准的一个考量是，补贴并不是要囊括实施森林可持续经营的所有支出，而只是因为林农投入劳动或者以其他方式支持实施森林经营活动，而给林农的一定资金支持。这种补贴方式保证了项目支持的对象主要是那些确实有意愿开展活动来改善他们自己林分质量的林农。在此情况下，林道建设是由项目投资，而林道维护是由林农自己保证。对有经济产出的营林活动，发放较少补贴或者不发补贴。

编制森林经营方案重点放在最核心的内容上，通过减少对森林调查数据的要求而加快工作效率。数据存储与处理利用数据库。通过保证规划过程中数据评估的精确性，减少了在采伐申请上的要求（不需要另外再做采伐作业设计），采伐申请可以直接从数据库中生成。在改善林分结构上，抚育方法有重大改革。间伐方法主要集中在扶持目标树；目标树方法给规划和组织实施提供了极大便利，它使得非林业专业人士也能理解并应用间伐方法。

首席技术顾问对在整个项目期内发生的森林可持续经营支出做了分析，考虑了各森林

七星关区实施森林可持续经营林木长势良好

经营单位实施森林可持续经营活动时间长短不一这个因素。支出分析包括所有森林可持续经营活动、森林经营单位管理补贴和林道建设费用等。如大方、金沙和黔西三县的64个森林经营单位的18400公顷林地面积上，实施森林可持续经营积极经营措施的面积为8600公顷，实施的总支出为1720万元人民币，此支出相当于933元/公顷。森林经营单位加入项目的时间为2010—2015年，实施森林可持续经营活动的平均年限为3.36年。

实施森林可持续经营总的收支情况最终是有盈余的，森林可持续经营（包括森林经营规划、实施森林可持续经营活动、基建以及森林作业工具）支出为2980万元人民币。据对实施间伐（间伐1和间伐2）可能带来的收益所做的保守估计，林农从销售林产品中所得收益至少为3429万元人民币。可以说，项目倡导的森林可持续经营理念与方法是可以覆盖实施森林可持续经营的绝大部分支出的，至少所需投入都得到中德双方政府的补贴，而林农还可以得到一些盈余。此外，还有进一步降低成本的可能性是如果木材销售有利可图，就不要支付补贴。对森林经营单位的管理支出是否应该由项目或政府补贴，或者这些支出应当由森林经营单位成员从销售木材的收益中拿出一部分作为管理费，这也值得商榷。森林经营单位会员费的5%左右可以作为森林经营单位的管理费。随着林分年龄增长，林分的产出和经济效益越来越高，森林经营单位需要的资金支持就越来越低。然而政府、所有村和社区以及大众还应当意识到，生活力旺盛、生产力高的森林不仅仅是为林农带来经济收益，还为社会大众发挥着多种社会与生态服务功能。因此，林农按照森林可持续经营标准来经营其森林，为此得到村和社区的支持，这也是公平合理的。

4. 实施的相关性

自从20世纪80年代以来声势浩大的造林工程对更早的毁林行为做了弥补。根据当时的精神，造林主要是出于经济目的，即造林以针叶树占主导，然而针叶树为主的森林并不能完全实现森林的多重社会与生态效益。因此，早期的造林没有得到足够的维护。其中一个原因是公益林禁伐，另一个原因是一个理解上的误区，认为幼林能够自然生长发育成为生活力强、生产力高的林分。也可能是在支持森林维护上存在资金短缺。无论如何，造林地林木年龄越来越大、林木越来越大，生长空间越来越不足。结果是很多针叶林变得越来越密，与其林龄和林木大小不匹配，这不可避免地导致林分结构不稳定。一个实际的教训是，2008年1月的雪凝冻灾害，大面积的针叶林不堪冰雪重负而倒垮折断，造成巨大的经济损失。针叶纯林也开始遭受病虫害袭击，自此需要实施专项活动。

种种情况表明，迫切需要实施质量合格的森林经营。有生产力的无林地应当选择乡土树种进行混交造林，造林地必须实施合理的维护措施，以扶持新栽苗木生长，使其有能力

织金县猫场镇森林可持续经营实现针阔混交林协调发展

与生长旺盛的杂草竞争。幼林和密度大的森林迫切需要抚育，通过清除病木和树形差的林木，降低林分密度和促进树种混交，以营造生活力强、稳定而且生产力高的林分，从而满足多种生态功能需求。与幼林类似，中龄林也需要通过间伐来得到进一步维护，间伐目标必须是间伐后的林分比间伐前各方面情况得到改善。只有通过在林分发育的早期阶段实施维护与抚育活动，才能培育出生活力强和生产力高的林分，才能最大程度上实现经济与生态效益。

森林可持续经营项目及时引进了森林可持续经营经营体系，因此具有高度的相关性。项目能够在绝对面积很大的范围内示范森林可持续经营理念，但是相对全国、全省和全市层面来说又是很小的面积。因此，项目特别重视对工作人员的培训以及项目经验整理，从而在项目结束后，项目的森林可持续经营理念还可以向更大面积传播。众所周知，森林经过适当的维护、抚育和间伐后，能够生长得更好、更稳定。因此，项目的森林可持续经营应当继续下去，以及向更大面积推广。

5. 实施的可复制性

项目制定的森林可持续经营方法可以很容易向毕节市的其他县区推广应用。具体取决于其他县区的立地条件和气候条件，营林体系可能需要做一定的调整完善（不同树种、不同的生长条件）。如果某些程序可以进一步简化，将更有利于实施推广，如立地情况描述、对采伐指标申请的规定；不过这些并不是推广森林可持续经营方法的先决条件。立地情况描述不必如项目采用的那么详细。对于采伐指标，应当是森林经营方案得到审批，即自动审批了采伐许可。整个采伐申请完全是基于森林经营方案的数据，因此，采伐申请只是换了形式去重复森林经营方案的内容。

在其他县区应用本项目的森林可持续经营方法前，必须满足如下条件：必须有足够资金来支持实施森林可持续经营；至少是针对间伐，必须保证有足够的采伐指标；必须加强木材工业的发展，提高产能，从而森林可持续经营所产出的木材产品有市场需求；县区的工作人员须接受合理的培训，培训内容为森林可持续经营涉及的所有相关主题，包括参与式林业、营林、森林可持续经营、近自然、森林经营规划和监测；在森林经营单位管理方面，森林经营单位负责人必须接受培训，并在管理过程中得到支持；森林经营单位成员和代表以及林业工人必须得到培训和支持，以保证森林可持续经营措施的正确实施；县林业局应当安排足够的工作人员，以保证有足够精力对森林经营单位和劳动力实施培训，以及在森林可持续经营活动施工现场实施监督。

二、几点体会

中德财政合作贵州省森林可持续经营项目是在贵州省实施的第一个纯粹意义上的森林可持续经营项目，也是中国最早实施的森林可持续经营项目之一。从项目中可以提取很多新经验，可供设计新的森林可持续经营项目时借鉴。下面是项目实施过程中的几点体会。

1. 项目规划。因为是“开放式项目”，在项目开始之初受益者情况及其林分情况都无从知晓，因此项目规划无法准确地确定项目工作量。因此，项目是以一个暂定的实施计划及费用与投资计划开始实施的，两个计划每年都必须更新。

2. 项目参与。公开透明地实施项目，所有信息均提供给林农（森林经营单位成员）以及参与项目的所有人（包括林业局工作人员和森林经营单位成员），相互尊重彼此的想法和要求，是项目成功的前提条件。如果林业局工作人员或森林经营单位人员均按行政方式发出指令，都会在整个体系内引发不信任，从而导致项目失败。

3. 经营管理。森林经营单位的管理需要森林经营单位负责人一定的工作量投入。项目信息传播、与林业局及政府的联络、把所规划的活动向森林经营单位做详细解说、专业施工队的培训与组织施工、参加会议、木材销售和资金管理只是森林经营单位管理的其中一小部分工作任务。这么多的工作量和责任必须由若干人组成的一个工作小组来承担，而且工作小组成员必须为他们的工作投入得到足够的补偿。要村干部或村委会成员或其他村民长期无偿提供这些服务是不可能的。森林经营单位的管理支出最佳方式或许是从森林经营单位成员缴纳的会费中列支。会费缴纳规定可以比较灵活（如费用占森林经营单位所接受到的补贴的一定比例，或者是占森林经营单位经济收益的一定比例）。

毕节市电视台记者深入林区拍摄森林可持续经营成效

4. 项目法人。森林经营单位不是法人，林农联合起来组建的森林经营合作社是法人，而其他形式的林农联合体或森林经营单位很难被认可为法人。不是法人意味着很多不利情况：森林经营单位无法开立自己的账户，无法签署合同，没有资格受政府认可代表林农。对这种松散的森林经营单位，没有相关的法律规定。然而，整个项目理念的设计是基于能够正式代表私营林农的法人。平均每个私营林农的面积不到1公顷，而森林可持续经营是不可能在这么小的面积上应用的。因此，林农以村民组或村为基础联合起来组建林农协会就有必要。为了尽快解决此问题从而项目能够尽快开始实施，项目管理负责人建议成立非正式的林农协会（即森林经营单位），森林经营单位负责人由森林经营单位成员选举产生，即森林经营单位负责人可以正式代表森林经营单位。森林经营单位负责人代表森林经营单位开一个银行账户，并代表森林经营单位行使管理补贴资金的职权。这只是一个备用的组织结构，不应该是标准解决方案。常规的林业合作社在管理上要求很高（最低资本额证明、注册费、每月的会计核算、每月税务申报、年终决算表等）。因此，只有在森林面积足够大（超过400公顷）从而有长期持续实施的森林可持续经营活动时，组建林业合作社才合理。面积小于400公顷的只在某些年份实施森林可持续经营活动，不适合成立林业合作社。如果能够降低对林业合作社的要求，如此一来森林面积小的林农协会也能组建成法人，那就更理想了。

5. 内部管理。如果是由森林经营单位负责人或一个工作小组代为管理整个森林经营单位，那么必不可少的是森林经营单位施行一个合理的“森林经营单位内部管理章程”（包括财务管理），以及定期组织检查是否贯彻了章程规定。

6. 营林措施。针对个体和集体林实施森林可持续经营的营林措施，必须意识到营林活动主要是由简单的劳动力实施的，在具体开始实施某项营林活动前，他们要接受速成的实践培训。与国有林场不同的是，森林经营单位一般都没有接受过林业专业技术学校教育和培训的林业工人。这意味着，营林措施的规定必须尽可能简单易懂、易于操作。

7. 经营规划。森林经营规划方法也必须相对简单，重点放在最关键的内容上。如果简单地收集一大堆乱糟糟的数据，不见得规划会做得更好。收集那些为确定最佳营林措施所必需的数据才是最重要的。好的规划不是基于“调查结果表”，不是基于简单的调查数据，而应当是基于综合考虑多方面情况后，对林分的透彻分析。通过仔细穿越踏查整个林分小班，能够为确定合适的森林可持续经营措施提供重要信息。森林经营方案最重要的组成部分是森林经营规划图和“林分表”。林分表内容包括位置、立地和林分描述以及所建议的森林可持续经营活动。建议由独立的专家或专业人士（监测中心或咨询专家）检查森林经营方案的质量。对方案的检查分析过程是为完善森林经营方案，也是对编制森林经营方案的技术人员所做的进一步培训。

8. 项目监督。培训林业工人并对工人的森林可持续经营活动进行监督，比起编制详细的森林经营方案更重要的是在现场实施森林可持续经营活动。如果一个森林经营方案本身有问题，或者由于时间间隔，某些情况已经发生了变化（森林经营方案编制与具体实施营林活动之间有时间间隔），而林业工人仍然严格遵循森林经营方案，情况就会比较危险。至关重要的是，实施森林可持续经营活动的林业工人训练有素，清楚理解掌握了森林可持续经营的目标，并且有能力朝着实现这些目标的方向来实施营林活动。另外还要组织现场施工监督。

9. 规范图纸。规划图纸总体上陈旧过时，很难派上用场。森林经营规划图是以20世纪70年代的地形图作为底图制定的，因此，绝大多数地形细节（包括道路）都缺失。很难使用规划图来迅速清楚地确定方位。由于更新一些的地形图无法用于林业目的，GPS设备建议使用手持PDA。手持PDA能显示森林规划图（扫描的）以及相对于规划图的实际位置，这样可以极大方便定位。

10. 数据库建设。针对一个大的森林面积范围编制森林经营方案、实施森林可持续经营活动以及监测，必须有一个数据库支撑才可行。需要录入、处理和考虑的数据如此庞大，手工处理是不可能实现的，即使借助Excel电子表格也不可行。手工处理太费时，而且极容易出现各种输入错误。使用数据库必不可少，同时建议县林业局在全县范围内正式采用一个林业数据库，如此一来，以后的项目就不需要再为项目专门制定一个数据库了。

11. 项目培训。必须意识到包括抚育、选择采伐木和间伐在内的所有森林可持续经营活动最终是由劳动力实施的。如果林业工人没有得到很好地培训，以充分理解森林经营规划、抚育和间伐的目标以及采用生态友好型的技术措施来实施营林活动，即使林业局和乡镇林业站技术人员都在森林可持续经营上受到了良好培训，即使有最完美的森林经营方案，也于事无补。

12. 采伐指标。最重要的森林经营活动之一是“中龄林里实施的间伐”（间伐1），在此森林发育阶段的林木平均胸径仍低于15厘米。按照现行规定，在采伐胸径大于5厘米的林木时，就需要采伐许可。因此，只有在足够的采伐指标的条件下，才能实施间伐1。那么现实情况就是，某些很密的林分由于没有采伐指标而无法得到经营和改善林分质量。对间伐采伐指标的限制妨碍了实现森林经营的目标，即改善林分质量。

13. 诚实透明。各个层面森林可持续经营都要实行透明管理。实施森林可持续经营取决于合作涉及的各方在所有工作领域诚实而透明的合作，包括技术层面和资金管理层面。对林农来说，森林可持续经营是新事物，因此在才开始接触时，他们经常是持怀疑态度的。

如果他们觉得县项目办和森林经营单位负责人的建议与支持是诚恳的，那么他们很容易进一步合作。管理领域的方方面面是否透明就清晰体现了是否诚实。

14. 减轻负担。不要以研究内容加重一个工程实施项目的工作负担。针对个体和社区森林实施森林可持续经营（包括森林经营规划）已经够复杂了，所以在所有工作领域都需要大量培训和监督。因此，项目工作人员再没有足够时间去实施其他工作。森林研究工作需要特殊的资质，一般项目工作人员无法胜任。此外，即使此工作托付给研究机构，在引进和实施一个新理念的林业工程项目里，研究机构能否得出合理的研究结果也是个问号。因为项目引进的是新事物，所以在项目初期，参加项目的人员在实施森林经营活动时犯错误是很正常的。而在做营林研究时，如果营林措施没有实施到最佳程度，也很难提供清晰而无可辩驳的结果。

15. 补贴机制。针对大面积的森林，要建立公正而负担得起的补贴机制。项目总体目标是针对足够大的森林面积，示范如何编制森林经营方案和实施森林可持续经营措施，进而森林可持续经营方法可以在更多县区推广。森林可持续经营不仅仅是营林措施，还包括“对实施森林可持续经营给予资金支持”这个重要方面。这就是说，森林可持续经营方法只有在不是太费钱的情况下，才有可能向更大范围推广。林农经常批评补贴标准太低，要求提高标准，这也是能理解的。但是作为一个林业主管部门领导和决策者，需要从全局考虑推广森林可持续经营（推广到村、县、市甚至全国）。最理想的

威宁自治县实施森林可持续经营建设生态林保障苗圃

是能客观地确定“劳动定额标准”（或叫“工时标准”），从而客观地确定合理的补贴标准。而且林农也应当理解和接受一点：不是森林经营的所有支出都应该由政府承担。补贴本来就是针对要实施的营林活动所提供的“资金补偿和鼓励”，并不是针对全部劳动投入的报酬。林农还应当认识到，对他们自己的森林，他们应当有一定的经营兴趣，要承担一定的责任。

16. 资金到位。在很早的阶段，通常是在实施项目的可行性研究时，就会对项目成本进行估算。而如果有外部资金支持时，项目成本会划分为“外部资金来源”和“内部资金来源”（在本项目里是“德方援款”和“中方配套资金”）。从项目开始到收到第一笔外部资金之前，所有项目实施活动与采购支出都需要由内部资金承担。没有内部资金，项目就无法启动，进而永远无法到达要求外部资金报账的阶段。

17. 成果监测。按照项目规定，要求对实施的活动实施100%监测（全查），即实施了森林可持续经营的所有小班都必须接受县项目办的检查（自查）以及监测中心的检查，然后把小班检查结果报给“外部监测复查”。这种要求似乎过高，既无法贯彻又没有必要。所预期的高精度是伪装出来的，因为这种100%全查是不可能正确实施完成的——缺少完成此项工作的专业人士和实施手段，而且100%全查太费钱。在项目初期必须有高强度的检查，之后应当是对小班随机抽查（类似外部监测复查的检查方式）。对小班的检查不是浮光掠影，而是十分细致的检查，抽查比例差不多30%～50%就已足够。如果有一定比例的小班检查不合格，那么，可以增加小班抽查的比例。无论如何，100% 监测检查不现实，此检查方法不适于推广。

18. 集材运输。只有存在相应的集材技术时，生产大径材才合理。把木材从林内运输到公路上（集材），目前还是采取肩扛。小径材一个劳动力就可以扛走。而大径材必须截成2米一节的，需要2个劳动力扛。而即使是后面这种方式，能运输的木材大小也很受限制。一旦木材直径超过30 厘米，劳动力就无法在陡坡上远距离运输木材——而陡坡和远距离正是森林的实际情况。因此，尽管森林可持续经营里有生产大径材的活动，如果没有运输条件，实施此活动是否还合理？市场情况十分清楚：大径材（长度和直径）的价格比小径材高得多。因此，林农必定有兴趣生产森林可持续经营方法所建议的大径材。解决办法必定是采用在陡坡上远距离运输大径材的集材技术。对科技如此发达的中国来说，这不成问题。

19. 项目推广。县林业局要强化推广服务，某些县林业局没有安排足够的工作人员来实施推广服务，而在集体林权制度改革后，很大比例的森林经营权托付给了农村的千家万户。在此背景下，绝对有必要增强林业局给这些新林农提供咨询与扶持的能力。如果不知道森林可持续经营的方法，林农如何能把森林可持续经营付诸实施？即使是在今日，对在林业推广以及森林可持续经营方面接受了适当培训的林业技术人员的需求仍然很高。这将是对县林业局能力上的长期需求，从而县林业局能够向私营林农传授知识，并支持他们以最佳方式经营其森林。